U0189726

[全新修订版]

中小学生阅读文库

森林报

[苏]比安基◎著　叶德新◎译

北京联合出版公司
Beijing United Publishing Co.,Ltd.

图书在版编目（CIP）数据

森林报/（苏）比安基著；叶德新译．—北京：北京联合出版公司，2014.12（2018.9重印）
（中小学生必读丛书）
ISBN 978-7-5502-4048-3

Ⅰ．①森… Ⅱ．①比… ②叶… Ⅲ．①森林—青少年读物 Ⅳ．①S7-49

中国版本图书馆CIP数据核字(2014)第258861号

森林报

出版统筹：新华先锋
责任编辑：李　征
封面设计：王　鑫
版式设计：先锋设计

北京联合出版公司出版
（北京市西城区德外大街83号楼9层 100088）
天津旭丰源印刷有限公司印刷　新华书店经销
字数357千字　787毫米×1092毫米　1/16　24印张
2018年9月第2版　2018年9月第3次印刷
ISBN 978-7-5502-4048-3
定价：36.00元

目录

春之卷

夏之卷

秋之卷

冬之卷

致读者

大部分报纸上刊登的都是关于人类的事情。但是就算如此，孩子们仍然很喜欢了解一些关于飞禽走兽以及昆虫如何生活的信息。

森林里每天发生的事情可不比城市里少。因为森林里的动物也像城市里的人一样每天都在进行着各种工作，也会有愉快的节日，有时也会发生一些令人悲伤的事件。同时森林里也有英雄与强盗。但是，对于这些事情，城市里的报纸却很少报道，所以大家都不知道森林里有什么新鲜事。

比如，有没有谁听说过，在寒冷的冬天，我们列宁格勒州那里会有一些没长出翅膀的小蚊虫从土中钻出来，然后光着它们的小脚丫在雪地里乱跑？有没有谁能在报纸上看到关于被称为“林中壮汉”的麋鹿之间的大战、候鸟集体搬家以及秧鸡徒步穿过整个欧洲的那些令人觉得好笑的消息？

这些关于森林的消息，你都可以在《森林报》上看到。

《森林报》总共有 12 期，每个月一期，我们将其编成了一本书。每期的内容都包括：编辑部撰写的文章，《森林报》通讯员发来的电报以及信件，还有一些关于打猎的故事。

那么《森林报》的通讯员又都由谁来担任呢？有小朋友，有猎人，有科学家，也有林业工作者——他们经常到森林里去，对于飞禽走兽以及昆虫的生活都非常关心，然后通过观察，他们将自己在森林里的各种所见所闻记录了下来，并写成新闻稿寄到了我们的编辑部。

第一本《森林报》是在 1927 年出版的，之后又多次再版，每次再版我们都会增加一些新栏目。

我们编辑部的一个特派记者曾经采访过著名猎人塞苏伊奇。他们一起在森林里打猎，后来在篝火旁边休息时，我们的记者就倾听了塞苏伊奇讲述他曾经经历过的一些有趣的冒险故事，并将它们记录下来寄回了编辑部。

《森林报》是一种地方性的报纸，在列宁格勒编辑出版，因此它所报道的内容基本上都是发生在列宁格勒州内或者列宁格勒市[1]内的事情。

不过，我们苏联的国土可谓辽远广阔，以至于东西南北四方的情景截然不同：北方边境上，你能看到肆虐的暴风雪，那里的人们血管里的血液都被冻得冰凉；南方边境上，却有暖洋洋的阳光普照大地，那里到处是百花盛开的景象；西部边区，孩子们忙碌了一天刚刚躺下睡觉；东部边区的孩子们却已经睡醒了，起床开始迎接新的一天。因此，《森林报》的读者们提出了一个建议——希望通过阅读《森林报》，在了解列宁格勒州内发生的事情的同时，还能知道在我国的其他地区发生的事情。为了满足读者们的这一需求，我们便在《森林报》上开了一个新的栏目，叫做“呼叫东南西北”。

此外，我们还转载了许多塔斯社曾经登载过的关于孩子们的工作以及功绩的报道。

身兼生物学专家、植物学专家以及作家等职的尼娜·米哈伊罗芙娜·巴甫洛娃也被邀请来为我们的《森林报》撰写文章，谈论我国所拥有的那些有趣的植物。

如果我们的读者想要学会如何改造自然、如何随自己的想法来管理动植物的生活，就必须先要了解自然界的生活才行。因为等到《森林报》的读者们长大成人之后，是要亲自去培育那些令人惊奇的新的植物品种的，并对森林进行有效的管理，使其对祖国的发展作出贡献！

但是，想要做到这些就必须先要热爱并熟悉自己祖国的领土，也就是要认识祖国的领土，认识祖国领土内的动植物，将它们的各种生活习性了解透彻，才不会弄巧成拙，以至于造成无法弥补的损失。

这是《森林报》最新出版的第九个版本，是经过了编辑部的重审与增订的。在这里边刊登了“一年——分为12个章节的太阳诗篇”。此外我们还引

[1] 今名“圣彼得堡市”。

用了生物学专家尼娜·米哈伊罗芙娜·巴甫洛娃的大批报道，让“集体农庄[1]新闻”这一栏目的内容变得更加充实。书中还发表了我们编辑部的战地通讯员从林中巨兽拼杀的战场上发回来的报道。当然，我们更为钓鱼爱好者开辟了一个新的栏目——“祝您钓到大鱼”。

纪念我的父亲

瓦连京·立沃微奇·比安基

[1] 集体农庄又称农业劳动组合，是十月革命后苏联农民自愿组成的集体经济组织。集体农庄的主要生产资料和劳动产品归全体庄员所有。集体农庄的土地归国家所有，由农庄永久使用。集体农庄实行按劳分配，允许庄员经营规定的宅旁园地和家庭副业。

第一位《森林报》通讯员

在很多年以前，列宁格勒利斯诺耶附近的居民，经常能在公园里遇到一位白发苍苍的戴着眼镜的教授。这位教授的眼睛非常锐利，他随时都在倾听着鸟儿的每一声啼鸣，仔细观察着每一只飞过身边的蝴蝶或者是苍蝇。

生活在大都市里的居民，是不会像他那样专心致志地注意着每一只刚刚孵出的鸟儿，或者是春天在花丛中翩翩起舞的每一只蝴蝶的。可是这位老人呢？在春季林中发生的每一件事都不可能逃过他的眼睛。

这位名叫德米特立·尼基罗维奇·凯戈罗多夫的老人是一名教授。他已经持续观察我们城市以及近郊的生物自然界整整五十年了。在这几十年间，季节轮换，周而复始，鸟儿离去之后又飞回，花开花谢，凯戈罗多夫教授将他观察到的这一切都清清楚楚地记录了下来——什么时间发生了什么事情，并一一在报刊上发表出来。

此外他还号召他人，特别是那些青年人，让他们观察自然界，然后将观察结果记录下来并寄给他。已经有不少人响应了他的号召。就这样，凯戈罗多夫教授的这支观察自然的通讯员大军开始年复一年地发展壮大起来。

一直到了现在，有很多的自然爱好者——我国研究乡土的专家、科学家以及小学生们，仍然按照凯戈罗多夫教授创下的先例，继续着这样的观察工作，并将观察记录加以收集整理。

在这五十年中，凯戈罗多夫教授的手头上积累了越来越多的观察记录，他将这些记录都归拢在了一起。正是由于他和一些我们无法知道名字的科学家长年累月的辛勤工作，使得现在的我们能知道候鸟在春天的什么时候飞到我们这里来，又在秋天的什么时候从我们这儿飞走；也让我们知道这里

树木以及花卉的生长情况。

凯戈罗多夫教授有许多谈论鸟类、森林以及田野的书都是为孩子和大人们写的。他曾经做过中学教师,从那个时候起他就认为:孩子们想要研究祖国的大自然,只依靠书本是完全不够的,还应该亲自到森林和田野中去体验。

1924 年的 2 月 11 日,第二年的新春来临之前,凯戈罗多夫教授最终在长期的病痛折磨下逝世了。

我们会永远记住他的。

森林历上的一整年

也许有些读者会认为《森林报》上登载的森林新闻和城市新闻都不是最新的。其实这样的看法是不对的。虽然每年都有春天,但是每年的春天一定都是全新的,无论你能活上多少年,你都不可能看到两个完全一样的春天。

一年就好像一个有着12根辐条的车轮,上面的每一根辐条就相当于是一个月,当12根辐条都转了一圈的时候,就说明车轮也转了一圈,接下来,又轮到第一根辐条开始转圈了。只不过,这个时候的车轮已经没有停在原处,而是滚到稍远一点的地方了。

春天再次来临。森林慢慢苏醒过来了,熊从冬眠的洞穴里爬了出来,因为春天的小雨把森林动物们的地下洞穴都给淹没了,鸟儿从远方飞了回来,又开始快乐地嬉戏舞蹈,野兽们也开始生儿育女。而《森林报》的读者们将能在报纸上看到各种最新的森林新闻。

《森林报》上使用的日历是森林历。它与普通的历书不太一样,不过这也没什么可奇怪的。因为,鸟兽的生活与我们人类是不一样的!它们有属于它们自己的独特历书:森林里的所有生物都是依靠太阳的运转来安排自己的生活的。

太阳在天上转了大大的一圈,就是森林历上的一年。太阳每经过一个星座,就相当于走过了黄道带上的一宫,也就是一个月。所谓黄道带就是太阳走过的12个星座的总称。

森林历上标示的新年,并没有在冬天,而是推后到了春天,也就是在太阳经过白羊宫的时候。在森林里,迎接太阳的日子是非常愉快的;而给太阳送行时气氛则完全相反,非常惨淡。

我们参照普通历书那样,依旧把森林历上的一年划分为12个月。但是,根据森林里的具体情况,我们给每个月份又另外起了新的名字。

每一年的森林历

1月	冬眠苏醒月（春季第一个月）	自3月21日至4月20日	太阳进入白羊宫
2月	候鸟归乡月（春季第二个月）	自4月21日至5月20日	太阳进入金牛宫
3月	唱歌跳舞月（春季第三个月）	自5月21日至6月20日	太阳进入双子宫
4月	鸟儿筑窠月（夏季第一个月）	自6月21日至7月20日	太阳进入巨蟹宫
5月	幼鸟出世月（夏季第二个月）	自7月21日至8月20日	太阳进入狮子宫
6月	结队飞翔月（夏季第三个月）	自8月21日至9月20日	太阳进入室女宫
7月	候鸟别离月（秋季第一个月）	自9月21日至10月20日	太阳进入天秤宫
8月	贮存粮食月（秋季第二个月）	自10月21日至11月20日	太阳进入天蝎宫
9月	冬日渐临月（秋季第三个月）	自11月21日至12月20日	太阳进入人马宫
10月	雪路初现月（冬季第一个月）	自12月21日至1月20日	太阳进入摩羯宫
11月	饥饿难耐月（冬季第二个月）	自1月21日至2月20日	太阳进入宝瓶宫
12月	残冬煎熬月（冬季第三个月）	自2月21日至3月20日	太阳进入双鱼宫

春之卷

冬眠苏醒月(春季第一个月)

一年——分为12个章节的太阳诗篇

恭贺新年!

3月21日正是春分时节。这天,白天和黑夜是一样长的,也就是有半天会挂着太阳,而另外半天则是夜晚。同时,这天也是森林里迎新春的好日子。

民间有这么一个说法:三月好啊,冰雪消融。在这个时节,阳光和煦,积雪也因此开始变得松松软软,表面开始出现蜂窝一样的小孔,而且显得有点灰不溜秋的,完全没有了冬天时的洁白样子,看来它已经挺不住要让步了!屋檐上的一根根冰柱也逐渐开始融化,化开的水珠顺着冰柱滴落,一滴又一滴……地上渐渐形成了一个个的水洼,麻雀们高高兴兴地在水洼里扑腾自己的翅膀,想借此洗掉羽毛上沉积了一个冬天的尘垢。花园里的山雀也开始快乐地一展歌喉。

春天伴随着阳光降临到了人间。它规规矩矩地展开了工作。首先,它将大地从冰雪中解放了出来:冰雪融化,土地渐渐露出了它本来的相貌。而这个时候,河水还在厚厚的冰层下沉睡,森林也仍然在大雪的底下睡得香甜。

俄罗斯有一个古老的风俗,那就是在3月21日的早晨,人们会用白面来烤"云雀"吃。这是一种当地特有的小面包,面包的前面捏出了一个小鸟嘴,小鸟的眼睛则是两颗葡萄干,所以将其称为"云雀"。就在这天,人们会将关在鸟笼中的鸟儿一一放生,让它们重新回到大自然的怀抱中去。按照现在的新习俗,爱鸟月就从这一天开始。这天,孩子们会把他们的精力都放在这些长着一对翅膀的小家伙身上:他们在树上挂满了"小鸟之家"——椋

(liáng)鸟和山雀的小房子、树洞式人造鸟窠;还有些孩子将树枝交叉绑在了一起,这样方便鸟儿做窠;还有些孩子为这些可爱的小生灵开办了免费的食堂;另外还有些孩子在学校以及一些俱乐部里会举行报告会,主题就是鸟类对于我国森林、田地、果园以及菜园所起到的保护作用等,要用什么样的方法来爱护并欢迎这些活泼可爱的有着一对翅膀的歌唱家们。

在3月份,母鸡已经能在大门口尽情畅饮了。

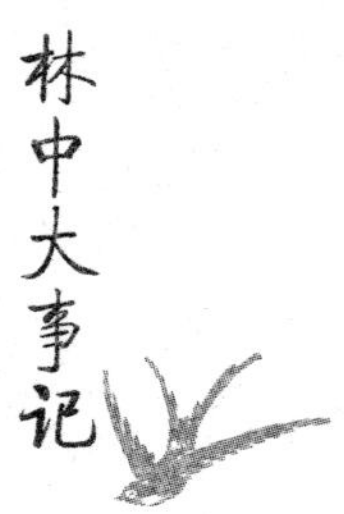

雪地里的吃奶娃娃

积雪在田野里还没有化去，兔妈妈就已经将小兔儿生下来了。

刚生下来没多久，小兔儿的眼睛就睁开了，它们的身上还穿着暖和的小皮衣。这些小兔儿一出世就能到处跑跳，它们在兔妈妈这里喝足了奶就跑开了，喜欢藏在灌木丛里或者草墩子下面，这个时候兔妈妈也不知道跑哪里去了，但是小兔儿们还是乖乖地躺在那里，既不叫唤，也不淘气。

一天又一天过去了。兔妈妈还在田野里到处跑跳，早就把它的小兔儿们忘了。可是小兔儿们还是老老实实地躺在原处。它们可不敢到处乱跑呀！一乱跑，就有可能被老鹰看见，或者被狐狸等动物发现自己的踪迹。

终于，好不容易有一位兔妈妈从它们身边经过了。不对，这位兔妈妈不是它们的妈妈，而是一位不认识的兔阿姨。于是，小兔儿们就跑到它身边去求它：喂一下我们吧！

好吧，来吃吧！兔阿姨把小兔儿们喂饱之后，就离开了。

吃饱的小兔儿又回到灌木丛里继续躺着。这时候，也许它们的妈妈也在什么地方喂着别家的小兔儿呢。

原来兔妈妈之间有这么一个规矩：它们觉得所有的小兔儿都是大家的孩子。不管兔妈妈在什么地方看到一窝小兔儿，只要小兔儿有需要，它都要给它们喂奶。至于是自己亲生的小兔儿，还是别的兔妈妈生的小兔儿，那不

重要！

你们是不是认为小兔儿没有了兔妈妈的照顾，就没有办法过好日子了？才不是这样呢！它们身上都穿着小皮衣，非常暖和。而兔妈妈们的奶水又浓又甜，小兔儿只要吃一顿，就可以好几天都不用吃东西了。

到了第八九天，小兔儿们就可以断奶，转而吃草了。

第一批开放的花

最早开放的花出现了。不过，不要指望能在地面上找到它们，因为这个时候地面上仍然覆盖着白雪。森林中，只有边缘地带附近能听到河水流动的声音，水已经满到快从沟渠中溢出来了。看，就在这里，在这褐色的水面上，你能看到原本光秃秃的榛子树的树枝上，已经开出了第一批花。

充满弹力的灰色的小尾巴一根根地从树枝上倒垂下来；按照植物学中的说法，它们被称为葇荑（róu tí）花序，其实就外貌而言它们与其他葇荑花序的植物长得并不像。你摇一摇这种小尾巴，就会看到它里面飘落出很多花粉。

比较奇怪的是，这几根榛子树枝上居然还长了另外一种样子的花。这种花两朵一团、三朵一簇地生长在一起，很多人都以为它们是蓓蕾。这些“蓓蕾”顶端都伸出了看着像线，但是又像小舌头一样的红色的小东西。原来这就是植物学上说的雌花的柱头，它们的作用就是接受被风吹来的其他榛子树枝上的花粉。

微风吹拂在光秃秃的树枝之间，树枝上没有树叶，所以在风的面前没有什么东西能阻挡它的去路，它可以尽情地去摇晃那些葇荑花序，或者是传播花粉。

榛子花总归是要凋谢的，而葇荑花序也是要脱落的，那些蓓蕾一样的奇妙小花顶端的红线最终也会干枯的。到了那个时候，每一朵小花就会变成一颗榛子。

尼娜·巴甫洛娃

春天里的妙计

森林中，猛兽经常会袭击那些温顺的动物，不管在什么地方，只要一看见它们，就会立刻扑过去将它们捉住。

冬天的时候，白色的兔子以及白色的山鹑在白雪皑皑的地上，想要发现它们是很困难的。但是现在天气变暖，雪已经开始融化了，有许多地方的地面已经裸露了出来。狼啊，狐狸啊，鹞鹰啊，猫头鹰啊，甚至是白鼬或伶鼬这样的小食肉兽，在离得很远的地方就能看到已经没有白雪覆盖的黑色土地上显眼的白兽皮或是白羽毛。

所以，白兔子、白山鹑这类动物想出了一个妙计：它们开始脱掉自己身上的白毛，新长出来的毛则变成了别的颜色。原本白色的兔子变成了灰兔；而白色的山鹑也脱掉了身上的白羽毛，重新长出了褐红夹杂着黑色条纹的新羽毛。所以现在想要找到兔子和山鹑已经不是那么容易的事了，因为它们都变装了。

而那些经常袭击小动物的食肉小兽也开始变装了。冬天的时候，伶鼬浑身都是雪白的皮毛，白鼬亦是如此，唯一不同的就是它的尾巴尖儿是黑色的。因此在到处都是银装素裹之时，它们可以借着雪地来掩饰自己的行踪，偷偷爬到那些温顺的小动物面前，毕竟白色的毛皮在雪地上的确不容易被发现。但是现在呢，这些食肉小兽也都开始换毛了，它们的皮毛变成了灰色。伶鼬全身都是灰色的皮毛，白鼬的皮毛虽然也变成了灰色，但是尾巴尖儿那里还是和原来一样，仍然是黑色的。不过，衣服上带个小黑点儿，不论是在冬天还是夏天都是不碍事儿的——雪地里不是经常也有黑斑或黑点儿吗？通常就是一些垃圾或是小枯枝什么的。而在土地和草地上，这样的黑色斑点儿就更是随处可见了。

冬天的来客准备启程上路

在我们州各处的行车道路上，随时可以看见一群群有着白色羽毛的小鸟，它们的样子特别像鹀（wú）鸟。这是一种习惯在我们这儿过冬的客人——雪鹀以及铁爪鹀。

它们的故乡位于北冰洋沿岸以及岛屿上的冻土带。那里的气候比我们这儿更加寒冷，因此还要过一段时间，土地上的冰雪才会开始解冻！

可怕的雪崩

森林里开始发生可怕的雪崩。

松鼠的家在一棵大云杉树的枝桠上，这个时候松鼠正在它温暖的窝里睡觉。

忽然，一团很沉的雪从树梢那里塌落下来了，没有任何偏差，正好掉在了松鼠窝的顶上。松鼠受到惊吓，立刻从窝里蹿出来，但是它刚刚生下来的、软弱无力的孩子们还在窝里呢！

松鼠立刻将雪扒开。还好雪团只是压住了用粗树枝搭的窝顶，里面那个铺着苔藓的松软温暖的小窝并没有被雪压坏。至于窝里的小松鼠们，甚至没有受到雪崩的影响，还在呼呼大睡呢！刚出生的它们体型还很小——像小老鼠那样，眼睛还没有睁开，耳朵也听不见声音，浑身一点儿毛都没有。

潮湿的小屋

雪还在继续融化。住在森林中，以地洞为家的动物们，这日子可就难过啦！比如鼹鼠、鼩鼱(qú jīng)、野鼠、田鼠以及狐狸等住在地洞里的野兽们，被洞里的潮湿弄得苦不堪言。再过不久所有的雪都会化成水。那个时候它们又该怎么办？

奇怪的小茸毛

沼泽地上覆盖的雪已经融化完了，这使得草丛与草丛之间除了水还是水。草丛的下面，是一些光滑的绿茎，茎上摇曳着白色的小穗儿。难不成这些是去年秋天没有被风吹到而来不及飞走的种子？难道说它们就这样在大雪底下熬过一个冬天？似乎不是这样的，因为它们实在是太干净、太新鲜了，让人怎样都无法相信这些是去年遗留下来的。

不过你只需要把这种小穗儿摘下来，将外面覆盖的茸毛拨开来，你顿时就会恍然大悟了。因为在犹如丝一样的白色茸毛中，居然有着金黄的雄蕊以及如细线一般的柱头。原来这是一种花呀！

这种叫做羊胡子草的植物就是这样开花的，当时的夜间还是挺冷的，所以花上的那些茸毛起到了保暖的作用。

尼娜·巴甫洛娃

四季常青的森林

四季常青的植物不一定只生长在热带或者是地中海沿岸附近。其实在我国北方的一些森林中也生长着许多常绿小灌木。在新年的第一个月里，经常去这些有着常绿植物的森林里散步，会让你感到非常愉快。因为在这里你看不到那些会让你心情压抑的枯枝烂叶。

站在很远的地方就能看到那毛茸茸的灰绿色的小松树。来到这些小松树的面前，在小松树林里待上一会儿，是一件多么惬意的事啊！眼前的一切是那么生气勃勃：柔软如绿色地毯的青苔；有着亮闪闪的叶子的越橘；还有优雅可爱的石南，它们的细枝上长满了细细小小的叶子，就好像一片片绿色的瓦片，枝桠上还残留着一些去年开放的、没有凋谢的淡紫色小花。

还有一种常绿灌木常常生长在沼泽地的边缘，它就是蜂斗叶。它有着深绿色的叶子，叶子的边缘向上卷起，背面就好像刷了一层白粉。不过，不管是谁站在这种小灌木面前，他都不会总是盯着叶子，因为他的注意力已经被另一种更有趣的东西吸引了，那就是鲜花！你会在灌木丛的周围看到漂亮的粉红色钟状花，这种花和越橘花长得很像。在这种早春时节，能在森林里找到花，真是一个意外的惊喜！如果你采一束这种花带回家，不管是谁应该都没办法相信这是从野外摘来的，他们一定会说这是从温室里采来的。

人们会这么说主要是因为没有多少人会在早春时节跑到常绿树林里去散步！

尼娜·巴甫洛娃

鹞鹰与秃鼻乌鸦

“噼——！呱——呱——呱！”突然有什么东西从我头上掠过。我回头一看，只见有五只秃鼻乌鸦正跟在一只鹞鹰后面追赶着它。鹞鹰为了不被追到一直在东躲西闪，可是这是徒劳的，秃鼻乌鸦最终还是赶上了它，它们用嘴去啄它的头。鹞鹰因为疼痛而发出了尖厉的叫声。后来，它费了九牛二虎之力终于冲出包围圈，脱身飞走了。

我爬上一座高山，在这里我能看得很远。我注意到有一只鹞鹰在一棵树上休息。这时，不知道从哪里突然飞出一大群秃鼻乌鸦，这群乌鸦叫嚣着向那只鹞鹰扑去。这下子鹞鹰被惹恼了，它发出了尖厉的叫声，开始向其中一只乌鸦进行反扑。那只秃鼻乌鸦一下子开始害怕了，连忙躲到了一旁。鹞鹰便趁机以极快的速度冲上高空，无人可挡。秃鼻乌鸦们一看没有了俘虏，也就都失望地飞散到了田野各处。

《森林报》通讯员　康•梅什连伊夫

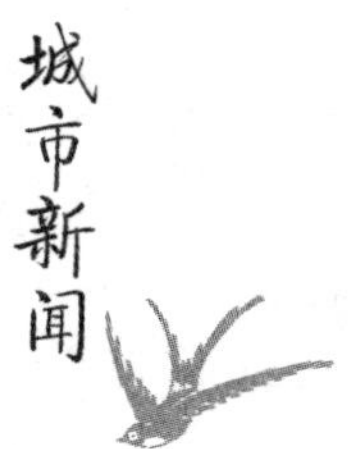

屋顶上举行的音乐会

每天晚上，屋顶上都会有猫儿们的音乐会。它们非常喜欢这样的音乐会。只不过，音乐会每次都是以歌手之间的群殴宣告闭幕收场。

阁楼上

有一位《森林报》的记者，这几天以来一直在观察市中心地区的住宅，因为他想要了解居住在阁楼中的动物们的起居生活。

在阁楼栖息着的鸟儿对它们的住宅感到非常满意。如果感觉到冷，就靠壁炉上面的烟囱近些，享受这种不要钱的暖气设备。母鸽子已经开始准备孵蛋了；麻雀和寒鸦则到处寻找能够用来做窝的稻草以及做软垫子时会用到的绒毛和羽毛。

鸟儿们最讨厌猫儿和男孩子，因为它们的窠常常被他们破坏。

麻雀惊叫

椋鸟家门口，叫嚷声、厮打声乱成一团。鸟毛和稻草随风飘扬。

原来是主人——椋鸟——回来了！它们发现自己的家居然被麻雀占据了，于是便揪住麻雀，一个接一个地往外轰；再把麻雀的羽毛垫子扔出去——将麻雀彻底扫地出门！

有一位水泥工人正站在脚手架上糊屋顶下的裂缝。麻雀在屋檐上蹦跶着，冷不丁地瞅瞅屋檐下，忽然大叫一声，直接向水泥工人的脸扑了过去。水泥工人用小铲子不住地撵它们。他怎么也想不到，原来是因为他把裂缝里的麻雀窝封上了。而窝里有麻雀下的蛋。

一片叫嚷声，一片厮打声。鸟毛随风飞扬着。

《森林报》通讯员　尼•斯拉底科夫

还没睡醒的苍蝇

一些身上蓝中透绿、闪着金光的大苍蝇出现在街头。它们虽然长着大个子，却和入眠的球虫一样，一副没睡醒的表情。它们还没有学会飞，只能用它们的细腿勉勉强强、哆哆嗦嗦地在屋子墙壁上爬。

这些苍蝇整个白天都在晒太阳；到了夜里，就又爬回墙壁或篱笆间的空隙和裂缝里了。

苍蝇啊，当心流浪的杀手！

列宁格勒的街头出现了一种流浪的杀手——苍蝇虎。有一条谚语说，腿快的狼容易把人伤。苍蝇虎也是同理。它们并不学普通的蜘蛛去结网捕食，而是在地面上埋伏着，遇到苍蝇或者别的昆虫，就纵身一跳扑到它们身上。

石　蚕

一些呆头呆脑的灰色小幼虫从河面冰缝中钻了出来。它们爬上岸后，身上的皮就蜕掉了，长成有翅膀的虫儿，它们的身子又纤细又匀称。它们既非苍蝇，也非蝴蝶，而是石蚕。

这时它们虽然拥有长长的翅膀，但身子还是轻飘飘的，依旧不会飞翔，因为它们还很稚弱，还得晒晒太阳慢慢生长呢。

它们穿越马路，可能被过路的人踩，可能被马蹄踏，可能被车轮碾压，也可能被麻雀像捣米似的啄食，一批又一批的石蚕死掉了，可是那些幸存者还在往前爬着，往前爬着——它们多的是呢，有成千上万。那些爬过马路的石蚕，就爬到房屋的墙壁上去晒太阳了。

利斯诺耶观察站

从19世纪60年代开始，著名的自然科学家凯戈罗多夫教授第一个在利斯诺耶开展物候学[1]观察以来，这种观察一直持续到现在。

现在全苏地理协会下，设有一个以凯戈罗多夫命名的专门委员会，正在主持着物候学观察这项工作。

全苏联的物候学爱好者，都将自己的观察报道寄到这个委员会去。现在根据累积多年的观察记录，如：鸟类的迁徙，植物的生长和凋谢，昆虫的出没等，可以编制一部《自然通历》了。它能用来预报天气和规划各种农事活动的日期。

现在，成立于利斯诺耶的这家中央物候学观察站已经有50多年的历史了。像这样的观察站，全世界只有3个。

给椋鸟搭个小屋吧

谁要是想让椋鸟住在他的园子里，那就得赶快给椋鸟搭个小屋！小屋要干净，门要留得小点，让椋鸟能钻进去，而猫儿钻不进去。

为防止猫儿用爪子掏到椋鸟，还得在门里面钉上一块三角形的木板。

舞蚊

在晴朗温暖的日子里，一些小蚊虫开始在空中飞舞了。你不用害怕：这种小蚊子不叮人，这是舞蚊。

舞蚊密密的集成一群，像在空中旋舞着的一根圆柱子。看那种舞蚊很多的天空上布满了黑点，就像人的脸上长了雀斑。

---

[1] 也叫“生物气候学”，是一门研究生命活动现象与季节变化关系的科学。

最早出现的蝴蝶

蝴蝶飞出来透风了，换换气，在阳光下晒晒翅膀。

最早出现的，是在阁楼上躲了一冬的黑褐色、带红斑点的荨麻蛱(jiá)蝶，还有淡黄色的柠檬蝶。

园子里

有着淡紫色胸脯和浅蓝色脑袋瓜儿的雌燕雀在公园和果园里嘹亮地歌唱着。它们凑在一起等待着各自的爱人——那些雄燕雀总是姗姗来迟。

全新的森林

全苏联的造林大会召开了。那些林务员们、森林学家们、农学家们齐聚一堂。列宁格勒人也去参加了。

为了在祖国的草原地区实施造林工程，科学家们一百多年来不断地进行科学勘察，并在实地栽种树木，他们选定了300种乔木和灌木品种，用它们在草原地区造林，这些品种都是最能适应草原生存条件的。比如，科学家们发现，把栎树跟锦鸡儿、忍冬以及其他灌木混杂着种在一起，对顿尼茨草原最适宜。

苏联的工厂制造出了一种全新的机器，若是使用它，很短的一段时间内我们就能栽上很大一片树苗。现在苏联已经有好几十万公顷的造林面积了。

在最近几年内，我们全国还准备将造林面积扩大到几百万公顷。有了它们，我国的田地就能有个较大的收成。

列宁格勒　塔斯社

春天的花

在公园、花园和庭院里到处盛开着款冬花。

街上有人在卖成束的鲜花，那是他们从森林里摘下来的最早的春花。

卖花人将这花儿叫做“雪下紫罗兰”，但这花儿的颜色和香气都不怎么像紫罗兰。其实它们真正的名字叫蓝花积雪草。

树木也醒过来了——已经能听到白桦树的树液在树干里流动的声音了。

有什么生物漂来了

春天来了，一道道小溪在利斯诺耶公园的峡谷里缓缓地流淌着。在一道小溪上，我们《森林报》的几位通讯员，正在用石块和泥土筑一道拦水坝，大家守在那里，等着看有什么生物会漂到水塘来。

过了好久也没有什么东西漂来，只有一些木片和小树枝漂到水塘里打转转。

终于有一只老鼠在溪底被冲了过来。它不是那种普通的长尾巴、灰毛的家鼠；它是棕黄色的，尾巴还很短——原来是一只田鼠。

这只死田鼠可能已经在雪下躺了整整一个冬天了。现在雪融化了，溪水就把它从什么地方冲到水塘里了。

后来，一只黑甲虫流进了水塘。它在水中拼命地挣扎着，打着旋，却怎么也爬不出来。开始大家以为它是水栖的甲虫呢，捞起来一看，才发现原来是个地道的最不喜欢水的陆生虫——屎壳郎。看来它也在冬眠之后苏醒了。当然了，它不是自愿投进水里的。

一会儿工夫，有个长长的后腿一蹬一蹬的家伙，自动游到水塘里了。你猜它是谁？是只青蛙！积雪遍地，但青蛙一见到水马上就赶过来了。它爬上了岸，连蹦带跳地钻进灌木丛里去了。

最后，有一只小兽游了过来。毛是褐色的，长得很像一只家鼠，不过比家鼠的尾巴短得多，原来这是只水老鼠。

显然它已经把储存的冬粮吃光了，看到春天到了，所以出来觅食了。

款　冬

一簇簇款冬的细茎已经在小丘上冒出来了。每一簇茎都是一个小家庭。那些细细、高高地仰着脑袋瓜儿的茎是家中的老大；那些粗粗、短短地看着有些笨拙的茎，年纪还小，它们紧紧地倚着高茎。

还有一种茎的表情特别滑稽，它们垂着头，弯着腰杵在那儿——好像是因为刚刚来到世间，还感到羞答答的呢。

每个小家庭的成员，都是从地下的一段母根茎中生长出来的。从去年秋天开始，这段母根茎就为地上的孩子们备足了养料。现在这些养料渐渐地被消耗着，不过足够整个开花期用了。不久后，每一个小脑袋都会长成一朵辐射状的小黄花，准确地说——不是花，而是花序，是一束紧紧挤在一起的小花。

当这些花儿开始凋谢的时候，根茎里就会生出叶子来。这些叶子会制造出新的养料来储备。

尼娜•巴甫洛娃

空中传来的喇叭声

列宁格勒的居民惊奇地听到从空中传来的喇叭声。晨光熹微，城市还在沉睡，街上静悄悄的，所以这种声音听起来格外响亮。

眼神好的人仔细看就能发现有一大群大白鸟，它们的脖子又直又长，在云朵下面翩翩地飞。它们是一群列队飞行、喜欢鸣叫的野天鹅。

它们年年春天都会在我们这座城市的上空飞过，它们响亮的声音就像在我们耳边吹喇叭:“克阿噜——噜呜！克阿噜——噜呜！”可是在热闹拥挤的街头，人声鼎沸，还有汽车鸣叫，我们就很难听到鸟儿的声音了。

此时它们正在飞往科拉半岛阿尔汉格尔斯克地区，或者去梅津河、伯朝拉河两岸做窠。

庆祝爱鸟节的入场券

我们怀着急切的心情在等着那些有羽毛的朋友们光临。学校让我们每人做一个椋鸟小窝。

于是我们都在动手忙这件事。我们学校里面有一个木工场。那些还不会做椋鸟小窝的孩子，可以去那里学习。

我们要在学校的果园里挂上许多鸟窝。希望鸟儿们能住在这里，保护苹果树、梨树和樱桃树，让那些害虫不敢再来。等到欢度爱鸟节[1]的那一天，每个学生就把自己做的椋鸟小窝带到庆祝会上。我们已经商量好了：椋鸟小窝就是每个人参加庆祝会的入场券。

《森林报》通讯员　伏罗加·诺威

任尼亚·科里吉克

[1] 前苏联的学校，每年春天都要举行一次爱鸟节，爱鸟节这一天每个学生都要带了鸟来放生，并且要为鸟儿做很多有益的事。

集体农庄新闻

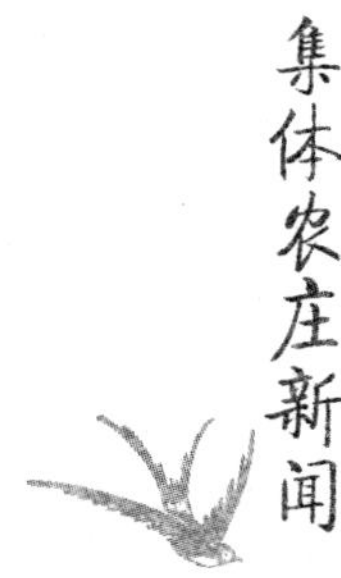

抢救挨饿的麦苗

雪都化了，田里长出了绿绿的小苗，可是这些小苗又细又弱。大地还没有完全解冻，小苗的根不能从大地母亲那里汲取足够的营养，所以这些可怜的小苗只能挨饿了！

可是小苗是我们的宝贝啊——它们是冬麦苗。因此人们就给它们准备好了营养：草木灰啊，鸟粪啊，厩粪汁啊，食盐啊。这些食粮都是由空中食堂配送的。

飞机飞到田地的上空，将这些东西撒下，这样每一颗挨饿的麦苗都能吃得饱饱的了。

土豆搬家

土豆的种子终于搬出冷库了。

人们把它们种在温暖的土壤里面，它们兴高采烈地生长着。

逃亡的春水被截留

积雪化成的水由着自己的性子，竟然想从田里逃窜到凹地里。

农场里的人们及时把逃亡的春水截留下来了——在有积雪的斜坡上拦

腰结结实实地筑起了一道横墙。

留在田里的水，开始慢慢渗到土里。

田里的小苗已经感觉得到它们的小根得到水的滋润，它们好高兴。

新生了 100 个小娃娃

昨天夜里，在猪舍里值班的饲养员们为母猪接生，新生了 100 只小猪。这 100 个小猪娃，个个肥头大耳、结结实实的，一出生就哼哼直叫。9 位幸福的年轻猪妈妈，急切地等待着饲养员把那些翘鼻头、小尾巴、红扑扑的小猪娃送过去吃奶。

绿色新闻

能在菜铺里买新鲜黄瓜了。黄瓜花的授粉工作没有靠蜜蜂帮忙。黄瓜生长的土地，也没有靠阳光的滋润。

尽管如此，这些黄瓜依然是名副其实的黄瓜——肥肥大大，结结实实，多汁又长满了小刺。别看它们是在温室长大的，也有着真正的黄瓜清香呢！

尼娜·巴甫洛娃

猎事记

国家规定春天打猎的时期非常短。如果开春早的话，就可以早点去打猎。如果开春晚的话，那么也只好推迟狩猎期了。

春天只能打飞禽，比如野鸡、野鸭什么的，只准打雄的，而且不许带猎犬。

搬家的鸟儿

猎人白天从城中出发，天黑之前就进入森林了。

这个黄昏灰沉沉的，没有一丝风，下着毛毛细雨，天气非常暖和，正是鸟儿搬家的好天气。

猎人在森林边选好了一块地方，然后站在一棵小云杉旁。周围的树木不高——全是低矮的赤杨、白桦和云杉。

离太阳落山还有十几分钟。现在还能抽一支烟，再过一会儿可就没工夫了。

猎人站在那儿听森林里各种鸟儿的歌声：鸫(dōng)鸟于枞树的尖树顶上高声鸣叫；而红胸脯的欧鸲(qú)在丛林里哼着小调。

太阳下山了。鸟儿们陆陆续续地不再唱了。最后，连最会唱歌的鸫鸟和欧鸲也不唱了。

注意，竖起耳朵来听好了！森林的上空突然传出一阵轻响：

“唧唧，唧唧，嚯嚯——嚯——嚯！”

猎人打了个冷战，把猎枪搭在肩上，屏住呼吸倾听。是哪儿传出来的声音呢？

“唧唧，唧唧，嚯嚯——嚯——嚯！”“嚯嚯！”

还是两只呢！

有两只正飞过森林上空的勾嘴鹬(yù)，它们急忙扑扇着翅膀向前飞着。

一只追着一只飞，但样子并不像是打架。看来，前面一只是雌鸟，后面那只追逐它的是雄鸟。

“砰……”

跟在后面的那只勾嘴鹬，在空中打着旋，慢慢掉进了灌木丛。

猎人飞快地跑过去，如果那只受伤的鸟儿逃走，或者躲在灌木丛里，那就很难再找到它了。

勾嘴鹬羽毛的颜色跟枯叶很像。仔细一瞧！它就挂在灌木丛上。

另外一只勾嘴鹬不知道在什么地方“唧唧”“嚯嚯”地叫起来了。

可是太远了——猎枪是打不着的。猎人再次倚着一棵小云杉，聚精会神地听着动静。林子里静悄悄的，忽然又传来了这种叫声：

“唧唧！”“嚯嚯！嚯嚯嚯！”

叫声在那边，在那边——可是太远了……把它引过来吗？也许可以引得过来。

猎人把自己的帽子抛向空中。

雄勾嘴鹬此时正在昏暗中仔细寻找雌勾嘴鹬的身影。它马上看见了一件一起一落的黑糊糊的东西。

是雌勾嘴鹬吗？雄勾嘴鹬转过头来，急急忙忙地向猎人这边飞过来了。

“砰！”这回它一个跟头栽了下来，倒地而死，一枪被击毙。

天越来越黑了。“唧唧，唧唧！嚯嚯，嚯嚯”的叫声四起，一会儿在这边，一会儿在那边——不知道飞向哪边才好。

猎人兴奋得双手颤抖。

“砰！砰！”没打中。

“砰！砰！”又没打中。

还是休息一会儿，暂且放过这一两只勾嘴鹬吧！是时候该定定神了。

好了，手不抖了。

现在能开枪了。

在幽暗的森林深处，一只猫头鹰发出喑哑的声音怪叫了一声。一只还在睡梦中的鸫鸟被吓醒，害怕地尖叫起来。

天黑了，就要不能打枪了。

终于又响起了一只雄勾嘴鹬的叫声：

“唧唧，唧唧！”

从另外一边也传来了“唧唧，唧唧”的叫声。

两只雄勾嘴鹬情敌就在猎人的头顶上相遇了，它们一碰上就打起架来。

“砰！砰！”两声枪响后，两只勾嘴鹬都落地了。一只像土块似的掉在地上；另一只打着旋——正好落在猎人脚旁。

现在该转移地点啦！

趁着还看得见林间的小路，应该走向鸟儿交配的地方。

松鸡交配的地方

深夜里，猎人会坐在森林里吃点干粮，喝点水——这时是不能生火的，否则会吓走猎物的。

等不了多久，天就快亮了。松鸡总是在天亮以前就进行交配。

一只猫头鹰闷闷地怪叫了两声，将黑夜的寂静打破了。

这个大坏蛋！会把正在交配的松鸡吓跑的！

东方的天空变成了鱼肚白色。听，一只松鸡低低地唱了起来，叫声隐隐约约的。它“咔嗒，咔嗒”，“咔嗒，咔嗒”地叫着。

猎人跳起来，专注地听着。

听，又有一只松鸡叫了起来——就在不远处，离猎人不过150步左右的距离。随即又有松鸡的叫声传过来。

猎人轻手轻脚地向那儿走去。他手中端着枪，手指头扣在扳机上，眼睛盯住暗影中的粗大云杉。

只听到“咔嗒，咔嗒”的叫声停下了；有一只松鸡尖声尖气地发出声音。

猎人使劲向前蹿了几步，随即就站定不动了。

松鸡的叫声停止了。四周都静悄悄的。

此时松鸡防备了起来——它竖起耳朵听呢！这个机灵的家伙，只要树枝微微发出一点声响，它就拍着翅膀飞走，逃得不见踪影！

它没有感觉到什么异常，于是又“咔嗒，咔嗒！咔嗒，咔嗒”地叫了几声——好像两根木棒子轻轻相撞时发出的声音。

猎人仍然站在原地不动。

松鸡又委婉地啼叫起来了。

猎人向前跳了一下。

松鸡发出一阵嘶叫，不敢再唱歌了。

猎人还有一只脚没有落地，就僵在那里不敢动了。松鸡又不叫了——直愣愣地在听着动静。

后来，它又叫了起来：“咔嗒，咔嗒！咔嗒，咔嗒……”

这样重复了一遍又一遍。

现在松鸡就在猎人的眼前了——松鸡就落在猎人前面这几棵云杉上，离地面不高，就在树的半腰！

这家伙是热情昏了头了，高声唱着，现在你就是对着它嚷，它也听不见了！不过，它的位置的确很难判断，在那漆黑的针叶丛里，真是看不清楚啊！

哦！原来它在那儿！就在那个茂密的云杉枝上——离猎人不过只有30几步远。瞧，那是——它长长的黑黑的脖子，它长着山羊胡子的脑袋瓜儿……

它不叫了，现在可不能轻举妄动……

“咔嗒，咔嗒！咔嗒，咔嗒！”……跟着，它又叫了。

猎人把枪举起来，瞄准夜色中那个黑影——一个长着山羊胡子、尾巴像展开的大扇子一样的猎物，挑中它的要害打下去。若是打在绷得紧紧的松鸡的翅膀上子弹就会滑掉，这只结实的鸟没有那么容易被打伤。要打死它还是得打它的脖子。

“砰！”

眼前一片乌蒙蒙的烟，什么都看不见了，只能听到松鸡沉重的身子从树上掉了来，压断了许多树枝。

“嘭！”——它摔在了雪地上。

好大一只雄松鸡！乌黑的身躯至少有5千克重！它眉毛像被血染过一样，通红通红的……

森林剧场

琴鸡交尾演出

森林里的一片很大的空地上有一个露天剧场。太阳还没出来，可是四周的一切都能看清楚，因为那时恰逢列宁格勒的白夜[1]。

聚过来一起看表演的观众，是那些身上带着麻斑的雌琴鸡，有的蹲在地上吃东西；有的矜持地坐在树上。

它们正静静地等着好戏开场。

看啊！看啊！有一只雄琴鸡飞到舞台上来了。这个浑身乌黑，翅膀上生着几道白条纹的家伙，可是这个交尾场上的主角。

它用那两只黑纽扣般的大眼睛，敏锐地看着交尾场——发现与它配戏的演员还没到场，现场只有那些在等着看热闹的雌琴鸡。

还有那边怎么长出了一堆矮树丛啊？好像昨天还没有呢！真是荒唐啊——怎么一天一夜的时间里会冒出那么多一米高的云杉呢？一定是以前没记清……老糊涂了。

请开始表演吧！

这个主角又扫了观众一眼，随后将脖子弯到地，将华丽的大尾巴翘起来，将翅膀斜着耷拉在地上。

接着它叽里咕噜的念叨着什么。台词仿佛是："我要卖掉这件皮袄，然后买一件大褂，买一件大褂！"

"嘟！"舞台上又飞来一只雄琴鸡。

"嘟！嘟！"——一只又一只飞过来了，它们啪啪的弄得舞台直响。

嚇！瞧我们的主角都气疯了！它羽毛全都竖起来了。脑袋瓜儿也贴着地，尾巴大张着像一把扇子，口中发出一阵阵的怒号："呀唬，嘿！呀唬，嘿！"

这是它在对别的鸟儿宣战，台词的意思是："谁要不是舍不得掉羽毛的胆小鬼，那就过来较量一下吧！"

在舞台的另一边，有一只雄琴鸡出来应战了："呀唬，嘿！呀唬，嘿！你要

[1]列宁格勒离北极不远，列宁格勒的春季天黑得较晚，即便是到了夜里，四周依然有光，所以称之为"白夜"。

觉得自己不是胆小鬼，就过来比比啊！”

“呀唬，嘿！呀唬，嘿！”——嚇，这一下子有二三十只雄琴鸡出来应战，黑压压的一片，简直数不过来！只只都准备好打架了，随便你挑。

那些看好戏的雌琴鸡静静地蹲在树上，一副不动声色的神态，好像对眼前的战争漠不关心似的。其实这群心眼多的美女是在耍花样啊！这出戏明明就是演给它们看的。这些抖开大大的黑尾巴、激动得眉毛都烧得火红的斗士，正是为了它们才奔向这里的！

这里的每一个斗士，都想在漂亮的雌琴鸡面前表现表现自己的勇敢和力量。傻里傻气、胆怯怕事的可怜虫们趁早滚开！只有灵活机智的勇士，才配得上美女。

看吧，好戏上演啦……雄琴鸡愤怒地挑战声响彻全场；它们低下头去，屈着身子发力，向前冲了过来……

两只雄琴鸡对掐了起来，各自朝着对方的脸上啄过去。

“啾叽，啾叽！”它们愤怒地呜咽着。

天色越来越亮了。笼罩在舞台上空的那层白夜的透明暮色已经褪去了。

云杉丛中（交尾舞台上的这一大堆云杉是何方生出来的啊？）有一件像金属一样的东西在闪闪发亮。

不过那个时候，雄琴鸡们可没有看树丛的闲暇时间。它们都在忙着应付对手。

交尾场的主角离树丛是最近的。这是在跟第三个对手较量了。前面的两个早被它打得不见踪影了。它真是当之无愧的主角——整个林子里数它最厉害了。不过第三个对手也很勇敢，身手矫捷，它跳过去，给了主角狠狠一击。

“啾叽，叽！”主角嘶哑着恶狠狠地喊。

躲在树枝上静观的美女们此时都伸长了脖子，好戏终于开始了呢！真正的战斗就应该是这样！这第三只是不会被吓跑的，无论怎样都不会。两个敌人都跳了起来，扑扇着结实的翅膀，在半空中厮打着。

啄了一下，又啄了一下——也弄不清是谁在啄谁了。两个敌人都摔在地上，分头跳向两边了。年轻的那只，翅膀上有两根硬翎断了，身上那些蓝色的羽毛凌乱地竖在身上；年老的那只，红眉毛下竟然淌着血——它的一只眼睛

被啄瞎了。

那些美女们坐立不安了。到底谁赢了？莫非是年轻的打败了年老的？看那年轻小伙子多帅啊：密密的羽毛闪着蓝色的光芒，尾巴上布满花斑，翅膀上长着色彩夺目的花纹！

看啊看啊，两个敌人又跳了起来厮打。年老的压住了年轻的！

又双双跌倒，向两边跳开了。

又厮打在一起。年轻的占上风！

现在终于到最后一场搏斗了。看吧看吧……

摔在一起了，可又跳开了！

又跳起来，扭成一团啦。

“砰！”一声枪响传出，雷鸣似的响彻整个森林，小云杉丛里升起了一团青烟。

交尾场上的时间仿佛静止了。树上的雌琴鸡们呆呆地伸长了脖子。雄琴鸡们惶恐地扬起了红眉毛。

发生什么事儿了？

没什么事儿啊，眼下还是太平景象。

没有生人闯进来。

一片寂静。云杉丛中的烟消散了。

一只雄琴鸡回过头来，一眼瞧见它的敌手就站在面前。它纵身一跳，照准那敌手的脑袋啄去。

表演接着进行。一对对雄琴鸡又打了起来。

可是树上的美女们看见了：刚刚搏斗的那一老一少，双双倒在地上死了。

难道它俩互相把对方打死了吗？

表演在继续进行着。应该把目光转向舞台上才对。现在哪一对的搏斗最精彩？今天哪一位黑斗士能成为最后的胜者？

当太阳照在森林上空时，表演结束了，鸟儿们也全都飞走了；一位猎人从云杉枝搭建的小棚子里走了出来。他先是拾起了舞台主角和它的年轻情敌。这两只鸟儿全身是血——它们从头到脚都中了子弹。

猎人把它们塞到怀里，接着捡起被他打死的另外 3 只雄琴鸡，扛起枪，走上回家的路。

猎人在穿过森林时，不时地竖起耳朵，东张西望，生怕碰见什么人……原来他今天做了两件亏心事：一是他在禁猎期射死了在交尾场上的雄琴鸡；二是他打死了资深的老主角。

明天，露天剧场上的戏不能继续了，因为没有主角来带头演了！

交尾场的表演不见了。

《森林报》特约通讯员

呼叫东南西北

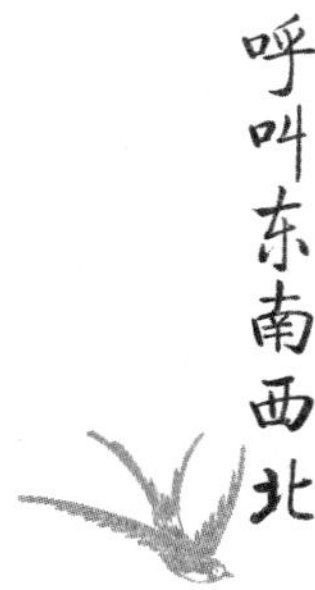

注意！注意！

我们是《森林报》编辑部。

今天是3月21日，春分。我们今天举行一次全国无线电通报行动。

请注意！请东南西北各地都来参加。

请注意！请苔原、原始森林、草原、山岳、海洋、沙漠都来参加。

请报告你们那里的近况。

回应！回应！

来自北极的回应

今天，我们这儿洋溢着节日的喜庆——一个非常漫长的冬天终于过去了，太阳头一次露出了笑颜！

第一天，海面上只露出了太阳的头顶。几分钟后太阳就缩回去了。

两天以后，太阳露出了半张脸儿。

又过了两天，太阳才从海洋里钻出来。

现在我们总算可以享有一个短短的白天了。尽管一个小时后天就会变黑，可是这又算什么呢——反正越来越多的白昼正向我们走来：明天，白昼会再长些；后天，白昼会更长些。

厚厚的冰雪还覆盖着我们的海洋和陆地。白熊在它们的冰穴里睡得正开心。到处都找不到绿芽，不见飞鸟的踪影，只有严寒的风雪天气。

来自中亚细亚的回应

我们已经把马铃薯种上了，现在开始种棉花。这儿的太阳火辣辣的，街道的路面上被烤出一层浮尘。桃树、梨树、苹果树正忙着开花。扁桃、杏树、白头翁还有风信子的花都凋谢了。我们也开始营造防护林带了。

飞到我们这儿过冬的乌鸦、秃鼻乌鸦和云雀都飞回北方了。而在我们这儿消夏的家燕、白肚皮的雨燕等都飞来了。红色的野鸭在树洞、土洞里孵出了小野鸭。这些小家伙们已跳出洞，在水里游泳了。

来自远东的回应

我们这儿的狗已从冬眠中醒过来了。

是的，是的，你并没有听错——我说的确实是狗，不是熊、土拨鼠，也不是獾。

你以为狗都不会冬眠吧？可是我们这儿的狗就冬眠呢。

我们这儿有一种个子比狐狸还小的野狗，短短的腿，一身又密又长的棕色的毛甚至把耳朵都遮住了。冬天来临时，它就像獾一样钻到洞里睡大觉了。现在它苏醒后就开始抓老鼠和鱼吃。

它的名字是浣熊狗，因为它长得特别像北美洲的一种小型熊——浣熊[1]。

南部沿海的人们已经开始捕捉比目鱼——一种扁扁的鱼。而乌苏里边区的原始丛林里，已经有小老虎出世了，此时它们已经能睁眼了。

我们每天守在这里等着回游鱼类的到来，它们每年都从远方的海洋游到我们这儿来产卵。

来自乌克兰西部的回应

此时我们正在播种小麦。

飞去南非洲过冬的白鹳(guàn)回来了。我们欢迎它们住在我们的房顶上，所以就搬来了一些重的旧车轮搁到房顶上供它们筑窠。

---

[1] 浣熊产自北美洲，因为它吃东西前，总要把食物放到水里浣洗，所以叫做浣熊。

这不现在白鹳正把衔来的粗细不等的树枝放到车轮上，开始搭建窠了。

因为金黄色的蜂虎鸟飞来了，所以我们的养蜂人慌张了。这种小鸟儿仪态文雅，羽毛很漂亮，可是它们偏偏喜欢吃蜜蜂。

来自亚马尔半岛苔原的回应

我们这儿还是严寒的冬天呢，春天的气息一点儿都没有。

驯鹿们正在用蹄子扒开积雪，捣碎冰块，觅食青苔。

乌鸦就要飞回来了！每年的4月7日，我们都要庆祝“乌思嘉——亚烈”节，即“乌鸦节”。乌鸦飞来的那天被我们视为春天的开始，就跟你们把秃嘴乌鸦飞回来的那天当成春天的开始一样。我们这儿可没有秃嘴乌鸦啊。

来自诺沃西比尔斯克原始森林的回应

我们这儿的情况跟你们那里差不多啊，都是原始林带，有成片针叶林以及混成林。这样的原始林带横亘我们的国土。

白嘴鸦只有在夏天才会出现在我们这儿。我们的春天是从寒鸦飞回来的那天开始的——寒鸦一到冬天就飞走了，但是它们每年春天都会最先飞回来。

春天一到，我们这儿的天气马上就暖和了，春天这么短，来去匆匆啊。

来自外贝加尔草原的回应

粗脖子的羚羊离开我们去南方了——它们向南方的蒙古走去了。

积雪初融的那几天，对它们来说是灾祸降临的日子。白天融化的雪水在冷冷的夜里又冻成了冰。这时平坦的草原就变成了溜冰场。此时它们光滑的蹄子在冰上滑啊滑，四只蹄子滑向四个方向。

而羚羊是完全靠那四条追风腿活命的啊！

在这个春寒时节，不知道有多少可怜的羚羊会被狼还有其他猛兽吃掉！

来自高加索山区的回应

在我们这儿，春天是从低处走到高处的，一步一步地赶走冬天。

山顶上大雪纷飞，山下的谷地却飘着细雨；小溪向前奔流着，春潮第一次在涌动着。河水猛涨而漫上了河岸。湍急的浑浊河水一泻千里，夹杂着一路冲刷下来的东西奔向大海。

山下的谷地里鲜花盛开，树叶舒展。在阳光明媚的暖暖的南山坡，一片片绿茵一天天向山顶蔓延着。

鸟儿、啮齿类动物和食草类动物，都跟着绿草向山顶上移去、爬去。牡鹿啊，牝鹿啊，兔子啊，野绵羊啊，野山羊什么的，也跑向了山顶。而狼啊，狐狸啊，森林野猫啊，甚至人都防着的雪豹什么的，也跟着它们往山上去了。

寒冬躲到了山顶。春天跟在冬天的屁股后面穷追不舍，一切生物也紧随着春天的脚步上山了。

来自北冰洋的回应

冰块和冰山在洋面上向我们这儿漂过来。有一些两肋呈黑色的浅灰色海兽躺在冰面上。它们是格陵兰海豹，它们将在这寒冷的冰上生下毛茸茸、白亮亮，有黑鼻头和黑眼睛的小海豹。

刚生下来的小海豹要在冰上躺好多日子，因为它们还不会游泳啊！

黑脸、黑腰的老雄海豹此时也爬上冰了。它们褪下自己那又短又硬的淡黄色的毛。在换完毛以前，它们也得在冰上漂流一段时间。

看啊，侦察人员们乘飞机在海洋上空盘旋着——他们需要查清冰原的哪些地方还有携带着小海豹的雌海豹；哪些地方躺着换毛的雄海豹。

侦察完情况以后，他们就飞回去报告船长，说哪儿是海豹的聚集地——那些海豹躺在一起，把它们身下的冰面遮得严严实实的。

不久后，一艘载了许多猎手的特备轮船，穿过一片片冰原向那里驶去——他们要去猎取那些海豹。

来自黑海的回应

我们本地没有海豹，很少有人能见到这种海兽。它会从水中露出一段长达3米的乌黑脊背，然后又不见踪影了。有一只从地中海来的海豹，它经过博斯普鲁斯海峡，一个很偶然的机会，它就游到我们这儿了。

不过，有其他种类的野兽活跃在我们这儿——比如活泼的海豚。现在的巴统城附近一带，人们正在紧张地猎取海豚。

猎手们乘着小汽艇到海上巡游，仔细观察陆续从四处飞来的海鸥又飞向哪里。它们在哪里群聚，一准是因为有一些小鱼游荡在哪里，而海豚也一准会去那里。

海豚非常喜欢玩耍：它们在水上翻滚着嬉戏，就像马儿在草地上打滚似的，有时它们还会一只接一只的从水里跳出来，在半空中快乐地翻跟头。不过，这时可不能到跟前开枪——它们逃得很快。要在它们开怀大吃的地方开枪打它们。在这种时刻，把小艇停在离海豚10~15米的地方就行，要手疾眼快，及时开枪，打中后立刻把它拖上船，不然的话，死海豚就会沉入海底。

来自里海的回应

里海北部有冰原，所以在冰原上能看到很多海豹的窝。

不过，我们这儿的那些雪白小海豹已长大了，连毛都换了：先是变成深灰色，然后又变成棕灰色。海豹妈妈越来越少从圆圆的冰窟窿里钻出来了——它们快要给小海豹们断奶了。

海豹妈妈们也在换毛了。它们游到其他冰块上去，和躺在那里的一群群的雄海豹一起换新衣服。它们身下的冰已经融化了。所以只能爬到岸上，躺在沙洲或是浅沙滩上，继续换毛。

我们这儿回游类的鱼有里海鲱鱼、鲟鱼、白鲟鱼等。它们从大海各处聚集在一起，组成一支密密麻麻的大队伍，游向伏尔加河、乌拉尔河河口一带。它们在那里安家，一直等到这几条河流解冻。

到那时，它们就要成群结队地到处奔走了——争先恐后地逆流冲向上游，急忙赶去产卵，那里也曾经是它们出生的地方。那些地方都远在北方，在上面提到的几条河流里，以及那些河流的小支流里。

沿着这些河流及其支流，渔民们布下渔网，等着捕捞这些归心似箭的鱼儿。

来自波罗的海的回应

我们这儿的渔民也做好去捕小鳁（wēn）鱼、小鲱（fēi）鱼和鳘（mǐn）鱼的准备了。守候在芬兰湾和里加湾的人们，一等到冰雪融化，就要开始抓鲑鱼、胡瓜鱼和白鱼了。

我们这儿的海港已经相继解冻，一只只轮船开出海湾，踏上远航的征程。

也有来自世界各国的船向我们这儿驶来。冬天就要走了，波罗的海的良辰吉日要来了。

来自中亚细亚沙漠的回应

我们这儿的春天喜气洋洋的。今年总下雨，此时还不到热的时候。到处长着鲜嫩的小草，偶尔连沙地里也能冒出小草。真不知道为什么今年的草长得这么茂盛。

灌木上长满了绿叶。沉睡了一个冬天的动物从地下钻出来了。屎壳郎、象鼻虫什么的也出来混了；亮亮的吉丁虫挤满了灌木丛；蜥蜴啊，蛇啊，乌龟啊，土拨鼠啊，跳鼠啊，也都爬出了深深的洞穴。

一队队的大黑兀鹰，下山来捉乌龟吃。它们会用自己那又弯又长的嘴，从龟壳里啄出乌龟肉来吃。

春天的客人纷纷飞过来了——小巧的沙漠莺，爱跳舞的鹟（wēng），云雀家族：鞑靼（dá dá）大云雀、亚细亚小云雀、黑云雀、白翅云雀、带冠毛的云雀。它们的歌声飘满了天空。

在温暖明媚的春天，连沙漠也有一番生机勃勃的气象——沙漠里孕育了多少生命呀！

我们和全国各地的无线电通报到此结束了。下一次通报将于 6 月 22 日举行。

候鸟归乡月(春季第二个月)
一年——分为12个章节的太阳诗篇

4月是积雪融化的月份！4月里万物还没有完全苏醒,但是4月的风就已经扑面而来了,这就是说天气就要转暖了。你看吧,美好的事情还会接着发生！

春季的第二个月里,小溪水会从山上流淌下来,鱼儿钻出水面。春天扫光了覆盖在大地上的积雪,又再接再厉融化水面上的浮冰。雪水汇成了小溪,小溪又悄悄流入江河,江河水上涨,摆脱了浮冰的羁绊。春水泛滥在山谷间。

被春水和春雨滋润好了的大地,披上绿衣裳,上面还缀着娇美的花儿。森林却还是赤条条地站在那儿,静静地等着春天的恩惠。不过,树液已在暗暗地流动了,树芽都爆了,春花满地,朵朵含笑。

鸟儿回乡潮

如汹涌浪潮般的鸟儿，大批从越冬地飞回故乡。它们飞行时秩序井然，队列整齐，按照次序行进。

今年，鸟儿们还是守着千百年来的老规矩，按照一直以来的路线一如既往地飞行。

最先动身的，是去年最后飞离的那些鸟儿。最后上路的，是去年秋天最先飞离的鸟儿。最晚回来的，是那些有着华丽羽毛的鸟儿：它们非要等到草丰叶茂后才回来，如果回来早了，落在光秃秃的大地和树木上的它们过于显眼。现在我们这儿没有能掩护它们的东西，不容易躲避猛兽和猛禽。

鸟儿迁徙的空中路线，正好穿过我们市和列宁格勒州的上空。这条线路叫做波罗的海线。

这条空中路线一边是阴霾冰冷的北冰洋，一边是晴朗明媚的炎热地区。无数海鸟和在海滨上过冬的鸟，按照自己的行程，一队队在空中飞行，队伍数不胜数。它们沿非洲海岸，穿过地中海，经比里牛斯半岛海岸及比斯开湾海岸，越过一条条海峡、北海和波罗的海。

一路上它们历经诸多磨难。在这群羽族旅行者的面前，有墙壁一样的浓雾，有昏暗的迷阵，它们左冲右撞，有的迷了路，有的被尖削的岩石撞得粉身碎骨。

海上突然出现的暴风雨将它们的羽毛和翅膀折断，把它们卷到大海里去。

海上突然出现的寒流将海水冻成冰，有些鸟在饥寒交迫中死在半路，还有成千上万的鸟被雕、鹰和鹞吃掉。这些猛禽成群守在这条路线上，不用费什么力，专门等着这些美味送上门来。

也有成千上万只候鸟，死在猎人的枪下（我们要在这期《森林报》登的是在列宁格勒附近打野鸭的故事）。

然而，什么也阻挡不了羽族大队伍；它们穿过云雾，冲破一切阻力，向它们的故乡飞来，它们要回来啦。

我们这儿的候鸟有些是从印度飞来的；而扁嘴鳍鹬的越冬地更远，竟然是美洲。它们穿过亚洲，急急忙忙从越冬地返回阿尔汉格尔斯克附近的故居，它们大概需要飞 1500 公里，费时两个月。

戴脚环的鸟

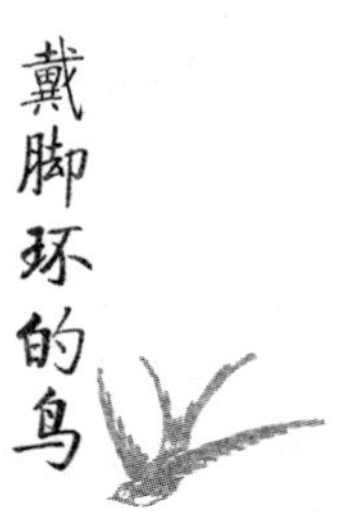

你要是打死了脚上戴着金属环的鸟，那么请你把这环取下来，寄到脚环中心去吧！地址是：莫斯科，K–9，列宁大街 6 号。并请附一封信，在信中写明这只鸟被打死的时间和地点。

你要是捉到一只脚上戴着金属环的活鸟，那么请你记下脚环上的字母和号码，把鸟放生，然后写一封信，把你发现的字母和号码寄给上述单位。

要是打死或捉到这种鸟的人不是你，而是你认识的猎人或是捕鸟人，那么请你告诉他应该这样处理。

有关单位的工作人员把一种分量很轻的金属环儿（铝环）套在鸟儿的脚上。环上印的字母，表示的是给鸟戴上脚环的国家和研究鸟儿的科学机构。至于那些号码——是科研人员的编号，在他们那里都有存底，是为了注明他给这只鸟戴上脚环的时间、地点。

科研人员们用这种方法来考察鸟类生活的惊人秘密。

这样的话，我们在遥远的苏联北方某地为一只鸟戴上脚环，即便后来它在非洲南部或是印度的什么地方被人抓住了，脚环也能被寄回来。

不过，我们这儿的候鸟，并不全是飞往南方过冬的，也有飞去西方，也有飞去东方的，甚至有的飞往北方！我们就用给候鸟戴脚环的办法，来探寻它们生活中的秘密。

林中大事记

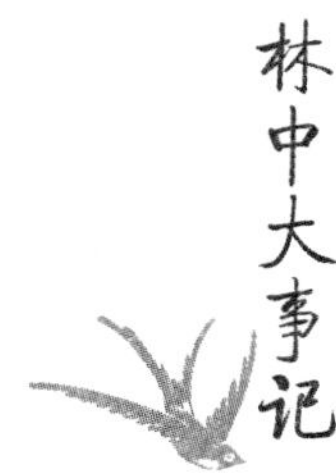

泥 泞

现在郊外满地泥泞，雪橇和马车都无法在林间道路和村道上走。我们为了获得森林里的一点消息，可费了大劲了。

从雪底钻出的浆果

林子沼泽地里的蔓越橘从雪底钻出来了。村子里的孩子们纷纷跑去采，他们说，越冬的陈浆果比新结的果子甜多了。

昆虫过节咯

柳树开花了。它的花儿就是轻盈的鲜黄色小球，这些花儿布满了它粗糙的灰绿色枝条。所以整棵树显得毛茸茸、轻飘飘的，洋溢着一团喜气。

柳树开花的时候就是昆虫的节日啊！在那穿着漂亮的树丛中，昆虫们像在过一个热闹、快活的枞树节似的。丸花蜂嗡嗡地上下翻飞；苍蝇昏头昏脑地瞎撞着；勤劳的蜜蜂在拨弄着一根根纤细的雄蕊，快乐地采集花粉。

蝴蝶在翩翩起舞。你瞧，这一只翅膀上长着雕花图案的黄蝴蝶，叫柠檬蝶；那一只眼睛很大的棕红色蝴蝶，叫荨麻蛱蝶。

这边还有一只长吻蛱蝶悄悄地落在毛茸茸的柳树花上面了，它那暗黑色的翅膀严严实实地遮住小黄球，此时它正在用吸管深深地伸到雄蕊之间去吸吮花蜜。

在这一簇生机盎然的柳树丛旁，还有一簇柳树，它们也开花了。不过，它们的花儿完全是另一番模样，是些不好看的，蓬松的灰绿色小毛球儿。上面趴着一些昆虫，不过它周围就没有旁边这棵树周围热闹了。然而那棵树上正在结籽呢！原来小飞虫们已经把小黄球上的黏花粉搬到灰绿色小毛球身上了。不久后，它小瓶子似的长长雌蕊里，都会结出种子的。

葇荑花序

许多葇荑花序在江河和小溪的两岸以及森林的边缘地带绽放了。这些花序不是从刚刚解冻的土地上钻出来的，而是在被春光晒得暖洋洋的树枝上绽放。

一串串长长的浅咖啡色小穗儿，此时正挂在白杨和榛树上，这些小穗儿就是葇荑花序。

它们还是去年长出来的，不过，过了一个冬天后，它们就变得更加牢固结实。现在它们舒展开了，显得又松又软。

你摇动一下树枝，它们就飘出一缕缕烟尘般的黄色花粉。不过，在白杨和榛树的枝桠上，除了飘出花粉的葇荑花序以外，还有另一种花——白杨的雌花。这些雌花是褐色的小毛球儿；榛子的雌花则是粗实的苞蕾，苞蕾中伸出了些粉红色的细须，看上去好像是躲在苞蕾中的昆虫的触须似的——其实那是雌花的柱头。每朵雌花都有少到两三个，多到甚至五个的柱头。

白杨和榛子的叶子现在还没长出来，风自由自在地在光秃秃的树枝间穿过，吹动了葇荑花序，风挟着它的花粉，从一棵树撒到另一棵树上去。像粉红色须子的柱头把花粉接住——这些刺毛似的模样古怪的雌花受精了，到秋天后，它们将成为一颗颗榛子。白杨的雌花也会受精，等到秋天了，它们将成为包着种子的小黑球果。

蝰(kuí)蛇的日光浴

有毒的蝰蛇天天早晨都会晒太阳。它会吃力地爬到干枯的树墩子上，因为天气很冷，它身体里的血液还是凉凉的。蝰蛇晒暖和后就变得活泼起来，然后就去捕捉青蛙和老鼠了。

蚂蚁窝有点动静了

我们发现了一个大蚂蚁窝，是在云杉树底下。起初，我们还以为那不过是一堆垃圾和枯针叶呢，怎么也没想到那是蚂蚁窝，因为我们之前没看见一只蚂蚁啊！

现在，蚂蚁窝上的雪化了，蚂蚁们都爬出来晒太阳了。经历了长时间的冬眠后，蚂蚁们的身体非常虚弱，粘成黑黑的一团，都躺在蚂蚁窝上。

我们轻轻地用小木棍儿拨弄拨弄它们，它们只勉强地动弹动弹。它们连向我们喷射刺激性的蚁酸的力气都没有。

还得再过几天，它们才会重新开始干活儿。

还有谁苏醒了？

从冬眠中醒来的还有蝙蝠和好多种甲虫（扁扁的步行虫啊，圆圆的黑屎壳郎啊，还有叩头虫，等等）。叩头虫会做惊险的表演——只要它仰面朝天，就会把头吧嗒一点，蹦个高儿弹了起来，然后在空中翻个跟头，稳稳落在地上。

此时蒲公英也开花了，白桦周身泛出了绿色的光芒，眼看就要冒出叶子了。

第一场雨过后，地面上爬着粉红色的蚯蚓，羊肚菌和鹿花菌等菌类也钻出头来。

池塘里

一片生机勃勃的景象出现在池塘里。青蛙离开了它在池塘的淤泥中用水藻铺就的床铺，产下卵后便跳上了岸。

而蝾螈（róng yuán）却正相反，现在它们正从岸上回到水里。橙黑色的蝾螈拖着一条大尾巴，它长得不太像青蛙，倒是有点像蜥蜴。冬天一到，它们就会离开池塘去森林里，钻进潮湿的青苔里冬眠。

癞蛤蟆也苏醒了，也产卵了。不同的是，青蛙卵像一团团漂浮在水上的胶冻，上面全是小泡泡，每个泡泡里都有个圆圆的小黑点。而癞蛤蟆卵是一串串的，有一根细带子把它们串在一起，然后附着在水草上。

森林里的清洁工

当冬天的严寒骤然到来时，有些措手不及的飞禽走兽会被冻死，然后就埋在了雪下。当春天来时，它们的尸体就露出来了。不过它们的尸体不会留在那里很久的——熊啊，狼啊，乌鸦啊，喜鹊啊，埋粪虫啊，蚂蚁啊，还有其他森林清洁工会处理的。

它们是在春天开花吗？

现在可以看到很多植物开花了，比如三色堇、荠菜、遏蓝菜、繁缕、欧洲野菊什么的。

你可别以为这些草也是从地底下钻出来的，跟春天开花的雪花莲一样。雪花莲是“先探出绿色的梗，然后拼尽它那小小的力气一伸腰”，它的小花就绽放了。

而三色堇、荠菜、遏蓝菜、繁缕和欧洲野菊一直在寒冬中傲立，它们的花朵一直盛开着。等到盖在它们头上的残雪化尽，它们就苏醒了，已绽放的花朵和含苞欲放的蓓蕾也水灵灵的了。

去年晚秋时草茎上还有一些蓓蕾，现在都开出了花儿，正在草丛里望着我们呢。

你说，它们怎么能算是在春天开花呢？

尼娜•巴甫洛娃

白寒鸦

在小雅尔契克村的学校附近，有一只传奇的白寒鸦，它总是和一群普通的寒鸦一起生活。老年人都说过去从未见过这样的鸟儿。我们这些小孩子实在弄不明白：怎么会有这么传奇的白寒鸦呢？

《森林报》通讯员 波良·西林采娜

葛勒·马斯洛夫

来自编辑部的解答：

正常的鸟兽有时会生下全身雪白的幼鸟幼兽。科学家认为，这是因为它们患了色素缺乏症。

这种疾病的症状有两种——一种是全身雪白，一种是部分雪白。患这种疾病的鸟兽体内缺少染色体（也就是能使羽毛和兽毛有色的色素）。

患色素缺乏症的家畜有很多，像白家兔、白鸡、白老鼠。

但生来就患色素缺乏症的野生动物不多见。

患色素缺乏症的野生动物是难以生存的。有的刚生下不久就会被亲生父母咬死；侥幸活下来的，一辈子要遭受同类的迫害。即便它能像小雅尔契克村的那只白寒鸦那样，被亲族们接纳，也往往活不长，因为大家一眼就能看见它，而那些猛禽猛兽更不会放过它。

稀罕的小动物

有一只啄木鸟在森林里尖叫了起来。我一听那刺耳的叫声就知道：啄木鸟遇到灾难了！

我穿过密林一看，空地上的枯树上有个规规整整的窟窿——那是啄木鸟的窠。有一只罕见的小动物正顺着树干朝那里爬过去。我认不出来这是哪一种动物！它全身灰不溜秋的，尾巴短短的，没多少毛；耳朵像小熊的耳朵似的，小小的，圆圆的；眼睛像猛禽的眼睛，又大又凸。

这个小东西爬到洞口，往里面瞧了几眼，看来它是想吃鸟蛋……啄木鸟猛地向它一扑！小兽赶快闪到树干后面。啄木鸟追着它，小兽围着树干滴溜溜转，啄木鸟也跟着它转圈。

小兽越爬越高——快爬到树干的尽头了，此时它就要走投无路了！啄木鸟笃地狠狠啄了它一口！小兽纵身一跳，从空中滑翔到地面……

它伸开四只小爪子——像秋天落下来的一片枫叶似的，随着风飘走了。它的身子轻轻地左右摆动着，它的小尾巴像掌舵似的在转动着。它飞过了空地，落在了一根树枝上。

此时我才弄明白，原来它是一只会飞的鼯(wú)鼠。它的两肋上长着皮膜。它只要蹬着四条腿，打开两肋的皮膜，就能飞了。它是森林里的跳伞运动员！只可惜这种小动物太稀少了！

《森林报》通讯员 尼·斯拉底科夫

飞鸟带来的快报

春汛

春天带给林中的动物许多灾难。雪很快就融化了，河水泛滥了，淹没了两岸。有些地方已然洪水成灾。我们接到四面八方传来的动物受灾的消息。最倒霉的是兔子、鼹鼠、田鼠以及一些在地上和地下居住的小动物。水闯进了它们的家，它们只好逃出来了。

每一只小动物都想尽办法自救。小小的鼩鼱从地洞里逃了出来，它爬上灌木丛苦等大水退去，因为一直挨饿，所以一副可怜巴巴的样子！

当大水漫上岸时，地洞里的鼹鼠差一点被闷死。它逃出地洞，蹿到水里游了起来，四处寻觅一个干燥的地方待着。

鼹鼠是个出色的游泳运动员。它畅游了几十米后，终于找到一个满意的地方。它非常庆幸，自己那油黑晶亮的毛皮浮在水面上时居然没有被猛禽发现。

它上岸后，又很麻利地钻到地下了。

树上的兔子

有一只兔子遭遇了以下经历。

这只兔子住在一条大河中的小孤岛上。它每天夜里都出来啃小白杨树的树皮吃，白天它害怕被狐狸或者人发现，就躲在灌木丛里。这只兔子年龄尚小，而且有点笨笨的。有一天，河水泛滥，把许多浮冰都冲到小岛四周了，发出噼里啪啦的响声，可是小兔子根本没有察觉到。

那个时候，兔子正躺在灌木丛里舒舒服服地睡大觉。它被太阳晒得暖暖的，所以没有发现河水在疯涨。直到它身下的毛湿了，这才醒了过来。等到它跳起身时，四周已是一片汪洋了。

大水来了！现在水刚浸到兔子的爪子，它向岛中央蹿去，那里没有被水淹没。

可是河水涨得快极了。小岛上的干地面越来越小，越来越小。小兔子蹿来蹿去，十分慌张。眼看着整个小岛就要被淹没了，可它又不敢往湍急冰冷的水里跳。它怎么能游得过呢！它苦熬了整整一天一夜。

到了第二天早晨，只剩下一小块干地，地上有一棵粗大的树，树干上长满了节疤。这只吓得没了魂儿的小兔子，绕着这棵树瞎跑。

到第三天，大水已经漫到树跟前了。兔子急忙往树上跳，可是每次都扑通一声掉下来，然后就跌到了水里面。最后，兔子终于够到了那根最低的粗树枝，它就待在那上面默默地等着大水退去了。此时河水已经不再上涨了。

小兔子并不担心会饿死，因为尽管老树皮又硬又苦，但是还可以勉强充饥。倒是风实在让它感到害怕。树被风吹得东摇西晃的，小兔子几乎要被甩下来了。它就是水手，水手是趴在船桅上，而此时它脚下的树枝也像是剧烈摇摆中的船桅，下面奔流着一眼望不到底的冰冷河水。

整棵的大树、木头啊，原木啊，稻草啊，还有动物的尸体啊，全都在宽阔的河面上漂流着，漂过兔子身下。只见有一只死兔子，在波涛里晃晃悠悠地慢慢漂过它身旁，这只可怜的兔子吓得浑身哆嗦了起来。它那只已死去的可怜的同类，被水中的一根枯树枝绊住了，于是它肚皮朝天，四脚僵直，随着树枝漂流着。

这只小兔子在树上待了 3 天之久。大水终于退去了，小兔子才跳到了地上。

现在，它只好依旧住在这座孤岛上，直到夏天河水的水位变浅了，它才跨过浅滩搬到岸上去住。

乘船的松鼠

渔人在一片水洼中布下袋形网捕鳊(biān)鱼。他划着一只小船，慢慢穿行在那些冒出水面的灌木丛之中。他发现在一棵灌木上，好像长出了一团奇怪的浅棕黄色的蘑菇。那只蘑菇居然冷不丁地跳到渔人的小船里。渔人定睛一看，原来这是一只毛乱蓬蓬的、湿淋淋的松鼠。

松鼠被渔人送到了岸边，它马上跳下船来，蹦蹦哒哒钻到树林里了。谁知道它怎么就会出现在水中的灌木上呢？谁又知道它在那里待了有多久呢？谁都不知道。

连鸟类都遭殃了

鸟类并不怎么害怕发大水这件事。可是，如今它们也因此而饱受折磨呢！有一只淡黄色的鹀鸟在一条大渠的边上筑窝了，在窝里生下了蛋。大水冲毁了鸟儿的窝，也冲走了窝里的蛋，鹀鸟只好重新再建一个家了。

树上的沙锥焦急地等着大水退去。沙锥是住在林中的沼泽地里的一种动物，专门靠它那长长的嘴在软软的稀泥里觅食。它那双天生就便于在地上行动的脚，要是一直站在树上，那就好比让狗站在栅栏上那么别扭。但它不得不待在树上，只盼着自己能够早点走在泥沼地里用长嘴刨食。它是离不开那块沼泽地的！因为别的同类占据了其他领地，它们是不会容它过去觅食的。

意外收获的猎物

某天，我们的一位《森林报》通讯员，同时他也是一位猎人，悄悄地靠近一群正栖息在湖中的灌木丛后面的野鸭。猎人脚踏高统胶靴，小心翼翼地在水上穿行，漫上湖岸的水没过了他的膝盖。

这时他突然听见正前方的灌木丛后面有鱼儿扑腾的声音，接着他看到一只怪物露出了长长的、光溜溜的、灰色的脊背。他当下没有多考虑，就用准备用来打野鸭的霰弹，对着那不知名的怪物连开了两枪。灌木丛后的浅水一阵翻腾，激起了许多波浪，后来就悄无声息了。猎人走上前去看时，原来射杀了一条约有一米半长的梭鱼。

眼下正是梭鱼产卵的时节，梭鱼从河中、湖里，游到被春水淹没了的岸上的草丛中产卵。小梭鱼孵出来之后，就会随着退下来的水，再回到河中、湖里。猎人没有想到这回事。否则他一定不会干这种违法的事的——法律是禁止人们开枪捕猎春天游到岸边产卵的鱼的——连捕猎梭鱼和其他食肉类的鱼也不行。

残余的冰块

曾经有那么一条冰道横穿过小河的河面，这条冰道是人们驾着雪橇行走的路。可是春天光临后，河面上的冰就浮了起来，逐渐断裂了。于是这一段冰道就晃晃悠悠的，随着流水往下游漂去了。

这块断裂的冰块很脏，残留着马粪、雪橇的车辙印和马蹄印，还有一只马掌上的钉子。刚开始冰块是漂流在河床里。有一些小白鹡鸰不时从岸上飞到冰块上面，啄食那些浮在冰上的小苍蝇。到后来，大水漫过堤岸，这大冰块也被冲进草场了。鱼儿快乐地穿梭在由草场变成的水泽之中，还会在冰底下游过。

一天有一只黑色的小野兽，从冰块旁边的水面钻了出来，爬上这块冰块。原来这是一只鼹鼠。草场被大水淹没了，地底下没办法顺畅呼吸了，所以它就浮出水面，寻找别的去处。恰巧这漂浮的冰块的一角被一座土丘挂住了，鼹鼠赶紧跳上土丘，麻利地挖了个洞钻进去了。

流水继续推着冰块向前走着。它漂啊，漂啊，来到了森林，撞到了树墩，又被挡住了。于是冰块变成了一大群遭了水灾的陆栖小动物——森林鼹鼠和小兔子的家。这些落魄的小动物们遭受了同样的灾难，都被死亡威胁着。这些小可怜们饥寒交迫，都被吓坏了，它们彼此紧紧地挤成一团。幸好大水很快就退了。冰块也被阳光融化了，只把那马掌上的钉子留在了树墩上。小野兽纷纷跳到地面上，各奔西东了。

在河里、湖里

密密匝匝的木材漂浮在小河里：人们开始借助河水来运输冬天砍伐的木材了。木筏工人在小河汇入江湖的地方筑了一道坝，将小河口堵住了，然后在那里将拦住的木材编成木筏，让这些木筏继续向前流。

有几百条小河穿行在列宁格勒州的密林里，有不少都汇入了姆斯塔河。姆斯塔河则注入伊尔明湖，从伊尔明湖流出的宽阔的伏尔霍夫河，会注入拉多加湖。从拉多加湖中又会流入涅瓦河。

伐木工人冬天的时候会在列宁格勒州的密林里伐木。春天一到，他们就让小河把木材带走。于是那些木材就会顺着大大小小的河道漂流了。有时候，寄居在木材里的木蠹蛾也会跟着到列宁格勒来了。

工人们常会遇到各种各样的趣事。他们中有一个人给我们讲了这么一个故事：一天，他看见一只松鼠正坐在小河边的树墩上，用两只前爪抱着一颗大松果在啃。这时突然有一只大狗汪汪地从树林里冲了出来，死命向松鼠扑过去。松鼠如果逃到树上去就能逃生了，但附近一棵树都没有。松鼠急忙丢下大松果，把它毛蓬蓬的大尾巴翘到背上，向小河边飞奔过去。狗在后面猛追。那时河面上正浮着密密匝匝的木材。松鼠赶忙跳上离自己最近的那根木头，一根接着一根地向前跳。狗儿也不顾一切地跟着跳上了木头。可是狗的腿又长又僵硬，怎么能在上面跳呢？木材在水面上打着滚儿，狗的后腿一打滑，前腿也接着滑，就掉进水里了。这时又有一大批木材浮在河面上。转眼间狗就不见了。那只机灵轻巧的松鼠，此时正蹦蹦哒哒的跃过一根又一根的圆木，很快就蹿到对岸了。

还有一个伐木工人看到了一只棕色的怪兽，这只怪兽有两只猫那么大。它趴在一根单独漂浮的木头上，嘴里还叼着一条大鳊鱼呢！

这家伙舒展了身子，安然地吃完美餐，挠了挠痒痒，打个哈欠就钻进水里了。

原来这是一只水獭。

鱼儿在冬天干什么

在天寒地冻的冬天，鱼儿们几乎都在睡大觉。

早在秋天的时候，鲫鱼和冬穴鱼就去河底的淤泥里睡觉了。鮈(jū)鱼和小鲤鱼则是在有沙底的水洼里过冬。鲤鱼和鳊鱼去长满芦苇的河湾或是湖湾里的深坑里躺着。鲟鱼一到秋天就去大河底的沟里扎堆，密密麻麻的住在一起。冬天的严寒是冻不透那里的，河水越深，底部的水就越暖和。

还有一些鱼不冬眠。这些鱼冬天的时候都干什么呢，你们看了这期《森林报》就知道了。

上面提到的冬眠鱼，现在都睡醒了，开始忙着产卵去了。

祝您钓到大鱼！

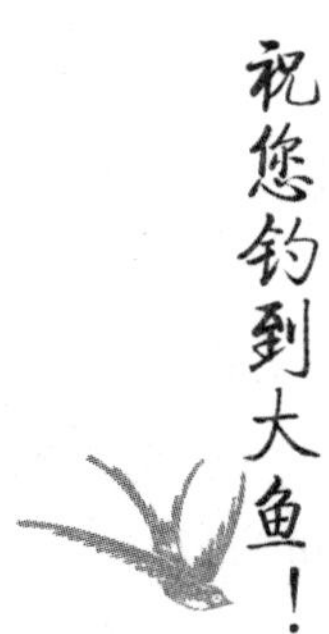

古代有一种非常可笑的习俗——每逢猎人外出打猎时，别人总要送他类似这样的话："祝您连根鸟毛都抓不到！"[1]可对外出钓鱼的人却说："祝你钓到大鱼！"

我们《森林报》的读者里有不少人喜爱钓鱼。我们不仅为他们送上美好的祝愿，还准备为他们献上诚恳的忠告，要告诉他们：什么鱼何时在哪儿容易上钩。

河水解冻后，就要赶快用蚯蚓当食饵去钓山鲶鱼了，要把蚯蚓食饵垂到河底。只要池塘里和湖里的冰融化了，就可以钓红鳍鱼了。红鳍鱼喜欢在岸边去年的陈草丛里逗留。再过一段日子，就可以用底钩钓小鲤鱼了。当河水逐渐清澈以后，就可以用小活鱼这样的饵料和绞竿鱼叉等工具捞大鱼了。

我国著名的捕鱼专家库尼罗夫曾说："捕鱼人应该搞清楚鱼类在不同季节的各种天气条件下的各种生活习性，当他在河边或是湖岸时，就有可能找到容易让鱼儿上钩的好地方。"

春汛过去后，河岸重新露了出来，河水也变清澈了，现在正是钓梭鱼、硬鳍鱼、鲤鱼和鳜鱼的好时机。要在以下这样的地方钓鱼：河口里；浅滩、石滩旁；陡岸、深湾附近，尤其是那些岸边有淹在水中的乔木和灌木的地方；还有啊，在水面平静、可以将鱼钩抛到水中的河道狭窄区；在桥墩下、木排或是小

---

[1] 古代俄国人有一种迷信的说法：说吉祥话会因为招到鬼嫉妒而变得倒霉，所以要故意对要出发的猎人说些不吉祥的话。

船上；在水磨坊的河堤上……对上述地方而言，无论从两岸树丛下的深水还是浅水里，都可以钓到鱼。

库尼罗夫还曾说："普通的带浮标的那种钓鱼竿，无论在各种水域，从初春到深秋都能用。"

我们从 5 月中旬开始，便可以用红虫子当饵，在湖泊和池塘里钓冬穴鱼了；再晚一阵子，就到了钓斜齿鳊、鳜鱼和鲫鱼的时候了。钓鱼的好地方是：岸边的草丛里、灌木丛旁和 1.5 米到 3 米深的河湾处。不要在一个地方钓太久——如果鱼不再上钩了，就换到另一丛灌木处，或是去芦苇丛、牛蒡丛。坐在小船上更容易钓到鱼。

等到平静和缓的小河水一变清澈，就可以在岸上钓鱼了。此时最适于钓鱼的地方有：陡峭的岸边；河心里有许多残树枝的坑洼旁；还有岸边长满杂草和芦苇的河湾上。

有时候，我们很难从小河湾和树丛旁那里走，因为河岸有泥泞，四周都浸满了水。不过如果能踩着草墩，或是穿高统靴走过去，把带着鱼饵的钩甩到牛蒡丛后或是芦苇丛里，就有机会钓到好多鳜鱼和斜齿鳊。

要在河岸钓鱼，得沿着岸细心寻找好地方。然后找到没有被人钓过鱼的地方，扒拉开树丛，把鱼饵甩进去。还有桥墩旁啊，小河口和水磨坊的堤坝上啊，都是好地方，经常能找到鱼，顺利地钓到鱼。

用豌豆、蚯蚓和蚱蜢做鱼饵，可以钓到大鲤鱼，就用那种普通的，带浮标的钓鱼竿就行，5 月中旬到 9 月中旬之间，也能用没有浮标的钓鱼竿。

适于用没有浮标的钓鱼竿钓各种淡水鳜鱼的地方有：大水坑、河道曲折、水流湍急的地方；林中小河里水面宽阔、平静无风、河中央堆满了被风刮倒的树木的地方；岸边布满灌木丛的深水潭；堤坝和石滩的下面。

有几种鳜鱼只能在石滩和暗礁附近钓到。有几种小鲤鱼和小型鱼，要到离岸不远水流湍急的浅水中，或是河底有砾石的河汊中才能钓到。

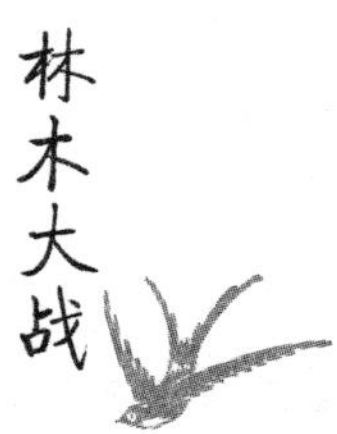

林木大战

不同的林木种族之间常会有战争。我们派了几位特约通讯员去前线采访。他们先是去了白胡子百年老云杉生活的地方。那些老云杉战士，个个都有两根甚至三根电线杆那么高哩！

这里阴森森的。老云杉战士们沉着脸，僵直地站在那儿，也不出声。它们的树干，从根部到梢部都是光秃秃的，只是偶尔会从树干中生出些弯弯曲曲的枝条，也都是快要枯死了。大树在高空中蓬蓬的针叶树枝互相缠绕着，像是一座巨型屋顶，严严实实地遮住了它们的领土。阳光射不穿那层屏障，林子下面黑糊糊的，闷闷的，充满了一种潮湿、腐朽的味道。偶然落脚的绿色小植物全夭折了；只有灰苔藓和地衣喜欢这种沉闷的生活：它们喝着主人的"血"——树液，放肆地密集在战死的大树尸体上。

我们的特约通讯员在这里一只野兽也没遇到，也没听见一声小鸟的叫声。只遇到一只来这里躲阳光的孤僻猫头鹰。我们的通讯员吵醒了它，它愤怒地竖起了毛，抖着胡子，角质的钩形嘴巴发出瘆人的叫声。

没有风的日子里，这里一片沉寂。有风刮过时，那些坚定、挺拔的巨树，也只是摇一摇自己布满针叶的树梢，发出气嘘嘘的声音。

在老林子里，要数庞大的云杉个子最高，体格最强壮，拥有的成员最多了。

我们的特约通讯员走出云杉的地盘后，又走进了白桦和白杨的地盘。这里的白皮肤、绿头发的白桦和银皮肤、绿头发的白杨，用窸窣的掌声欢迎着他们。无数的鸟儿在枝头唱着歌。阳光从树梢的叶间倾泻下来，那儿的景象

是绚烂多彩的——斑驳的阳光不时在闪烁，照出了金黄色的小蛇、圆圈儿、月牙儿还有小星星等形状，跳跃在光滑的树干上。矮小的草类种族密集在地面，显然，它们很享受被绿帐篷遮蔽的感觉，有一种在自己家里的愉悦感。我们通讯员的脚下有很多野鼠、刺猬和兔子。有风刮过的时候，这快乐的地盘里就一阵喧哗。没有风的时候，这里也不安静：白杨树叶颤颤地发出了沙沙的声音，像是在日夜不停地窃窃私语。

这个国度有一条界河，河的另一边是一片荒漠，这里原有的森林被伐木工人们在冬天的时候采伐光了。过了这片荒漠后，又是巨大的云杉林，它们像一堵黑黝黝的屏障似的。我们编辑部的人知道，森林里的冰雪一旦融化，这片荒漠立刻就会变成一个战场。各种不同的林木种族的居住地都是拥挤不堪的，所以只要附近有一点新地方空出来，每个种族都急着要抢到手。我们的通讯员过了界河，在这荒漠上搭了个帐篷住了下来，准备亲眼见证这场战争。

在一个阳光和煦的清晨，远方传来了一阵噼啪声，好像敌我双方对射的枪声似的。我们的通讯员匆匆忙忙赶到那里。原来是云杉们开始进攻了：它们派出空军去占领这片空地。云杉的大球果被太阳晒得发出了噼里啪啦的声音，纷纷裂开了。每个球果裂开的时候，都发出砰砰的一响，好像有人在用玩具小手枪似的。紧包着球果的外壳一下子张开了。球果就像是一个秘密的军事基地，它一张开，里面就有许多小小的滑翔机——种子飞出来。风把它们托住，一会儿碰得高高的，一会儿又压得低低的，挟着它们一路在空中旋转着。每棵云杉上都结着成百上千个球果。而每颗球果里都藏着一百多粒种子。无数的种子飞翔在空地的上方，然后降落。云杉种子比较重，而且只有一个扇形翅膀，小风不能把它吹到更远的地方。它们没能飞到大片的空地，往往在半路上就落地了。几天后，有一场大风刮过，云杉的种子终于把空地全占领了。接下来的几个春寒早晨，娇弱的种子差点被冻死。还好后来有一场温暖的春雨降落，大地变得松软后才接纳了这批小小的移民。

云杉种族占领空地的时候，界河那边的白杨正开着花呢。它们那毛茸茸的葇荑花序中的种子，才开始成熟。

一个月后，夏天越来越近了。

云杉种族阴森森的地盘上有了佳节的欢快气氛。在云杉的树枝上，有红蜡烛出现了——原来是新生的球果。每颗云杉都换上盛装：墨绿色的针叶树枝上，缀满了金灿灿的葇荑花序。云杉开花了，它们是在悄悄地孕育明年使用的种子呢。

现在，那些埋在空地里的种子，在温暖的春水的滋润下就膨胀了起来。它们即将破土而出，以小树苗的面貌来到这个世界上。

可是，白桦还没开花呢！

我们的通讯员认为，这片空地一定会完全被云杉占领，而其他林木种族就错失机会了。他们觉得自己这个想法很靠谱，它们断定不会起战争了。

编辑部人员希望能收到通讯员们为下一期《森林报》寄来的新的详细报道。

农事记

雪刚化，集体农庄的人们就把拖拉机开到田里去了。用拖拉机可以耕地、耙地，如果给拖拉机安上钢爪的话，它还能铲除树墩，开辟荒地。

一些黑里透蓝的秃鼻乌鸦，大模大样地跟在拖拉机后面；一些灰色的乌鸦和白腰身的喜鹊，在地垄间蹦蹦跳跳；它们都在找翻起来的土块中的蛆虫、甲虫和它们的幼虫吃。

地耕过了，耙平了，拖拉机已经开始拖着播种机在田里播种。选好的种子被均匀地一行一行撒在田里。我们这儿最先种的是亚麻；然后是娇气的小麦；接着就是燕麦和大麦，它们都属于春播作物。

至于像黑麦和小麦那样的秋播作物，现在已经离地好几厘米高了；这两种麦子是在去年秋天的时候种下的，在雪下过了一个冬天，如今发了芽，现在正拼命长个呢。

在清晨和黄昏的时候，时而会从生气勃勃的绿丛中传来吱吱的声音，好像有一辆看不见的大马车驶过，又好像有一只大蟋蟀在唧唧地叫着："契哦哦——维克！契哦哦——维克！"

那声音既不是大车发出的，也不是蟋蟀发出的——原来是号称"美丽的田公鸡"的灰山鹑在叫着。它长着灰色的毛，还有点白色的花斑，橘黄色的颈部和两颊，黄脚，红眉毛。此时它的妻子正在绿树丛中的某个角落里建窠。

草场上长出了青青嫩草。牧童们在黎明时就早早地把牛群、羊群赶去草场了。这些动物的叫声很响，把住在集体农庄的小房子里还在做美梦的孩子们吵醒了。

人们有时会看到马背或是牛背上有一些奇怪的“骑士”，那就是寒鸦和秃鼻乌鸦。牛向前走着，那有翅膀的小骑士在牛背上“笃笃”地啄着，本来牛也可以甩甩尾巴，像撵苍蝇似的赶走它们。可是牛在忍耐着，并不去撵它们。这又是为什么呢？

原因很简单：反正小骑士们也不沉，而且它们对牛啊、马啊都有好处呢。寒鸦和秃鼻乌鸦会啄食藏在它们毛里的蝇、虻及幼虫，还有苍蝇在它们擦破或是碰伤的皮肤上产的苍蝇卵。

肥硕硕、毛乎乎的丸毛蜂早苏醒了，嗡嗡地鸣叫着；亮晶晶的细腰身黄蜂快乐地飞出了窝；蜜蜂也该出来逛逛了，人们将蜂房放到养蜂场上。长着金黄色翅膀的蜜蜂爬出蜂房，晒了个日光浴，伸了伸翅膀，就飞去采甜甜的花蜜了。这是它们今年第一次采蜜哩！

集体农庄的植树活动

春天，我们列宁格勒州各个集体农庄都栽了数千公顷的树木。许多地方新开辟了面积在 10 公顷到 50 公顷的苗木场。

集体农庄新闻

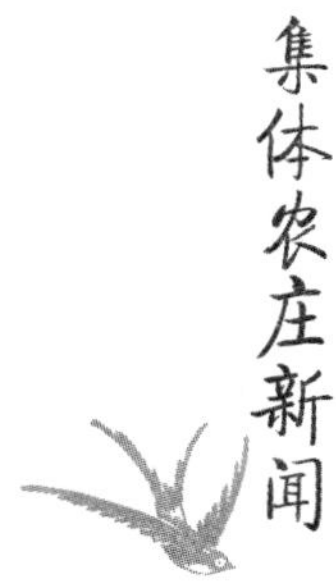

新城市

昨天不过一晚上的工夫，果园附近就冒出了一座新城市。城里房子的样式是整齐统一的。听说这些房子不是盖的，而是用担架抬过来的。

这个城市里的居民很喜欢今天晴朗的好天气，都出来游玩了。它们在自己家的上空盘旋着，努力记住所在的街道和所住的地方。

马铃薯过节

假如马铃薯会唱歌的话，你们今天一定能听见一首顶快乐的歌。原来今天是马铃薯的一个很大的节日——今天，它们被运到田里了。人们小心翼翼地把它们装进木箱里，搬到汽车上，就运过去了。

为什么要小心翼翼地装，还要装在木箱而不是装进麻袋里呢？那是因为每一颗马铃薯都出芽了。多么可爱的芽呀——短短的、胖乎乎的、毛茸茸的、晒得黑黑的。它们下面布满了许多白色小凸包——很快就要生出马铃薯根来了。芽的上端是尖尖的，已经露出小小的叶子来了。

神秘的坑

人们在秋天时就在校园里挖好了一些坑，也不知道这些坑的用途是什么。常会有青蛙掉到坑里去，所以，好多人以为这是专门逮青蛙用的陷阱。

可是现在连青蛙都弄明白了：挖的这些坑是用来栽果树的。

孩子们往坑里分别栽了苹果树、梨树、樱桃树还有李子树，一个树坑里栽一棵。

他们还往每个坑里立一根木桩，把小树绑在木桩上。

修“指甲”

集体农庄的美容师，正在给牛修“指甲”。他把它们四只蹄子都刷干净，再把指甲修好了。不久，它们就要往牧场去了，所以总得把它们的“指甲”修好。

开始在田里干活儿了

拖拉机昼夜不停在田里轰隆轰隆地耕地。夜里，拖拉机手单独在田里工作，没有人做伴；到了早上，就有一群寒鸦死盯着拖拉机。它们忙得团团转，拼了命也吃不完被拖拉机翻出来的那些蚯蚓。

在江河和湖泊附近，跟在拖拉机后面的不是一群寒鸦，而是一群白鸥：白鸥也非常爱吃蚯蚓以及在土里过冬的甲虫的幼虫。

奇怪的芽儿

一些黑醋栗上面长着一种奇怪的芽。它们很大，而且圆圆的。有些张开的芽长得很像极小的甘蓝叶球。我们把这样的芽放在放大镜下仔细观察，不由惊叫了起来！那里面住满了一大堆讨厌的生物——它们长长的，弯弯的，还在那蹬着腿儿一抖一抖的呢！

怪不得树芽胀得这么大啊！原来是扁虱躲在芽里过冬呢。扁虱是黑醋栗最可怕的敌人。它们不仅会毁了黑醋栗的芽，还把传染病带去，使黑醋栗结不了果实了。

如果一棵黑醋栗上膨胀的芽还不多，就得在扁虱还没爬出来之前，赶紧把这种树芽全摘下来烧掉。有很多这样膨胀的芽的黑醋栗，就只能被整棵处理掉了。

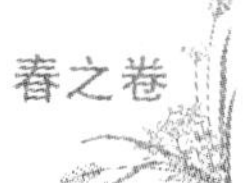

顺利飞来的小鱼

我们的集体农庄飞来了一批小鱼——是刚满一岁的小鲤鱼。鱼儿当然是不会飞的，它们是被装在矮木箱里，搭乘飞机飞来的。现在它们都还活得好好的，健健康康的，已经欢欢喜喜地在我们的池塘里游来游去了。

城市新闻

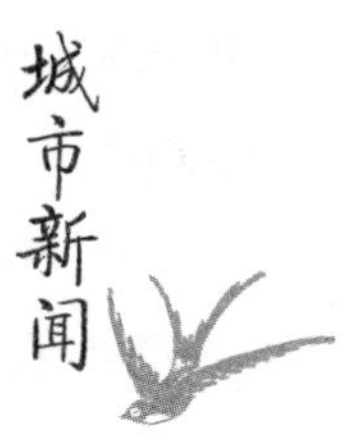

植树周

积雪早就融化了，土地解冻了。城市和州里的植树周也开始了。在春天植树的这些日子，成了我们盛大的佳节。

在学校的园地上、花园里、公园里，以及住宅旁和大路上到处能看到孩子们忙碌着的身影，他们在挖树坑。

涅瓦区的少年自然科学家试验站为孩子们准备了几万棵果树插条。

苗圃也分给海滨区的各学校两万棵云杉、白杨与槭树的苗木。

列宁格勒 塔斯社

林木种子储存罐

这里有一片广阔无垠的田地，要保护这里不受风害，得种多少棵树呀！我们学校里的孩子们都知道造护田林的重要性。因此在春天的时候，六年级甲班教室里便摆了一只大木箱，即林木种子储存罐。孩子们用桶盛着种子，带到学校倒进木箱里。有人带了槭树种子，有人带了白桦的葇荑花序，也有人带了结实的棕色橡实——就说维加吧，他光是收集梣(chén)树种子，就有10千克。到秋天的时候，林木种子储存罐已经满满的。我们将收集到的种子全都送给政府了，让政府建立新的苗圃。

丽娜•波丽阔娃

在果园和公园里翩翩起舞

有一层柔和、透明的雾笼罩着树木，树木就好像是蒙上了一层绿纱。等到树木长出第一批叶子后，这层“薄纱”就会褪去了。

一只漂亮的大蝴蝶飞了出来，这是长吻蛱蝶。一身褐色中点缀着浅蓝色斑点，像天鹅绒般美丽，它双翅的末梢发白，像褪了色似的。

又有一只有趣的蝴蝶飞出来了。它长得很像荨麻蛱蝶，只是个子更小一些，颜色没那么鲜明，全身淡棕色。它的翅膀类似锯齿，好像是被扯破了似的。

你捉一只仔细看看，就能看到它翅膀下方，有一个像字母“C”的白色图案。简直让人以为是谁特意在这只蝴蝶身上打了个白色图案“C”当记号。这种蝴蝶的学名就叫“C”字白蝶（中国名字叫葑(fēng)蝶）。不久之后，两种白蝴蝶——小粉蝶和大白蝶，也要出来了。

七鳃鳗

从列宁格勒到库页岛的大大小小的河域里，都生存着一种奇怪的鱼。它的身子又细又长——你乍一看还以为那是一条蛇呢！它的鳍没有生在身子两边，而是生在了背上和离尾巴很近的地方。它游泳的时候，身子扭来扭去的，确实很像一条蛇。它的皮软软的，没有鳞。它的嘴和普通的鱼嘴不一样，它的嘴是一个漏斗形的圆孔，是个吸盘。你看到这吸盘，会觉得它根本不是鱼，而是巨大的水蛭。

在我们乡下，人们都叫它七孔鳗，因为在它的身体两侧、眼睛后面，每一边都长着 7 个呼吸孔[1]。

七鳃鳗的幼鱼长得很像泥鳅。孩子们常用它们当鱼饵去钓食肉的大鱼。七鳃鳗有时候会用吸盘吸着大鱼，跟着大鱼在河里游逛，大鱼怎么也甩不掉它。渔人们还告诉我们，有时候七鳃鳗还会吸着水底下的石头。当它吸住石

---

[1] 这种鳗鱼的身体两边各有 7 个鳃孔和 1 只眼睛，从前的人把它的鳃孔也当成眼睛，所以它也叫八目鳗。

头后，就会拼命地扭动全身，不断地扭啊、拉啊，石头居然被搬动了——这种鱼的力气真的够大的！七鳃鳗搬开石头后，就留在石头底下的坑里产卵。这种奇怪的鱼还有个学名叫石吸鳗。

它的样子是挺丑陋的，不过把它用油煎一煎，蘸着醋吃，却好吃得很呢！

大街上的生活

蝙蝠一到夜间就开始空袭城市的郊区。它们丝毫不理会路上来来往往的人，只忙着在空中追捕蚊子和苍蝇。

燕子也飞来了。我们列宁格勒州的燕子有三种：一种是家燕，它长着叉子似的长尾巴，喉咙那儿有一个火红的斑点；一种是金腰燕，短尾巴，白脖子；一种是灰沙燕，个头小小的，灰褐色，白胸脯。

家燕把窝搭在城市四郊的木房上；金腰燕的窝多搭在石头上；而灰沙燕，会和它们的孩子生活在悬崖的岩洞里。

雨燕总是姗姗来迟。雨燕和普通燕子的形状不同，它们不时发出刺耳的尖叫声，而且喜欢在房顶上空盘旋。它们浑身乌黑，翅膀是半圆形的，像一把镰刀，不像普通燕子那样，是尖角形的。

叮人的蚊虫也出动了。

摘自一位少年自然科学家的日志

市区里的鸥

涅瓦河刚刚解冻，河的上空就出现了鸥。它们对轮船和城市的喧闹声毫无感觉，就在人的眼皮子底下安然地从水里捉小鱼吃。

鸥飞累了，就大模大样地停在铁皮房顶上休息。

有翅膀的旅客搭乘飞机

谁也没想到飞机里的旅客是有翅膀的小飞虫。只是听到那一阵阵的嗡嗡声后才猜想到这一点。一批来自高加索的蜜蜂分散在200间舒服的客舱——三合板木箱里。800个蜜蜂家庭被从库班空运到我们列宁格勒来了。

这些小旅客得到的待遇很好，飞机上的工作人员给它们提供了“蜜粮”。

尼•伊夫琴科

太阳雪

5月20日的早晨，大太阳明晃晃的，东方的天空蓝莹莹的，可是没想到此时竟下起雪来了。晶莹的雪花像萤火虫似的，在空中轻飘飘的飞舞着。

冬天呀！你不要再吓唬人了，现在你派来的寒雪没有多少张牙舞爪的时间啦！这光景，就好像夏天的太阳雨一样——这样的雨会使蘑菇长得更快些。现在，雪一落地就融化了。

我要到郊外的森林里看看，也许我会发现，在那雪一落就化的地面，有一大堆满是褶儿的褐色小蕈伞——也就是早春第一批好吃的蘑菇——羊肚菌。

《森林报》通讯员　维立卡

布　谷

5月5日早晨，郊外的公园里响起了布谷鸟的第一声叫。

过了一星期后，在一个温暖、宁静的傍晚，忽然在灌木丛里传来什么鸟儿的清脆的鸣叫声。那叫声好听得很！起初它只是轻轻地叫，后来就越叫越响，再后来索性放声歌唱了起来。那歌声层层叠起，好像一粒粒珍珠落入玉盘似的！

这时候，大家都恍然大悟，原来是夜莺在唱歌。

在市场上

列宁格勒的市场上这段时间正在出售各式各样的野鸭：有浑身乌黑的；有长得像家鸭的；有个儿挺大的；也有个儿很小的。有些野鸭的尾巴像锥子似的，又长又尖；有些野鸭的嘴像铲子那样宽；而有些野鸭的嘴巴就很窄。

一个没有多少生活常识的主妇去买野味儿，真是够糟糕的：她买了一只野鸭回去，烤好后却没有人吃，那是因为这只野鸭有一股鱼腥味儿。原来她买的要么是一只专吃鱼的潜水矶凫，要么就是一只秋沙鸭，甚至根本不是任何一种野鸭，而是一只潜水䴙䴘（pì tī）。

一个有经验的主妇，只要看一看野禽小小的后脚趾，就能一眼辨出是潜水矶凫还是好野鸭。

潜水矶凫的后脚趾上突起的厚皮很大，而河面上那些“珍贵的”野鸭的后脚趾上突起的厚皮只有一小片。

在马尔基佐夫湖上

春天的马尔基佐夫湖上有许多野鸭。

在涅瓦河河口和科特林岛之间的芬兰湾，自古以来便被人们称为马尔基佐夫湖。列宁格勒的猎人们都喜欢去那打猎。

你到了斯摩林河上就能看到，斯摩林墓场附近的一些小船，形状稀奇古怪的，有白色的，也有与河水同色的。这些船的底部完全是平的，船头和船尾往上翘着，船身倒是不大，却格外地宽。原来这是打猎用的划子。

如果你运气好的话，在黄昏时分能遇上一个猎人，他会把划子推进小河，带着枪和其他东西上船，用一支桨顺水划去。划 20 分钟左右，就能到马尔基佐夫湖了。

涅瓦河上的冰早就融化了，不过河湾里还是有一些大冰块。划子排开污浊的浪，飞快地向大冰块冲去。猎人划到一块很大的浮冰旁，泊好划子后，就跨了上去。他在皮袄外披了一件白色长衫，然后把一只用来引诱雄野鸭的雌野鸭囮（é）子[1]从划子中擒出来，用绳拴好后放在水里，并将绳子的另一头拴到冰块上。雌野鸭立刻叫了起来。

猎人坐上划子离开了。

叛徒雌野鸭和白衣隐身人

猎人不用等多久，远处的水面上便飞过一只野鸭，是一只雄野鸭。它听到雌野鸭的叫声后，就向这边飞过来了。它还没飞到雌野鸭的身边，只听“砰”一声枪响，接着又是一声，雄野鸭就跌落到水中了。

野鸭囮子忠实地履行着主人赋予它的职责：它一遍遍地叫啊叫着，甘心做野鸭界的一个叛徒。在它的召唤下，有许多不明真相的雄野鸭从四面八方飞过来了。

它们的心思全放在雌野鸭身上了，却没留意白花花的冰块旁边停着一只白色的划子，划子上还坐着一个身披白色长衫的猎人。猎人一枪接一枪地放着。各种雄野鸭都落进他的划子了。

一群接一群的野鸭，沿着海上的长途飞行航线，继续它们的长途旅行。太阳沉进大海，城市的轮廓也消失在夜幕之中——只见那个方向亮起了点点灯火。

天黑了，不能再打枪了。猎人把野鸭囮子收回划子里，把船锚抛在浮冰上牢牢拴住，让划子紧靠冰块（免得被浪冲走）。

得考虑一下如何过夜了。

---

[1] 猎人会用活野鸭引诱别的野鸭，这种活野鸭就是“囮子”。

起风了。天空中乌云密布。四周黑洞洞的，伸手不见五指。

水上的房子

猎人将一个弓形木架支在划子的两舷上，将帐篷解开，绷到架子上。他点燃煤气炉子，舀了一壶水（马尔基佐夫湖水是从涅瓦河流来的淡水），放到炉子上烧。

雨点像鼓点一样敲在帐篷上。猎人倒是不怕下雨，反正帐篷是不漏水的。帐篷里干燥、明亮，还暖和，煤气炉子像普通火炉一样，散发着热气。

猎人喝着热茶，吃了点心，也喂了他的好助手雌野鸭，接着便抽起了烟。

春天的黑夜很短。很快天边就露出了一抹白光。它逐渐伸长，扩展。乌云散了。风停了。雨也住了。

猎人从帐篷里向外望去，隐约可见远处黑黝黝的海岸。但是，依然看不见城市的轮廓，甚至也看不见城市的灯火——原来这一夜的工夫，浮冰被风远远地吹到大海里去了。

真是糟糕！要划很长时间才能回到城里。幸亏在夜里这个冰块没有和其他浮冰相撞，否则划子会被挤成碎片，猎人自己也会被压成肉饼。

得赶紧干正事儿啦！

打天鹅

猎人的野鸭囮子在水面上拼命大叫起来，这时有一只雪白的大天鹅和它并排游着。天鹅却不叫，那是因为这只天鹅是假的。

雄野鸭一只接一只地飞过来了。猎人只打了几枪。

忽然，空中传来一阵远远的像喇叭一样的声音。

“克噜——噜呜，克噜——噜呜，噜呜！……”

“嗖，嗖，嗖！”传来一阵扇动翅膀的声音，原来是有一大群野鸭落到野鸭囮子旁边。可是猎人都不正眼瞅它们。

猎人敏捷地把子弹装进猎枪里，然后双手合拢，举到自己嘴边，吹起勾引野禽的口哨：

“克噜——噜呜，克噜——噜呜，噜呜，噜呜，噜！……”

在离地面很远的云彩下面，有三个逐渐变大的黑点。喇叭似的叫声越来越清晰，越来越洪亮，越来越刺耳。

猎人已不再应声答腔了，因为人是学不像天鹅在近处的叫声的。

现在可以看到三只慢慢地挥动着沉重翅膀的白天鹅，降落到冰块附近了。它们的翅膀在太阳下闪着银光。

天鹅们越飞越低，平稳地盘旋着。

它们看见了冰块旁的天鹅，还以为呼唤它们的就是这只天鹅，估计它不是因为筋疲力尽，就是因为受伤而掉了队，于是它们就向它飞去。

又盘旋了一下，又盘旋了一下……

猎人坐在那儿不动声色，只用眼睛紧紧盯着这三只巨大的白鸟，它们伸长了脖子，一会儿离他近，一会儿又离他很远。

杀　害

又盘旋了一下。此时空中的天鹅已飞得很低，离划子也很近很近了。

“砰”——第一只天鹅的长脖子就像一根软鞭子似的垂了下来。

“砰”——第二只天鹅在空中翻了个跟头，重重地跌在冰块上。

第三只天鹅猛得向上一冲，很快就消失在远方了。

猎人也难得像今天这么好运。

现在赶快回家吧，但是这会儿要划回城里去可不容易。

浓雾笼罩了整个马尔基佐夫湖，看不见十步以外的任何东西。

从市区传来的隐隐约约的汽笛声，一会儿在这边响，一会儿又在那边响，简直让人摸不到头脑。

有薄冰和划子相撞了，发出轻微的玻璃破碎的声音。

像“雪糕”般的细碎冰碴在船下发出沙沙的响声。

可是，怎么也不能飞快地划啊，万一和结实的大冰块相撞可怎么办呢？划子会一个跟头翻到水底去的！

第二天

在安德里耶夫市场上，一大群一脸好奇的人打量着这两只雪白的大鸟。

它们倒挂在猎人的肩膀上，嘴巴差不多要着地了。

孩子们围着猎人，你一句、我一句地问着：

“叔叔，您从哪打到这些鸟的？难道我们这儿也有这种鸟吗？”

“它们正往北飞，飞到北方去做窠。”

“嗯，窠一定非常大吧！”

主妇们却更关心另一件事：

“请问，这种鸟能吃吗？有没有鱼腥气啊？”

猎人一一回答她们，可是耳边还回荡着活天鹅的喇叭似的叫声，还有野鸭扇动翅膀的嗖嗖声，薄冰和划子相撞时发出的轻微的玻璃破碎的声音……

上面说的那些事都是过去的事了。

现在，每当春天来临，仍有天鹅从我们州的上空飞过，它们那喇叭似的洪亮叫声仍能从云霄处传出。可是现在天鹅比以前少得多了。因为猎人们都千方百计地想要猎到美丽的天鹅，因此死得太多了。

现在我们这里严禁打天鹅。打死了天鹅的人就要受罚，而且还罚不少钱呢！

人们照旧去马尔基佐夫湖那里猎野鸭，因为野鸭多得是。

唱歌跳舞月（春季第三个月）
一年——分为12个章节的太阳诗篇

5月到了——唱歌吧！跳舞吧！欢乐吧！春天在这个月份里才郑重其事地开始认真做它的第三件事：给森林穿上漂亮的衣裳。

这个令森林居民最快乐的月份——唱歌跳舞月——开始了！

太阳——太阳的光和热取得了完全的胜利，它的温暖和明亮战胜了冬季的严寒和黑暗。晚霞和朝霞握手言欢——我们北方的白夜开始了。生命重新得到了大地的哺育和水的滋养，挺直了身躯；那些高大的树木都披上了油光闪闪的绿叶衣裳；无数会飞的昆虫都在空中飞翔着，一到黄昏时分，夜间活动的蚊母鸟和敏捷的蝙蝠，就会飞出来跟踪捕食它们；白天的时候，家燕和雨燕在低空徘徊；雕和老鹰在田间和森林的上空盘旋；茶隼(sǔn)和云雀在田野上空抖动着翅膀，仿佛身子被从云上垂下来的线系着似的。

没有铰链拴住的大门打开了，从里面飞出了金翅膀住户——勤劳的蜜蜂。地上的琴鸡，水中的野鸭，树上的啄木鸟，森林上面的天空上的绵羊——鹬，都在尽情唱歌、嬉戏、跳舞。诗人是这样描述当前的景象的："在我们的祖国，每一只鸟、每一只兽都乐呵呵。肺草也从去年的败叶下探出头来，给树林添一抹蓝色。"

我们称5月是"嗬"月。

知道这是为什么吗？

因为5月的天气忽冷忽热。白天太阳暖洋洋的，可是到了夜里，嗬！甭提有多凉了。我们常常会在5月里遇到这样的情况：有时候要热得躲在树荫下乘凉；有时候得给马厩铺上稻草，自己凑到火炉边取暖。

快乐的5月

每种动物都想表现自己的勇敢、能力和敏捷的身手。唱歌跳舞的活动少了起来——所有动物都在摩拳擦掌，想要打架。开战后，绒毛、兽毛和鸟羽满天飞。

森林里的动物都忙了起来，因为春季最后一个月里有很多事要做。

夏天快要来了，鸟儿们要为做窠和孵小鸟等事操心了。

村子里的人说："春天想留在我们这里，一辈子都不走。可是等到布谷鸟和夜莺一啼叫，它就被夏天赶走了。"

林中大事记

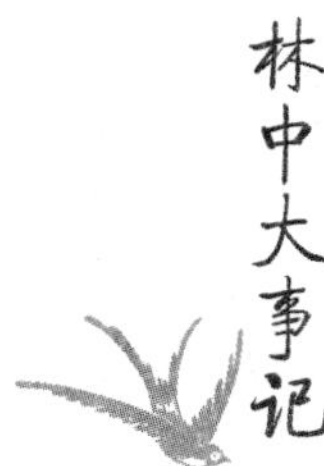

森林乐队

夜莺在 5 月里没日没夜地唱起歌来，时而尖利，时而婉转。孩子们都纳闷了：它们什么时候才睡觉呢？原来春天的鸟是没有睡大觉的习惯的，它们每次只能忙里偷闲，唱一阵儿，打个小盹儿，醒后再唱一阵儿，在间歇的半夜或是中午休息一会儿。

每一个清晨和黄昏，是森林里所有动物的演出时间，大家各唱各的曲子，各奏各的乐器。在森林里有的独唱、有的拉提琴、有的打鼓、有的吹笛。各种低吟浅唱，各种高歌亮嗓——能听到喊声、嗥声、呻吟声、咳嗽声；也能听到咕嘟声、吱吱声、嗡嗡声、呱呱声。发出清脆、纯净声音的是燕雀、莺和鸫鸟；吱吱嘎嘎地拉着提琴的是甲虫和蚱蜢；打着鼓的是啄木鸟；尖声尖气吹笛的是黄鸟和小巧玲珑的白眉鸫；狐狸和白山鹑唱着小调；牝鹿轻轻地咳嗽着；狼嗥叫着；猫头鹰哼着小曲；丸花蜂和蜜蜂低低地唱着；青蛙咕噜咕噜地吵了一阵，又呱呱地变调。五音不全的动物们，也不觉得难为情。它们个个都在弹奏自己喜欢的乐器。

啄木鸟要的是能发出响亮声音的枯树枝当作它们的鼓，而它们那坚硬的嘴，就是顶好用的鼓槌。

天牛的脖子扭动起来嘎吱嘎吱地响——这不就是在拉一把小提琴吗？

蚱蜢的小爪子上带着钩子，翅膀上有锯齿，它用爪子抓翅膀，不也是在奏乐吗？

火红色的麻鳽(jiān)把它长长的嘴伸进水里，使劲一吹，整个湖里的水都被吹得咕噜咕噜直响，就像牛叫似的。

沙锥更会异想天开，竟然用尾巴唱起了歌：它冲入云霄，张开尾巴，一头直冲下来。它的尾羽兜着风就能发出咩咩的声音——活像一头羊羔在森林的上空欢叫！

森林乐队就是这样的。

客　人

在乔木和灌木丛底下离地面不很高的地方，顶冰花早就开出了像金星似的艳丽花朵。它开花的时候，树枝还是秃的，春天的阳光可以一直照在地面上。就在这阳光的沐浴下，顶冰花开了，它旁边的紫堇花也开了。

看到初放的紫堇花真让人心情愉悦！它浑身上下都是美的：那奇妙的淡紫色小花，一簇簇盛开在花茎的尖端上，那花茎长长的，还长着青灰色小叶子，叶子的边儿像锯齿似的。

此时，顶冰花和它的朋友紫堇花的辉煌已经成为过去。浓浓的树荫会妨碍它们的生存，还好它们已经做好了“回家”的准备。它们的家就在地下世界里，它们不过是来地面上做客而已。它们在地上播下种子后，就消失得无影无踪了。然而它们那小小的球茎还有圆圆的小块茎，却深埋在地下，从夏天一直幽居到明年开春。

如果你想把顶冰花和紫堇花移植到自己家里，就要趁它们的花朵凋谢之前马上把它们的花株掘起来。掘的时候，可一定要当心。因为我们这些小客人的白色地下茎简直是出奇的长呢！在冻土带，我们这些小客人的球茎和块茎，埋藏在地下很深很深的地方。在暖和的或是有东西覆盖着的地方，它们就埋藏得浅一点。你们移植它们的时候，一定要记住这些。

尼娜•巴甫洛娃

田野里的声音

我和一个小伙伴去田里除草。我们正默默地走着，却听见草丛里的一只鹌鹑对我们说:“除草去!除草去!除草去!”我对它说:“我们就要除草去呀!”可它还是一声接一声地说:“除草去! 除草去! ”

我们走过一个池塘时,有两只青蛙从水面探出脑袋,鼓起耳后的鼓膜使劲地叫。一只青蛙在喊:“傻瓜!傻瓜!”另一只青蛙回答它:“你才是傻瓜!你才是傻瓜! ”

我们来到田边时，有圆翅田凫扑扇着翅膀问我们:“你们是谁？你们是谁？”我们答道:“我们是从古拉斯诺亚尔斯克村来的。”

《森林报》通讯员 库罗西金

鱼类的声音

有人用无线电收音机广播了记录着水底声音的录音带，听到的是一些人类从没听见过的声音,有喑哑的啾啾声;有尖利的嘎吱声;有不知是谁的呻吟声和哼唧声;有独特的咯咯声,又夹杂着突然的一阵震耳的唧唧声,这些声音把满屋子的人声都盖住了。原来这是采集来的黑海里各种鱼类的声音。各种鱼都有自己独特的声音，与水底世界中的其他居民迥然不同的声音。

现在,我们发明了海底音响收听装置——敏感的“水底耳朵”,我们才发现水底并不是一个静默的世界,鱼类根本不是哑巴。这个发现有很大的实用价值:借助水底测音机的帮助,就可以探知什么地方有丰富的渔业资源,那些贵重的鱼类往何处转移。这样,就不会盲目地出海捕鱼了,可以在确实知道鱼类的行踪后出发进行捕捞作业。将来,人也可能学会模仿鱼类的声音来诱捕鱼群。

天然屋顶

花朵里最娇气的部分就是花粉。花粉一被打湿后就会坏掉。雨水、露水都对它有害。那么花粉该如何保护自己,免受被雨露沾湿的危害呢?

铃兰、覆盆子、越橘的花朵,都像是倒挂着的小铃铛,因此它们的花粉就藏在了“屋顶”底下。

金梅草的花朵是朝天开的。但它的花瓣都像小勺似的向里弯着,层层花瓣的边儿互相压着。这样，就形成一个严丝合缝的小球。雨点落在花上，可是没有一滴雨能落在被小球包在里面的花粉上。

凤仙花现在含苞待放，它把自己的每一个花蕾都藏在叶子下面。多巧妙啊——花梗架在叶柄上，这样花儿就能乖乖地开在叶子底下，就像躲在屋檐下一样了。

野蔷薇花的雄蕊多得很，一到下雨的时候，它就把花瓣闭合了。莲花在刮风下雨的时候，也会把花瓣闭合。

毛茛花避雨的方法是向下垂。

森林之夜

有一位《森林报》通讯员给我们写信："我曾在夜里去森林里听动静，听到了各种各样的声音。可是我弄不清那都是哪些动物的声音。那么，我该如何为《森林报》写报道来描述这个夜森林呢？"

我们是这样答复他的："请把你听到的声音都照直描写出来，我们会想法辨别的。"

后来，他就给我们编辑部寄来了这样一封信：

"说实话，我在夜森林中听到的，尽是些嘈嘈杂杂的声音，一点也不像你们在报上提到的森林乐队所发出的声音。

"鸟声变得稀落，后来四周一片静寂。现在是半夜了。

"后来，突然在一片高地，传来了低沉的琴弦声。起初琴声很小，后来越来越大，终于变成宏大的低音；随后，声音又越变越小了，最后一切归于静寂。

"我心想：'这作为前奏曲的话倒是不算坏。虽然是个独奏，可总算是开了个场。'

"这时林子里突然发出一阵狂笑：'哈哈——哈哈！呵呵——呵呵！'这声音让人毛骨悚然！我觉得好像有一群蚂蚁爬过我的脊背。

"我心想：'这是送给刚才那位琴手的吗？——是想笑话他吧！'

"四周又沉寂了，静了好久后，我心想：'再也不会有什么动静了吧！'

"后来，我听见有一种给留声机上发条的声音。这个声音持续了很久，可

总没有音乐响起。我心想：‘莫非是它们的留声机坏了？’

“上发条的声音停止了，后来又响起来了：特了了，特了了，特了了，特了了……没完没了，简直讨厌死了。

“发条总算上好了。我心想：‘现在可该上唱片了吧。马上就要有音乐响起了。’

“忽然间，这时响起了拍巴掌的声音。那掌声拍得热烈得很，响亮得很。

“我莫名其妙：‘这是怎么回事儿？还没有音乐，怎么就拍起巴掌来了？’

“这就是我听到的那些声音。后来，又有给留声机上发条的声音，只是没有任何音乐响起，却又有人鼓掌。我很生气，就回家了。”

我们想对这位通讯员说，他不该生气。他最先听见的像低音琴弦似的声音，是一种甲虫——大概就是金龟子的嗡嗡声。那令人毛骨悚然的笑声，应该是大猫头鹰——灰林鸮(xiāo)的叫声。它的叫声就是那么讨厌，你能有什么办法！

“特了了，特了了，特了了，特了了——”给留声机上发条的声音，是蚊母鸟发出的。蚊母鸟也是夜里活动的鸟，不过它不是猛禽。蚊母鸟当然不会有留声机——那声音是从它的喉咙里发出来的。它自己觉得那是唱歌呢！

鼓掌的也是蚊母鸟。它当然不是在拍手，而是用翅膀在空中啪啪地拍。那声音非常像拍巴掌。

它究竟为什么要这么做呢——我们编辑部也解释不了，因为我们不知道！

也许就是心里高兴，在撒欢吧。

游戏和舞蹈

沼泽地里，灰鹤围成一圈，开起了舞会。有一两只走到舞台中间开始跳舞。起初还没什么花样，不过是用两条长腿蹦蹦罢了。后来越跳越来劲，索性大跳特跳，跳那些奇形怪状的步子，那些舞步真能笑死人！转圈跳啊，蹿来蹿去呀，蹲矮步呀——堪比踩着高跷去跳俄罗斯舞！站在后面的那些灰鹤用翅膀打着拍子，很有节奏，不快也不慢。

在空中游戏和跳舞的那些猛禽中，游隼是表演得特别出色的一种。它们一直飞到白云下，展示它们的机灵劲儿，有时突然收拢翅膀，从高得令人目眩的半空里，像粒石子一样飞了下来，眼看要到地面了，才把翅膀张开，来个大盘旋，又直冲云霄；有时它张着翅膀僵在很高很高的空中，一动不动，好像被一根线吊在白云下似的；有时它忽然在空中翻起跟头，活像一个小丑倒栽葱，一路猛地落向地面，回旋着，扇着翅膀。

最后飞来的一批鸟

春天快过去了。最后一批飞去南方过冬的鸟，就要飞回来了。正如我们所料，这些鸟儿都穿着五彩缤纷的衣裳。

此时，草地上盛开着花朵，乔木和灌木上都生着新叶，这时它们很容易就能躲避猛禽的袭击了。

有人曾在彼得宫里的小河上看见过翠鸟，它们穿着翠绿色、棕色和浅蓝色三色相间的大礼服。它们从埃及飞了回来。

黑翅膀、全身金黄色的金莺在丛林里叫着，它们的声音就像横笛的声音，又像瘦瘪的猫儿的叫声。它们是从南非洲飞回来的。

潮湿的灌木丛里，隐约出现了蓝胸脯的小川驹鸟与羽色很杂的野鹟的身影；沼泽地里，出现了金黄色的黄鹡鸰。

粉红胸脯的鶪(jú)鸟，戴着毛茸茸围脖的五彩流苏鹬，还有绿色与蓝色相间的僧鸟，也都飞回来了。

秧鸡徒步走回来了

还有秧鸡——一种有翅膀但不善飞行的怪家伙，从非洲徒步走回来了。

秧鸟飞得很费劲，而且速度非常慢，所以它飞行的时候，很容易被鹞鹰和游隼抓住。不过，秧鸡跑得特别快，而且很善于藏在草丛里避险。因此，它宁可徒步穿越整个欧洲，在草场上和灌木丛间悄悄前进。只有迫不得已的时候，它才张开翅膀飞翔，而且多是在夜里。

现在秧鸡到了我们这儿，在高高的草丛里成天叫唤着：“克利克——克利克！克利克——克利克！”你能听到它的叫声，可是如果你想把它从草丛里赶出来，仔细瞧瞧它长得什么样儿——那可不容易！不信，试试看吧！

有的笑，有的哭

森林里的生物大多是快快乐乐的，只有白桦在哭。

在灼热的阳光下，白桦的树液越流越快，有些甚至从树皮的孔里流到了外面。

人们把白桦树液当成好喝又滋补身体的饮料，所以人们就割开树皮，把树液收集到瓶子里。如果白桦流出了过多的树液，就会干枯，甚至死掉，因为树液之于树就像人体里的血液之于人那样重要。

松鼠开荤

松鼠吃了一个冬天的素食。它吃松果，还吃从秋天就储藏起来的蘑菇。现在终于到了它开荤的时候了。

许多鸟已经做窠，生了蛋。有的鸟甚至已早早地孵出了小鸟。

这可便宜了松鼠：它去树枝上和树洞里找到鸟窠，然后把小鸟和鸟蛋掏出来饱餐一顿。

在破坏鸟窠这样的坏事上，可爱的松鼠倒也不亚于任何猛禽呢！

我们这里的兰花

在我们北方，这种怪异有趣的花是难得一见的。当你看到它们的时候，自然而然就会想到它那大名鼎鼎的近亲——热带森林兰。在我们这儿，兰花只生在地上。而与众不同的热带森林兰却生在树上。

我们这儿有几种兰花的根非常发达，像一只胖乎乎的小手，张开 5 个小手指头牢牢地抓住地。有的花儿非常美丽，有的花儿却不好看，甚至有点丑陋。不过，兰花真得好香啊！无论哪一种兰花的香气都令人无限陶醉！

最近这些日子，我才在罗普萨第一次看见一种兰花，堪称兰花中的精品。这是一种我从未见过的植物，开着 5 朵美丽的大花。我撩起一朵花看了看，马上就恶心地把手缩了回来，我看到有一只红褐色的、怪怪的苍蝇落在花上。我用麦穗去拍它，它动也不动。再仔细一瞧，原来那不是苍蝇。这东西像天鹅绒般柔滑，上面还布满着浅蓝色斑点，还长着毛茸茸的短翅膀、小脑袋以及一对触须。不过，无论怎么说这都不是苍蝇，这是兰花的一部分。这种花叫蝇头兰。

找浆果去

能摘草莓了。有时我们能在向阳的地方看到已经熟透了的草莓的红彤彤的浆果。它香甜极了！你吃过之后，很久也忘不了那种味道。

覆盆子也熟了。沼泽地上的云莓也快要熟了。覆盆子枝上挂着很多浆果，每棵草莓上却顶多只有 5 个浆果。云莓最小气了：它的茎上只挂着一个浆果，而且并不是每一棵云莓上都结着浆果，有的云莓只开花，不结果。

尼娜•巴甫洛娃

它是哪种甲虫

我捉到了一只甲虫，却不知道它是哪种甲虫，也不知道该喂它吃点什么。它长得很像瓢虫，不过瓢虫是红色的、带着白点，而这只甲虫却浑身漆黑。它圆乎乎的，长得比豌豆粒稍微大一点，有六只脚，也会飞。它的后背有一对黑的硬翅膀，翅膀下长着黄色的复翅。它抬起硬翅，展开复翅，就飞起来了。

十分有趣的是，它一遇到什么危险，就把小爪子收进肚皮，把触须和头缩到身体里。这时，你把它拿在手里端详一下，就不会说它是甲虫了，它真的很像一粒黑色水果糖。不过，只要有一会儿工夫没人去碰它，它就先伸出六只脚，然后伸出头，最后伸出触须。

我恳切地希望您回答我：它是哪种甲虫？

柳霞（12 岁）

来自编辑部的解答：

你对这个小甲虫描写得非常仔细，所以我们马上就能判断出它是哪种甲虫了。它是阎魔虫，也被称为小龟虫，因为它就像乌龟似的，爬得很慢，也会把头和脚都缩进壳里。它有很深的甲壳，完全可以把头、脚、触须都缩进壳里。

阎魔虫的种类很多，有黑色的，也有其他颜色的。各种阎魔虫都吃腐烂的植物与厩粪。

有一种阎魔虫，黄色的，浑身长着细毛，它们在蚂蚁窝里生活。它们常常是自由自在的飞到外面去，然后又飞回蚂蚁窝。蚂蚁并不排斥它们。蚂蚁在保护自己的窝的同时，也保护着房客——阎魔虫，不让它们受到仇敌的侵害。

燕子的窠

5月28日

恰好在我房间的窗子对面，有一对燕子在邻家小木房的屋檐下做起窠来了。这让我非常高兴：这回我可以直接看到燕子是如何造出它们那出名的小窝了。而且还能知道它们什么时候开始孵蛋，它们怎样喂小燕子。

我留心观察这对小燕子，看它们是飞到什么地方衔建筑材料的。原来它们就是从村庄附近的小河边衔来的。它们径直飞到小河边，落到河岸上，用嘴挖起一小块河泥，然后衔着飞回小房子。它们轮流换班，把泥糊在屋檐下的墙上，糊完一块接着又糊另一块。

5月29日

糟了，不光是我一个人对这个燕窝感兴趣——隔壁有一只大公猫，今天一大早就爬上房顶去看。这只猫是一只粗野的流浪猫，浑身的毛被撕得一片一片的，因为跟别的猫打架，右眼都瞎了。

它一直盯着飞来的燕子，而且还不时偷看檐下，看那窝做好了没有。

燕子发现它后，发出了惊慌的叫声。只要猫待在房顶上不走，它们就会停工，不继续做窠了。难道燕子想要离开这里了吗？

6月3日

最近这几天，燕子已经做好了像镰刀似的窠的基部。大公猫常常爬到房顶上吓唬它们，妨碍了它们工作。今天午后，燕子根本没露面。看来是想要放弃这个工程了。它们会找到一个比较安全的新址，那样的话，我可就什么都观察不到了！

真令人沮丧啊！

6月19日

这些天一直很热。屋檐下的那个用黑泥垒的镰刀似的底座干了，颜色也变得灰暗。燕子再也没有来过。今天白天乌云密布，下起雨来，那是真正的倾盆大雨啊！窗外像是挂起了一条水帘子。一股股雨水像小河一样奔流在大街上。要蹚水过河是不行了——小河泛滥了，河水咆哮着哗啦哗啦向前淌着，沿岸的稀泥差不多要没到膝盖了。

这场雨下到黄昏时分才停。一只燕子飞到了屋檐下。它落在那筑成的镰刀似的底座上，紧贴着墙待了一会儿，又飞走了。我想："也许燕子不是被大公猫吓走的，不过是因为这段时间它们没地方去找做窠用的湿泥，也说不定它们还会回来吧！"

6月20日

燕子飞回来啦！飞回来啦！而且不仅有一对，还是一大群呢！它们都盘旋在房顶上，不时朝屋檐下看，激动地叽叽喳喳叫着，好像是在争论什么。它们议论了十来分钟后，一下子都飞走了，只剩下一只。剩下的这只燕子用爪子抓牢镰刀似的泥窠基，停在那儿只顾着用嘴修理窠基，也可能是用它那黏稠的涎水加固泥基。我相信这只雌燕子就是这个窠的女主人。过了不一会儿，雄燕子也飞来了，把一团泥嘴对嘴递给雌燕子。雌燕子继续筑窠，雄燕子又飞走去衔泥了。

大公猫又爬上了房顶，可是燕子现在不怕它了，也不再叫了，继续埋头干活，一直干到太阳下山。看来，我总算可以看见一个燕子窠落成了！但愿大公猫的爪子不要够到它。不过，燕子自己也知道应该把窠做在什么地方才安全吧！

摘自少年自然科学家的日记

《森林报》通讯员　维立卡

斑鹟的窠

5月中旬的一天傍晚，8点钟左右，我在我家花园里发现了一对斑鹟。它们在一棵白桦旁的柴棚屋顶上落下了。我在白桦上挂了一个带活动盖儿的树洞形的人造鸟窠。后来，雄斑鹟飞走了，留下来的雌斑鹟飞到了鸟窠上，但

是没钻进去。两天后，我又看见雄斑鹟飞来。它钻进鸟窠，又钻了出来，后来落到了苹果树上。这时有一只朗鹟飞了过来，于是两只鸟就开始打架了。它们为什么要打架？可想而知：朗鹟和斑鹟都在树洞里做窠，朗鹟想要抢斑鹟的窠，但斑鹟坚守着自己的家，不肯让步。

于是这对斑鹟在树洞状的鸟窠里住了下来。雄斑鹟没日没夜的唱歌，不断进进出出鸟窠。

有一对燕雀落在白桦枝头，斑鹟没有理会它们。这倒并不奇怪：燕雀和斑鹟不是死对头，燕雀不住树洞，而是自己筑窠，况且这两种鸟各吃各的食，互不妨碍。

两天后，有一只麻雀一大早就飞进了斑鹟家里。雄斑鹟猛地向它扑去，这两只鸟在鸟窠里打了一场恶仗。然后忽然之间一点动静也没有了。

我跑到白桦跟前，用木棍子敲了敲树干，从鸟窠里钻出来的是麻雀，雄斑鹟没有露面。雌斑鹟在鸟窠附近飞个不停，凄惶地叫着。我担心雄斑鹟可能被麻雀啄死了，就往鸟窠里看了几眼。雄斑鹟还活着，但是浑身的羽毛被撕扯的不成样子。窠里有两个蛋。

雄斑鹟待在窠里好几天没出来。我见它飞出来后，样子非常憔悴，刚一落地，就有几只母鸡追着它跑。我很担心它，就把它捉回我家，喂它吃苍蝇。到了晚上，我把它送回鸟窠。

7天后，我又去探望这只鸟，一股腐烂的气味扑面而来。我看见雌斑鹟正在窠里孵蛋，雄斑鹟紧紧地靠着墙，它死了。

不知道到底是麻雀又来袭击过它，还是因为在第一次打架后，它伤势过重，所以不治身亡。当我把死去的雄斑鹟掏出来的时候，雌斑鹟竟然都没离窝——后来它终于把小鸟孵了出来。

贝克夫

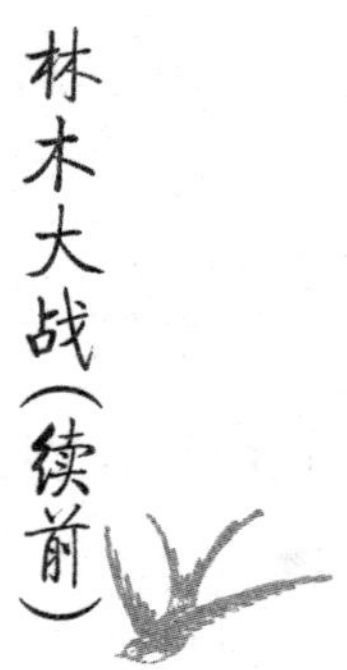

林木大战（续前）

你们可曾记得住在采伐空地上的特约通讯员给我们写的信吗？他们一直在等待空地会长出一片青绿的小云杉林来。

他们的愿望真的实现了！几场温暖的雨过后，在一个晴朗的早晨，那里真的变绿了。不过，从土里钻出来的都是小云杉吗？

压根不是！不知从哪儿来的一批横行霸道的草种族，竟然捷足先登了，长得又快又密，它们是莎草和拂子茅。不管小云杉如何拼命地往外钻，还是晚了一步——空地已经被野草占领了。

第一场林木大战开始了！小云杉用它们那锋利的矛一样的树尖，好不容易才拨开头上的密密麻麻的野草。草种族不甘示弱，拼命往小树身上压。在地面上大打出手，在地下打得不可开交。

野草的根和树苗的根缠绕在一起厮打着，它们你缠着我，我绕着你，你勒我，我掐你，如凶恶的鼹鼠般在地下乱钻，拼命抢夺那营养丰富、富含盐分的地下水。一大批小云杉还没见到天日，就在地下被像细铁丝一样又柔韧又结实的草根勒死了。

好不容易钻出来的小云杉，又被草茎紧紧地缠住了。富有弹性的草茎编织成一张地网，小云杉想用树尖拨开它们，但是，野草罩住小云杉，不让它们晒太阳。

只是在个别地方，有极少数小云杉钻到草种族的上面了。

当空地上的林木大战正激烈时，对岸河边的白桦刚刚开花。而对岸的白

杨也已经准备好去这片空地远征了。

白杨的每一个葇荑花序里，都飞出几百个头顶着白毛的小种子——它们是独脚的小伞兵，头上都张着一顶白色的小降落伞。风儿兴致勃勃地挟着那一撮白毛，带着它们在空中转呀转，它们比绒毛还轻，像朵白云似的飘过了河。到了河对岸，风一撒手，将它们均匀地撒在整片空地上，直逼云杉国边境。这些独脚小伞兵们如雪花般落到小云杉与野草的头上。下过第一场雨后，它们就被冲到泥土下，暂时消失了踪影。

日子一天天过去了。林木大战还在继续着。现在已经可以看得出来，野草是较量不过小云杉的。野草拼命挺着身躯往上长，但是不久后它们就停止生长了。而小云杉却一直生长着。

如此一来，草种族可就受罪了。小云杉那长满了针叶的枝条遮在野草的头上，抢走了草种族的阳光。野草很快就衰弱了，软绵绵地瘫倒在地。

但是，这时地里又冒出了另外一支队伍，那就是白杨的小苗。它们是一簇簇地来到这世界上的，它们慌慌张张的，挤在一起，浑身瑟瑟发抖。

它们来得太晚了，没有力量与小云杉抗争了。

云杉用浓密的针叶树枝遮住小白杨头上的阳光，小白杨只好屈着身子，在树荫下，白杨的小苗很快就憔悴枯萎了。白杨是离开了阳光就不能活命的植物。

眼看云杉正一步一步地走向胜利。这时，又有一批敌国伞兵降落在空地了。它们是驾着双翅小滑翔机飞来的，它们刚一来，就躲进土里潜伏了起来。这些伞兵是白桦种子。它们热热闹闹地飞过了河，也均匀地散布在整个空地上。

它们能不能战胜这头一批占领军——云杉家族呢？我们的特约通讯员还不知道。

我们将在下一期《森林报》上刊载他们发来的新报道。

农事记

集体农庄的人们有很多事情要忙：播种完成后，要将厩粪和化肥运到田里，再把肥料施到今年的秋播地上。紧接着，就是忙着种菜园：第一件事就是栽马铃薯，紧接着种胡萝卜、黄瓜、芜菁、饲用芜菁以及甘蓝。亚麻这个时候也长起来了，该给它除草了。

那些孩子们也不闲在家里。他们在田里、菜园里以及果园里都是好帮手。他们帮着大人栽种、除草、为果树剪枝。集体农庄里的活儿可多啦！他们还要编扎够用一年的白桦扫帚[1]，还要拔嫩荨麻，用嫩荨麻和酸模做的菜汤可好喝了。他们还要捕鱼：钓小鲤鱼、斜齿鳊、铜色鲪(guì)鱼、鳜鱼、鲈鱼、鲪鱼，等等；用鱼簖(duàn)和鱼梁来捕鳕鱼和小梭鱼；用鱼饵来捉鳜鱼、梭鱼和鳕鱼。

到了傍晚，他们就用捞网(在一根长竿子的一端安上一个框，框上装一个袋子形的网，这就是捞网)来捕捞各种各样的鱼。

深夜里，他们在岸边布下簖来捉龙虾，然后坐在篝火旁讲各种故事，有滑稽故事，也有恐怖故事，等着上簖的龙虾多了，再去收网。

清晨时，已听不见田公鸡——也就是灰山鹑在庄稼地里叫了。秋天播下的黑麦已经长到齐腰高了；春天播下的庄稼也长起来了。

灰山鹑还住在老地方，可是它不敢练嗓了：因为它身边就是它的窠，窠

[1] 白桦扫帚是苏联人的洗澡用具。他们将白桦的枝叶扎成一束，在洗澡的时候用它蘸热水在身上拍打。

里有蛋，雌山鹑正在孵蛋。雄山鹑现在必须保持沉默，要不然就会叫出灾祸来的：不是大鹰会闻声而来，就是孩子们，再不然也可能招来狐狸，这些淘气鬼全是捣毁田公鸡窠的能手呀！

我们是大人的好帮手

刚一放假，我们这些小学生们就开始给集体农庄的大人们帮忙了。我们也在田里除草，也除害虫。

我们劳逸结合，既休息，同时也工作了，这样真是太好了。以后还有许多工作，要用心用力去做。不久后就该收割庄稼了。我们的工作是拾麦穗，还有捆麦束。

《森林报》通讯员　尼吉琴娜

新森林

在我们俄罗斯联邦的中、北部地区，春季造林工作已经结束了。大片大片的新森林诞生了，总面积差不多有 10 万公顷。今年春天，在苏联欧洲部分的草原地带、森林草原地带，约 25 万公顷的新防护林带诞生了。同时，集体农庄还建成了大批的苗圃，明年将供应 10 亿多棵乔木、灌木树苗，以供造林使用。

到今年秋天，俄罗斯联邦的林场还要再造几万公顷的新森林呢！

集体农庄新闻

借逆风

村里收到从亚麻田里寄来的一份投诉书。亚麻苗投诉田里出现的敌人——杂草，杂草在田里胡作非为，简直不让亚麻们活命了。

村里的女庄员们马上去帮亚麻的忙。她们惩治杂草，百般爱护着亚麻。她们脱掉鞋子，沿着田垄，光着脚小心翼翼地顶着风走。亚麻在她们的脚下向地面弯下去了，然后逆风把亚麻的茎一托，就把亚麻推了起来。于是亚麻又从容地站起身来，它们的天敌却被消灭掉了。

今天头一次放风

牧人把一群小牛犊放到牧场上去了。这对小牛犊来说还是头一回。它们感到了无比的欢乐，翘起尾巴，跑呀跳呀，满世界撒欢儿呀！

绵羊脱大衣

在我们红星集体农庄的绵羊剪毛室里，有十位有丰富经验的剪毛工人正在用电推子给绵羊剪毛。他们把绵羊浑身上下的毛都剪得干干净净，就像把绵羊身上的绒毛大衣脱掉了似的。

“谁是我的妈妈呀？”

当牧羊人把“脱掉大衣”的绵羊妈妈放回羊群的时候，小绵羊已经不认识它们的妈妈了。小绵羊悲悲切切地咩咩地叫着：“你在哪儿呢？妈妈，你在哪儿呢？”

牧羊人帮每一只小羊羔找到妈妈后，又回到绵羊剪毛室去给下一批绵羊剪毛了。

牲口的队伍越来越壮大

集体农庄的牲口队伍一天比一天壮大。今年春天新增的小马、小牛、小绵羊、小山羊以及小猪，有好多只呢！

昨天一夜的时间，小河村的小学生饲养的牲口群，就扩大至 4 倍。从前山羊只有一只，现在有了 4 只，它们是山羊妈妈库姆希加和它的 3 个孩子——库加、姆扎和施卡利克。

花期到了

果园里的果树迎来了一生中最重要的花期。看，草莓已经开过花了；一棵棵樱桃树上，开满了一簇簇雪白的花；昨天梨树也开花了；再过一两天，苹果树也会开花的。

在新集体农庄里生活

昨天，在温室里培育出的南方蔬菜——番茄秧搬家了。它的新居就在池塘边的园地上。黄瓜秧搬到它们的隔壁跟它们做邻居了。番茄秧的体格很结实，正准备开花呢。黄瓜秧还小，仍躺在它们的白封套里，只露出了鼻子尖。土地妈妈呵护着这些孩子，不让贪婪的鸟看见它们。娇小的黄瓜秧什么时候才能很快地长得高高大大的，赶上番茄呢？

协助六只脚的劳动者授粉

一提起与农业有关的昆虫，我们就能想起庄稼里的种种害虫。它们身体虽小，但却是庄稼的非常可怕的敌人。我们竟然忘记了，还有很多六只脚的劳动者在田里为我们干活儿。我们也忽略了，它们在为植物授粉的工作上起着多么重大的作用。像蜜蜂、丸花蜂、姬蜂、甲虫、蝇类、蝴蝶等许多有翅膀和六条腿的小昆虫，在辛勤地为黑麦、荞麦、亚麻、苜蓿、向日葵等作物授粉。

有时候，小劳动者们忙不过来，我们只好协助它们。我们两个人各拉着一根长绳子的一头，从开花农作物的梢头拖过去，梢头就会弯下来，然后花粉就落了下来，随风飘散到田间，或是粘在绳子上，被带到其他花上去。我们这样给向日葵授粉：将花粉收集到一小块兔子皮上，然后把这块兔子皮上的花粉扑到那些正开着花的向日葵花盘上。

城市新闻

来到列宁格勒市里的麋鹿

5 月 31 日清晨，有人在梅奇尼科夫医院附近看到一只麋鹿。最近几年里，麋鹿出现在市区已不止一次了。人们猜测，麋鹿是来自符谢罗德区的森林里的。

鸟说人话

有一位公民，来到《森林报》编辑部，述说了这样一件事：“早晨，我去公园里散步。忽然听到一种声音，好像是从灌木丛里传来的：‘特里希卡，薇吉尔？[1]’那声音非常响亮，也很急切。我打量了一圈，四周一个人都没有，倒是在灌木丛上有一只浑身通红的小鸟。我心想：‘这是什么鸟呀？居然会说人话。它问的那个特里希卡又是谁呢？’它接着又重复那句话了：‘特里希卡，薇吉尔？’我朝它迈近了一步，想走到它面前看个清楚。可是它一溜烟就消失在灌木丛中，不见了。”

这位公民看到的鸟，名叫红雀。是一种从印度飞来的鸟。它的叫声听起来确实很像在问什么。不过，有人听它在问：“看见特利希卡了吗？”也有人以为它在问：“看见格里希卡了吗？”

---

[1] 俄文，这句话是指：“看见特里希卡了吗？”

深海里来的客人

最近从芬兰湾游来了好多小鱼——胡瓜鱼，它们是从海洋游到涅瓦河来产卵的。它们产完卵后，会重新回到海洋的。

只有一种鱼苗是产在深海里，然后再从深海游到河里生活的。它的出生地是大西洋中的藻海[1]。这种奇特的鱼，就是小扁头鱼。

你没听说过这样的鱼名吧？这倒也难怪：因为这是这种鱼住在海洋时的小名。那时，它浑身透明，能透出肚子里的肠子，它腰身扁扁的，像一片树叶。等它长大后，就变得像一条蛇了。

等它长大了，大家才恍然大悟，原来它是鳗鱼啊。

小扁头鱼要在藻海里生活三年。到了第四年，它们就会变成小鳗鱼，身体还是像玻璃般透明。那时，鳗鱼会成群结队地游进涅瓦河。它们从大西洋那个神秘的深海里游来，游到我们这里至少要走 2500 公里的路呢！

试飞的鸟儿

当你在公园、街头或是林荫路上走的时候，要时不时往上头瞅瞅！当心有小乌鸦或是小椋鸟从树上掉下来，还有小寒鸦或是小麻雀从屋檐上掉下来，摔在你头上。现在这些小鸟刚出窠，正在学飞呢！

走过城郊

最近这段日子，住在郊区的人一到夜里就能听到一种低沉的、断断续续的鸣叫声："呼喊——呼喊——呼喊——呼喊！"起初，声音是从这一条水沟里传出来的；接着，又从另一条水沟里传了出来。原来是路过郊区的黑水鸡。黑水鸡与秧鸡有血缘关系，它也和秧鸡一样，是徒步穿越全欧洲到我们这儿的。

---

[1] 大西洋的北赤道洋流呈环状流动着，环中海水平静，有诸多藻类，因此被称为藻海。

去城外采蘑菇

一场温暖的及时雨过后，就可以去城外采蘑菇了。这时，平茸蕈、白桦蕈等食用菌都从土里钻了出来。这是夏季的头一批蘑菇，被统称为麦穗蕈，它们出世的时候，正值秋播黑麦开始抽穗。不久之后，一到夏末，就见不到它们了。

要抓住采蘑菇的时机啊，当你看到花园里的紫丁香花凋谢之时，你就应该知道春天要离开了，夏天要开始了。

飘来的云团

6 月 11 日，有很多人在涅瓦河畔散步。天空中没有飘着一丝云，天气热得很。房子和柏油路被晒得很烫，人们也被烘烤得喘不过气来。孩子们在顽皮地嬉闹。

突然之间宽宽的河那边飘过一大片灰蒙蒙的云。人们都停下了脚步，望着天边这朵云。只见这朵云飞得很低，几乎就是擦着水面飞。大家眼瞅着它越来越大。终于，它发出的窸窸窣窣的声音把散步的人吸引过来围观，这时大家才看明白，原来不是云，是一大群蜻蜓。一眨眼的时间，这里就变成了一个奇幻的世界。因为有这么多扇动着的小翅膀，所以有一阵凉凉的微风掠过。

孩子们停下了游戏，出神地望着这奇异的景象：太阳光透过蜻蜓薄薄的翅膀，照得蜻蜓像彩色云母似的，在空中闪着美丽的光。此时人们的脸一下子变得五彩缤纷，无数极小的彩虹、光影和星星跳动在他们的脸上。这片小蜻蜓云团发出嗖嗖的声响，飞过河岸的上空，越升越高，最后飞到房屋的后面，看不见了。

这是一群新出世的小蜻蜓，它们成群结队去寻找新的家。至于它们是在哪出生的，要飞去哪里落脚，谁都不知道。

其实各处都有这种成群结队的蜻蜓。如果你遇到了蜻蜓群，不妨考察一下小蜻蜓是从哪儿飞来的，要飞到哪里去。

列宁格勒州的新野兽

最近这几年来，猎人们常会在列宁格勒州叶非莫夫区与邻近几个区的森林里，看到一种当地居民也不认识的野兽。这种动物的个头跟狐狸差不多大。它就是乌苏里的浣熊狗，也可简称为浣熊。

它们怎么会跑到这里来？很简单：是用火车运来的。

50多只浣熊被火车运来后，就放到我们州的森林了。它们在10年间繁殖了很多后代，现在已经准许猎人捕猎它们了。

浣熊的毛皮非常珍贵。在我们州，整个冬天都可以打到浣熊，因为它们虽然也冬眠，但天气暖和的时候，还是会出来逛逛的。

欧 鼹

有人把欧鼹当成啮齿类动物，以为它们像老鼠似的，在地下乱掘洞，吃植物的根。其实这是冤枉了欧鼹，欧鼹根本不属于鼠类，它其实更像是身穿天鹅绒般光滑柔软的皮大衣的刺猬。欧鼹也是一种吃昆虫的兽，它吃金龟子及其他害虫的幼虫，因此对于我们来说，它是非常有益的。它对植物也没有危害。

不过，欧鼹有时也会在花园或是菜园里刨洞，将一堆一堆的土翻出来，抛到花台或是菜垄上，也会把好端端的花或是蔬菜碰坏，发生这种事时，主人总觉得有点气恼。

遇到这种情况的时候，那主人尽可以心平气和地在地上插一根长竿子，竿子上安一个小风车。

风来了，风车就转。风车转动后长竿子就会抖动，竿子下面的土地也一起颤着，鼹鼠洞里发出嗡嗡的响声。这样，所有鼹鼠都会四散逃走的。

少年自然科学家　尤兰

蝙蝠的音响探测器

有一只蝙蝠在一个夏天的夜晚从打开的窗户里飞了进来。“快把它赶

走！快赶！”女孩儿们用围巾裹住自己的头，张皇失措地尖叫起来。一位秃头老爷爷嘟嘟哝哝不以为然地说：“它是冲着窗户里的亮光来的，不会往你们头发里钻的！”

直到数年前，科学家们也还是没明白，为什么在漆黑的夜里飞行的蝙蝠能不迷路。科学家曾这样试验过：把蝙蝠的眼睛蒙上，再堵住它们的鼻子。但它们还能躲开一切障碍，甚至在拴满细线的房间里，都能灵活躲开“天罗地网”。

直到发明了音响探测器以后，我们才将这个谜揭开了。科学家们现在已证实：蝙蝠在飞行的时候，都会从嘴里发出超声波——一种人耳听不到的尖细的叫声。超声波无论遇到何种障碍，都能反射回来。蝙蝠的耳朵能“收听”到这些信号，如，“前面有墙”或是“有线”或是“有蚊子”。只有女人那又细又密的长头发反射超声波的性能不够好。

秃头老爷爷当然没什么好担心的，可是女孩儿们的浓密美发，的确有可能被蝙蝠误认为“窗子里的亮光”，它很可能会冲着扑过去的。

给风打个分数

小风是我们的朋友。

在夏天炎热的中午，如果没有一点风，我们便会热得透不过气来。当平静无风的时候，烟囱里的烟会笔直地升向天空。如果空气以不到 0.5 米每秒的速度流动的话，我们就感觉不到风的存在，我们给这种风打 0 分。

软风的速度是 0.3~1.5 米每秒，也就是 18~90 米每分，或是 1~5 公里每小时。这大概是人步行的速度，在软风的吹拂下，烟囱里的烟柱已经开始往旁边吹了。我们会觉得脸上凉凉的，非常舒服，没有那么闷了。我们给这种风打 1 分。

轻风的速度是 1.6~3.3 米每秒，也就是 96~180 米每分，或是 6~11 公里每小时。这大概是人奔跑的速度。这时树上的叶子被风吹得沙沙作响。我们给这种风打 2 分。

微风的速度是 3.4~5.4 米每秒，或是 12~19 公里每小时。这大概是马小跑的速度。微风吹得细树枝左右摇摆，推着纸折的小船儿兴高采烈地跑。我们给这种风打 3 分。

气象学里是这样描述和风的：它使道路尘土飞扬，导致轻微的枝摇树晃，还激起大海些许波浪。它的速度是 5.5~7.9 米每秒。我们给这种风打 4 分。

清劲风的速度是 8.0~10.7 米每秒，或是 29~38 公里每小时。这大概等于乌鸦飞行的速度。它使树梢喧嚣，森林里的细树干也摇曳了起来，大海上涌起千层波浪。它还能将蚊蚋（ruì）吹散。我们给这种风打 5 分。

强风已开始嚣张了。它用力摇晃着树木；把晾在绳子上的衣服吹到地上；把人们的帽子从脑袋上刮下来；把排球抛来抛去，干扰打排球的人。它的速度堪比 39~49 公里每小时的火车客车的速度。幸亏气象学家们是用 12 分制给风打分。像我们这样的小学校的 5 分制是不够用的。气象学家给强风打 6 分。

请继续关注登在第八期《森林报》上的有关风的报道。

猎事记

我们苏联幅员辽阔，在列宁格勒附近，春猎期早已过去，可是这时的北方，河水才刚开始泛滥，正是打猎的好时节。很多酷爱打猎的猎人这时都会赶往北方。

在春水泛滥的地区荡小船

天上乌云密布，今天的夜就像秋夜一样黑。我与塞苏伊奇两个人乘一只小船，荡在林间小河上，两岸又高又陡。我在船尾划桨，塞苏伊奇坐在船头。塞苏伊奇是一位猎人，他会打各种飞禽走兽。但他不喜欢捕鱼，甚至也瞧不起那些钓鱼的人。不过今天他也要捕鱼的，可是却没有改了老脾气——他还是觉得自己是去“猎”鱼的，所以不用鱼钩钓、渔网捞，也不是用其他渔具捕鱼。

我们游过高高的河岸，来到了广阔的河水泛滥地区。这里有一些灌木的梢头露出水面。再往前驶去，只有一片模糊的树影。再往前驶去，就是森林了，真像一堵黑压压的墙。

夏天的时候，这个地区的一条小河和一个不算大的湖之间，只隔了一条很窄的岸，岸边长满了灌木。还有一条很窄的水道，连接了小河和小湖。不过，现在没必要去找这条小道，因为四周的水都很深。小船可以自由穿行在灌木丛。

我们的船头有一块铁板，上面堆着枯枝和引柴。塞苏伊奇用一根火柴点燃了篝火。篝火那红黄色的光照亮了平静的水面，也照亮了小船旁边灌木光秃秃的黑色的细枝。

我们现在可没时间东张西望，只注视着下面——被火光照亮的水深处。我轻手轻脚地划着桨，不让桨伸出水面。小船静静地行进着。我的眼前浮现出一个奇幻的世界。

我们已经划到了湖上。湖底好像藏着巨人，他的身子埋在泥里，只把头顶露了出来，任蓬乱的长发悄无声息地漂着。这到底是水藻呢，还是草呢？

瞧，原来这是一个无底深潭。也许实际上并没有那么深，因为火光最多只能照到水下两米深。但是，光是看一眼这黑咕隆咚的深潭就觉得可怕了：天知道这底下藏着什么？

有个银色小球从黑暗的水底浮了上来，起初它上浮得速度很慢，而后越升越快，越来越大。现在它冲着我的眼睛过来了，眼看着就要跳出水面，打到我的脑门……我不由自主地缩了一下脖子。

这个银色小球变成红色的了，钻出水后就炸了。原来只是个普通的沼气泡啊！

我们好像坐着飞艇在一个陌生的星球上旅行。

我们经过几个岛屿，岛上长满了挺拔、稠密的植物。是芦苇吗？是一个黑黑的怪物，它把自己多节的手臂弯成了钩，向我们伸了过来——原来是触须啊！这个怪物长得像章鱼，也像乌贼，不过，比它们的触须更多一些，样子也更难看、更吓人一些。这怪物到底是什么呢？原来那是一棵淹没在水中的有着交错树根的白柳残株啊！

我惊奇地看着塞苏伊奇的动作。

他站在小船上，用左手举着鱼叉——原来他是个左撇子，眼睛炯炯有神地注视着水面。他的样子真威武，真像一个满脸胡须的矮军人正擎起长矛，要将跪在他脚下的敌人刺死。

这是一个有两米长的鱼叉的柄。下面一头有5个闪闪发光的钢齿，每个钢齿上还生着倒齿。

在篝火下，塞苏伊奇的脸通红的，他转过头来，朝着我做了个怪怪的鬼脸。我就停止划桨了。

塞苏伊奇小心翼翼地将鱼叉浸到水里。我往下瞅了瞅，只见水深处有一个笔直的又黑又长的棍子，后来才看清楚原来那是一条大鱼的脊背。塞苏伊奇用鱼叉斜对着那条大鱼，慢慢地伸下去。后来鱼叉停在那里不动了，猎人也僵在那里一动也不动。猛一下子，他竖直了鱼叉，用力将其刺进了那条鱼的脊背。

湖水翻腾了一阵子，他把猎物拖了出来：是一条有两千克重的大鲤鱼，还在鱼叉上拼命地挣扎着。我们的小船又继续前进着。不一会儿，我就发现一条个头不算大的鲈鱼。它钻进水底的灌木丛里，僵在那一动也不动，好像在深思着什么。

我发现的这条鲈鱼离水面好近，我甚至连它身上的黑条纹都能看得见。我看了看塞苏伊奇，他摇了摇头，我知道他是嫌这条鱼小，于是我们没有抓它。

我们绕着湖面划了一圈。我眼前不停地出现水底世界的景色，真是迷人啊！猎人刺死了水底“野味”后，我还舍不得移开视线呢！

我们又遇见一条鲤鱼、两条大鲈鱼，还有两条长着细鳞的金色鲤鱼，都从湖底游入了我们的小船底。黑夜就要过去了。此时，船上还有点燃烧着的枯枝以及通红的木炭，掉进水里，嘶嘶地响着。偶尔还能听见头上有一阵“嗖嗖”的野鸭扇动翅膀的声音。有一只小猫头鹰在那黑黑的小岛似的小树林中柔和地叫着，好像在反复地提示着谁：“斯普留！斯普留！[1]”有一只小水鸭在灌木丛后唧唧地叫着，叫声挺好听的。

我看到船头上有一根短木头，就把小船驶向一旁，免得撞上这根木头。可是，此时我突然听到塞苏伊奇低声喝道：“停……别动……呲——梭鱼……”他兴奋得连说话都带“呲”声了。

鱼叉柄的上端拴着一根绳子。他赶忙把绳子缠在自己手上，瞄准了半天，然后小心翼翼地将武器插入水中。

他使出浑身力气刺向梭鱼。这条鱼竟拖着我们走了好一会儿！幸亏鱼叉刺得很深，梭鱼没办法挣脱。

这条梭鱼居然有 7 千克重呢！

塞苏伊奇费了好大劲才把它拖上船。此时，天差不多要亮了。琴鸡“啾叽啾叽”的叫声透过薄雾，从四面八方传到我俩的耳朵里。

“好啦！”塞苏伊奇开心地说道，“现在我来划桨，你来开枪。可别错过机

[1] 俄文，指“我在睡觉”。

会呀！”他将烧剩下的枯枝扔到水里，我换到船头，他换到船尾。

晨风清凉，很快就将薄雾驱散了，天空变得明朗起来。这是一个美丽的早晨。

此时，有一层绿色的薄雾笼罩着森林的边缘，我们沿林边划着船。水里伸出了一些光滑的白桦树干，还有粗糙的黑云杉树干。我们向远方眺望，看到树林就像是吊在半空中似的。往近处看，有两片树林浮动在眼前：一个全部树梢朝上，一个全部树梢朝下。清澈的水面就像一面镜子，水面奇妙地荡漾着，倒映着一根根白色树干和黑色树干，千万根细树枝被它照碎了、摇散了。

“准备……”塞苏伊奇低声说着。

我们沿着这片银光闪闪的水上“林中空地”，划到了桦树林边。有一群琴鸡栖息在桦树树梢那光秃秃的枝条上。令人惊奇的是：这些又大又重的鸟怎么没有把那些纤细的树枝压断呢？

雄琴鸡身体结实，脑袋小，尾巴长，尾巴尖上好像拖了两根辫子，天空明亮，所以它乌黑的身躯显得格外明显。而淡黄色的雌琴鸡就显得朴素、轻巧。

有一排乌黑和淡黄的大鸟栖息在丛林下面的水中，脑袋朝下地在那儿晃荡着。我们离它们不远了，塞苏伊奇轻手轻脚地划着浆，小船沿着林边前行着。为了不把那些容易受惊的鸟儿吓跑，我不慌不忙地从容端起了双筒枪。

所有琴鸡都伸长了脖子，把小脑袋转过来对着我们看。它们可能在心里感到奇怪吧：在水上漂浮的是什么东西啊？这东西对我们有没有威胁呀？

鸟儿的思想是很迟钝的。现在离我们最近的一只琴鸡，距离我们只有50多步了。它正心慌意乱地转着小脑袋，它大概在想：万一出什么意外的话，我该往哪儿飞呢？它跳着两只脚，缩上又踏下。细树枝都被它压弯了。为了让身子保持平衡，它惊慌地扇动着翅膀。不过，它看伙伴们都待在那儿不动，它也就放心了。

我开了一枪。清脆的枪声从水面上向树林荡漾过去，就像碰到墙壁似的，传过来一阵回响。

琴鸡扑通一声掉进水里，溅起了一层水沫，水沫在日光的照耀下显得七彩斑斓。一大群琴鸡噼里啪啦扇动着翅膀，一下子都从树上飞走了。我连忙冲着一只飞去的琴鸡开了第二枪，结果没打中。

不过，我一早就猎到了这么一只长着紧密羽毛的美丽的鸟，还有什么不

满足吗？“好样的！”塞苏伊奇向我表示祝贺。

我们把湿淋淋地低垂着翅膀的死琴鸡捞了起来，不慌不忙地慢慢划着船，回家去了。

一群群野鸭很快掠过水面；勾嘴鹬尖叫着；沿岸的琴鸡叫得更响亮、更欢快了，唧咕的声音不绝于耳；云雀在田野上空鸣叫着；太阳挂在树林的上空。虽然我们一宿没有睡，此时却一点也没有感到疲惫呢！

《森林报》特约通讯员

诱 饵

我们这一带有熊在胡闹，不是听说某个地方的一头小牛被咬死了，就是听说另一个地方的一匹小马被吃掉了。

我们召开了会议，在会上，塞苏伊奇说得很有道理，他说：“我们不能等着熊来祸害咱们的牲口群，应该采取措施了。加甫里奇家的小牛不是死了吗？把小牛交给我，我用它当诱饵。如果熊也来咱们这儿晃悠，那就一定会被诱饵引来。即便它来，也甭想伤到咱们牲口的一根毛。我一定要想个办法收拾它。”

塞苏伊奇是我们这儿的好猎人。大家把那头死小牛交给他了，对他说：“你干去吧！我们以后可以放心些了。”

塞苏伊奇将死小牛装到大车上，拉到树林里，放到一块空地上，给小牛翻了个身，让它的尸体头朝东躺着。塞苏伊奇对打猎的事样样在行。他知道，熊是不会动头朝南或是头朝西的尸体的——它会起疑心，它怕被别人伤害。塞苏伊奇用没剥皮的白桦树枝，在死小牛的四周圈起了一道矮矮的栅栏。又在离这道栅栏20多步远的并排的两棵树上搭了个棚子，棚子离地面约有两米高。这是观察平台，猎人夜里就守在这个平台上等野兽出现。全部准备工作就绪。不过，塞苏伊奇并没有睡在棚子里，他还是回家过夜。

过了一个星期的时间，他还是照旧回家睡觉。只是在早晨腾出一点时间，去木栅栏那儿看看，绕着那儿走了一圈，卷一根烟抽一会儿，抽完就回家了。

农庄里的庄员们开始取笑塞苏伊奇了。小伙子们嬉皮笑脸地对他说：“哎呀，塞苏伊奇，还是睡在自己家里的热炕上好啊，做梦更香甜吧？你不乐意在树林里守着吧？”可是塞苏伊奇是这么回答的：“贼不来，守也是白守呀！”他们又对塞苏伊奇说：“小牛可都发臭啦！”塞苏伊奇说：“那才好呢！”

塞苏伊奇就是那么安然自在，真拿他没什么办法！

塞苏伊奇知道该做什么。他也知道，熊想着农庄里的牲口群，已经不是一天两天了。不过因为它眼前摆着个现成的死牲口，所以没有去扑那些活牲口。塞苏伊奇心里知道，熊闻到了死牛散发的那股像人尸一样的臭味。猎人那锐利的眼睛，发现了在放小牛的栅栏周围有熊的脚印。熊还没有动小牛，是因为它肚子不饿，要等牛尸发出更强烈的臭气时，它才会美滋滋地大吃一顿。这种乱毛蓬松的森林野兽就是这样的胃口。死小牛在那里躺了一个多星期了。塞苏伊奇还是每天回家过夜。终于有一天，他根据脚印，断定熊曾经爬过了栅栏，在牛尸上撕下了一大块肉。就在当晚，他带着枪爬上了棚子。

树林里的夜晚静得很，动物们都休息了。不过并非所有鸟兽都睡了，猫头鹰扇动着毛茸茸的翅膀，不动声色地飞过，搜寻着草丛中窸窣作响的野鼠。刺猬在林子里晃悠着，寻找着青蛙。兔子在咔嚓咔嚓地啃着白杨的苦树皮。一只獾在土里翻着它喜欢的那些细植物根。这时，那只熊悄悄地走向死小牛。塞苏伊奇奇困无比，这深更半夜的，他往常在这段时间都是睡得很香的。忽然，他听到什么东西喀嚓一响，不禁打了个冷战。也许他听错了？不是的。此时虽然天上没有月亮，但是北方的初夏夜，没有月亮也不算黑。他可以清清楚楚地看到，在泛白的白桦树栅栏上，爬着一只黑毛野兽。

熊爬过栅栏，吧唧吧唧地吃着。

“你等着瞧！”塞苏伊奇心里想道，“我这还有更好的东西招待你呢——我要请你尝尝枪子了。”他端起枪，瞄准熊的左肩胛骨，一声雷鸣般的枪响，惊动了沉睡的森林。兔子吓得从地上蹿起半米高；獾吓得呼呼直叫，慌忙奔回自己的地洞；刺猬缩成了一团，竖起了身上的刺；野鼠一溜烟躲进了洞；猫头鹰悄悄地飞进大云杉的浓荫里去了。

片刻之后，世界又安静了。于是那些昼伏夜出的野兽又放大胆子，各忙各的了。

塞苏伊奇从棚子上爬下来，走到栅栏边，卷上一支烟抽了起来。他不慌不忙地回家了。天就要亮了，得补上一小觉！

等到人们都起了床，塞苏伊奇对小伙子们说：“喂，小伙子们！套上大车去树林里把熊拉回来吧！以后熊可伤害不了咱们的牲口了！”

夏之卷

鸟儿筑巢月(夏季第一个月)
一年——分为12个章节的太阳诗篇

蔷薇花开的6月,候鸟都飞回来了,夏天开始了。一年当中,现在的白昼最长。在遥远的北极地带,现在已经完全没有黑夜了,太阳全天挂着。在潮湿的草地上生长的金莲花、驴蹄草、毛茛等植物,在强烈的阳光的照射下显得尤为鲜艳,将草地染得一片金黄。

在这段日子,人们在阳光充足的黎明时分,采集有药用价值的植物的叶、茎和根,以备在突然生病的时候,将储存在这些植物身体里的阳光的生命力,转移到自己身上。

一年之中白昼最长的一天——6月22日——夏至日,就这样过去了。

从这一天起,白昼开始悄悄缩短,缩短的速度非常非常慢,就像春光增加的速度一样慢——不过还是让人有稍纵即逝的感觉!民间有种说法:“透过篱笆缝,已经能看到夏天的头顶了……”

所有鸣禽都筑了自己的窠,所有窠里都有了蛋——各种颜色的都有!纤弱的小生命已经从薄薄的蛋壳下,露出了生机。

动物们各有各的家

孵化季节到了。林中居民都给自己盖了房子。

《森林报》的通讯员们决定去考察一下：那些飞禽、走兽、游鱼、虫儿都住在哪儿呢？它们过得怎么样？

好房子

此时，动物们住满了整个树林，一点空地方都没有了。地面上、地底下、水面上、水底下、树上、草丛里、半空中，全住满了。

黄鹂的房子是盖在半空中的。黄鹂用大麻、小草茎和毛发，搭成一只轻巧的像小篮子似的小窝，把它挂在离地面很高的白桦树枝上。小鸟窝中放着黄鹂的蛋。说来让人难以置信，风摇动树枝的时候，鸟蛋也不会掉下来呢！

在草丛里盖窝的，有百灵、林鹨(liù)、鹀和其他鸟类。我们的通讯员最喜欢的，是鞭篱莺用干草和干苔搭成的窠。窠上面有个顶，有一扇小门开在侧面。

把房子盖到树洞里的，有鼯鼠（一种脚趾间有一层薄膜的松鼠）、木蠹曲、蠹虫、啄木鸟、山雀、椋鸟、猫头鹰和其他鸟类。

把房子盖在地底下的，有鼹鼠、田鼠、獾、灰沙燕、翠鸟和各种昆虫。

䴙䴘是潜鸟的一种。它的房子是用沼泽中的水草、芦苇和水藻堆成的，所以浮在水上。住在这个在湖里到处漂来漂去的房子里，好像乘木筏一样。

河榧(fěi)子和银色水蜘蛛则把小小的房子建在水底下。

谁的房子最棒

我们的通讯员想找出一所最棒的房子。不过，要确定哪一所房子最好，可不是一件容易的事！

雕的窠是最大的，用粗树枝搭成，架在又高又粗的松树上。

黄脑袋戴菊鸟的窠是最小的，只有小拳头大小。原来它的个头比蜻蜓还要小呢！

田鼠的窝建得最有心计，有许多备用的入口、出口。你别想在它的窝里捉住它。

卷叶象鼻虫的房子最精致，它是一种有长吻的甲虫，它先将白桦树叶的叶脉咬下来，等叶子变得枯黄的时候，它就把叶子卷成筒儿，再用唾液粘上。雌虫就在这圆筒状的小房子里面产卵。

花脖子的勾嘴鹬和昼伏夜出的欧夜莺的窠是最简单的。勾嘴鹬直接把它的 4 个蛋下在小河边的沙地上了，欧夜莺则把蛋下在树下那些坑坑洼洼的枯叶堆里。这两种鸟都不肯花费力气去盖房子。

反舌鸟的窠是最漂亮的。它把自己的窠搭在白桦树枝上，用苔藓和轻巧的白桦树皮来装饰。为了美观，它还在一所别墅的花园里，捡一些人们丢在那里的彩色纸的碎片，把它们编在窠上当做装饰品。

长尾巴山雀的小窠是最舒服的。这种鸟还有个外号叫做“汤勺子”，因为它的身子极像一只舀汤用的汤勺儿。它的窠内层垫着绒毛、羽毛和兽毛，外层包着苔藓和地衣。窠的形状圆圆的，像个小南瓜；在窠顶正中间，有个小小的圆圆的入口。

河榧子幼虫的小房子是最轻便的。河榧子是一种有翅膀的昆虫。当它们落地的时候，会收拢翅膀，将其盖在脊背上，正好遮住整个身体。河榧子的幼虫却没有翅膀，浑身光溜溜的，无以蔽体。它们住在小河或是小溪的底部。河榧子的幼虫会找到一根细枝或是芦苇秆儿，长短跟自己的脊背差不多，然后将一个沙泥小圆筒粘在上面，自己倒爬进去。这该多么方便啊！要么把整个身体藏在小圆筒里，在那里高枕无忧，谁都不会看见它；要么挪挪地方，就把前脚伸出来，背起小房子在河底爬一会儿——反正这所小房子轻便得很呢！

某只河榧子的幼虫，在河底找到一根香烟嘴儿，就钻了进去，随着香烟嘴儿到处旅行。

银色水蜘蛛的房子是最奇怪的。这种蜘蛛住在水底，在水草间织了一张蜘蛛网，用它那毛茸茸的肚皮从水面上弄来一些气泡，然后放在蜘蛛网下面。水蜘蛛就在这种有空气的小房子[1]里居住。

还有谁会盖房子

本报通讯员还找到了鱼类的窝和野鼠的窝。

刺鱼给自己造了个地地道道的窝。盖房子的工作由雄刺鱼来完成。它盖房子的时候，通常只选那些分量较重的草茎，即便用嘴将这种草茎从河底衔到水上去，它也不会漂浮的。雄刺鱼把草茎固定在河底的泥沙里，用唾液把它们粘牢，变成墙壁和天花板，再用苔藓把四周一个个的小窟窿堵上。它在墙上开了两扇门。

小老鼠的窝跟鸟窠完全一样，都是由草叶和撕得细细的草茎编成。它的窝架在刺柏树的树枝上，大概离地面两米高。

动物用什么材料盖房子

森林里的动物们用各种各样的材料盖房子。

爱唱歌的鸫鸟的窠是圆的，它用朽木上的胶质物涂窠的内壁，就跟我们用洋灰涂刷墙壁似的。

家燕和金腰燕的窠由烂泥做成，它们用自己的唾液将泥窠粘得牢牢的。

黑头莺用细树枝建窠，用它那又轻又黏的蜘蛛网，将那些细树枝粘得牢牢的。

鳾是一种能头朝下，在笔直的树干上跑上跑下的小鸟。它把家安在洞口开得很大的树洞里。它害怕松鼠闯进它的家，就用胶泥将洞口封严，只留一个自己勉强能挤进去的小洞。

---

[1] 水蜘蛛用蛛丝盖出一个杯状的小房子，使其倒挂在水草的梗上，又从水面上把空气灌进房子里，将窠里的水排出去。它就可以在这种有空气的小房子里居住了。

毛色翠蓝、腹部带咖啡色斑纹的翠鸟盖的房子最有趣不过了。它在河岸挖了一个很深很深的洞，在自己那小房间的地板上铺了一层细鱼刺儿。这样，就有了一条软绵绵的床垫子。

借住别人的房子

不会盖房子，或者懒得自己盖房子的动物们，就借住别人的房子。

杜鹃把蛋下在鹡鸰、知更鸟、黑头莺等善于做窠的小鸟的窠里。

林子里的黑勾嘴鹬找到一个旧乌鸦窠后，就在里面孵起幼鸟来了。

鮈鱼非常喜欢被主人们遗弃的虾洞。这种虾洞一般在水底的沙壁上。鮈鱼就在那些小洞里产卵。

有一只麻雀把窠安排得极为巧妙。

它先是把窠盖在屋檐下，却被男孩子们捣毁了。

后来，它又在树洞里安了家，可是麻雀蛋都被伶鼬偷走了。

于是这只麻雀就把家安置在雕的大窠里了。雕的大窠由粗树枝搭建而成，麻雀的小房子就安置在这些粗树枝之间，非常宽敞。

现在，麻雀可以高枕无忧，谁都不用怕了。庞大的雕根本不去注意这小小的鸟儿。至于那些伶鼬啊、猫啊、老鹰啊，还有男孩子们，再不会去破坏麻雀的窠，毕竟大雕是谁都怕的呀！

大公寓

林子里也有大公寓呢！

蜜蜂、大黄蜂、丸花蜂和蚂蚁盖的房子，可以住得下成百上千的房客。

成群的秃鼻乌鸦占据着果园、小树林，将其视为自己的移民区；鸥占据着沼泽、沙岛和浅滩；灰沙燕则在陡峭的河岸上凿出了数不清的小洞，将河岸弄得像筛子似的。

窠里有什么呢？

鸟窠里面都有蛋。一种鸟蛋一个样儿。

不同的鸟下不同的蛋，这里面大有深意。

勾嘴鹬的蛋上全是些大小不等的斑点；歪脖鸟的蛋是白色里稍微透着点粉红色。

歪脖鸟的蛋藏在深邃、黑暗的树洞里，轻易不会被别人发现；而勾嘴鹬的蛋是径直下在草墩子上，完完全全暴露在外面。如果鸟蛋是白色的，随便是谁一眼就能看到，所以鸟蛋的颜色跟草墩子一样。很可能你发现不了它们，还会一脚踩上去。

野鸭的蛋也差不多是白色的，不过它们的窠建在草墩子上，而且也是完全暴露的。因此野鸭不得不耍点小聪明，当它们离开窠的时候，会啄下自己腹部的绒毛盖在蛋上。这样鸭蛋就不会被谁发现了。

为什么勾嘴鹬的蛋有一头很尖，而猛禽兀鹰的蛋却是圆的？

这道理其实很简单：勾嘴鹬个头很小，身子只有兀鹰的五分之一，而勾嘴鹬的蛋却很大，它的蛋有一头尖尖的，这样尖头儿对尖头儿，紧靠在一起才不会占很大的地方。否则，它那小小的身体怎么能盖住那么大的蛋呢？

可是，为什么小勾嘴鹬的蛋，却跟大兀鹰的蛋差不多大呢？

关于这个问题，只好等幼鸟破壳而出之时，在下期《森林报》上解答了。

狐狸是怎么把老獾撵走的

狐狸家里遭殃了——洞里的天花板塌了，还差点把小狐狸压死。

狐狸一看，大事不好，非得搬家不可了。

狐狸去了獾的家。獾的洞很好，是它自己挖的。出口、入口有很多个，分岔地道纵横交错，都是为了防备敌人出其不意的袭击的。

獾的洞很大，能住得开两家子。

狐狸央求獾借给它一间房子，獾一口回绝了。獾这个房东要求很高：要干净，要整齐。怎么能让带着孩子的狐狸住进来呢！

獾把狐狸撵走了。

“哼！”狐狸心想，“等着瞧吧！”

狐狸假装钻进林子去了，其实它悄悄地躲在灌木丛后，坐在那儿等着獾出洞。

獾探头张望了一下洞外，以为狐狸已经走了，方才爬出洞，去林子里找蜗牛吃。

狐狸一溜烟儿钻进獾洞，在洞里拉了一堆屎，然后又把洞里的东西弄得乱七八糟的，然后就溜了。

獾回家一看：天啊！怎么这么臭！它气得哼了一声，就到别的地方挖洞去了。

狐狸正求之不得呢。

它把小狐狸都叼了过来，入住了这个舒适的獾洞。

有趣的植物

浮萍差不多占据着整个池塘。有些人管浮萍叫苔草。其实它们不一样的。浮萍是一种非常有趣的植物，跟别的植物不一样。它有细小的根，有浮在水面上的绿色小圆片儿，上面凸起一个椭圆形的东西。这些凸起物就是浮萍的茎和枝，长得就像小烧饼似的。浮萍这种植物没有叶子。有时候会开几朵花，不过非常罕见。浮萍不必开花，它繁殖得又迅速又简便，只要从这圆圆的茎上脱落下来一个圆圆的枝，这一株浮萍就变成两株了。

浮萍生活得可真是不错，自由自在的，四处为家，什么也不能束缚它。有野鸭从它身边游过的时候，浮萍就紧紧地挂在野鸭的脚蹼上，随着野鸭飞到另一个池塘。

尼娜•巴甫洛娃

会变戏法儿的花

在草场和林间空地上，绛紫色的矢车菊开花了。每当我看见它们，就能想起伏牛花来，这两种花有个相同点，就是都会变小小的戏法儿。

矢车菊的花不是一朵朵的，而是有很多状如头的花序组成。它那些蓬松的、犄角似的漂亮小花儿，都是无实花。真正的花长在中间，是很多深绛紫色的管状花。这些管状花里，有一根雌蕊和数根会变戏法儿的雄蕊。

只要碰一碰那绛紫色的细管子，它们就会往旁边一歪，然后从管子里的小孔中冒出一小团花粉来。

等过一会儿，你要是再碰小花儿，它又会一歪，再冒出一团花粉来。

就是这么一套小小的戏法儿！

这些花粉可没有白白浪费掉。每逢有昆虫向矢车菊要花粉，它就会给一点。拿去吃也行，沾到身上也行——只要能带一点点花粉到另一朵矢车菊上就行了。

尼娜•巴甫洛娃

神出鬼没的夜行杀手

林子里冒出了一个神出鬼没的夜行杀手，闹得林中鸡犬不宁。

每天夜里，总会失踪几只小兔子。小鹿啊，琴鸡啊，松鸡啊，榛鸡啊，兔子啊，松鼠啊，都没有安全感，一到夜里就觉得快要大难临头了。不管是灌木丛中的小鸟，树上的松鼠，还是地上的老鼠，都难以预料什么时候会遭到偷袭。神出鬼没的杀手有时候会突然现身于草丛中，有时候会突然现身于灌木丛里，有时候出现在树上。好像不止有一个杀手，而是有一大帮呢！

几天前的一个晚上，有一个小獐鹿家庭：獐鹿爸爸、獐鹿妈妈，还有两只小獐鹿，它们全家到林中的空地上吃草。獐鹿爸爸站在离灌木丛 8 步远之处放哨，獐鹿妈妈带着两只小獐鹿吃草。

突然间，从灌木丛里蹿出一个黑糊糊的东西，直接扑到獐鹿爸爸的背上。獐鹿爸爸倒在地上，獐鹿妈妈带着两只小獐鹿没命地逃向森林深处。

第二天早上，獐鹿妈妈回到林间空地上去看，此时獐鹿爸爸只剩下犄角和蹄子了。

昨天夜里麋鹿也遭到了袭击。当它穿过密林时，发现有一棵树的树枝上，好像长着个奇怪的大木瘤。

麋鹿算是森林壮汉了，它怕过谁啊？它长着那么一对大犄角，甚至连熊都不敢攻击它呀！

麋鹿来到那棵树下，正要抬头看个究竟，突然有一个可怕的、体重足有 1 普特[1]重的东西，一下子扑到它脖子上。

如此出其不意，麋鹿当然吓坏了。它猛晃了一下头，把杀手从背上甩走了，然后头也不敢回地拔腿就跑了。因此，它也就没弄明白那个神秘的夜间杀手究竟是谁。

林子里没有狼，况且狼也不会上树啊！而熊呢，现在钻进了密林里，正懒得动弹呢！再说了，熊不可能从树上跳到麋鹿的脖子上的。那么，这个神出鬼没的夜间杀手究竟是谁呢？

目前，还没有找到真相。

---

[1] 俄国的计量单位，约等于 16.38 千克。

欧夜莺的蛋不翼而飞

本报通讯员找到了一个欧夜莺的窠，里面有两个蛋。当有人靠近窠的时候，欧夜莺妈妈就从蛋上飞走了。

本报通讯员并没有动这个窠，只是悄悄地在这个窠所在之处做了个记号。

过了一小时后，他们又回去看这个窠，结果此时窠里的鸟蛋已经不见了。

鸟蛋跑到哪里去了？两天后，他们才搞明白：原来是欧夜莺妈妈把蛋衔到别处了，它担心人们会来捣毁它的窠，掏走窠里的蛋。

勇敢的小鱼

前面我们已经提到，雄刺鱼在水底做了一个什么样的窠。

房子一盖好，雄刺鱼就找了一位妻子，把它带回家了。刺鱼太太进门后，产下鱼子，然后立刻游走了。

雄刺鱼又去找了第二位刺鱼太太，然后又找了第三位、第四位，可是这些刺鱼太太都离开了它，只留下它们产的鱼子给雄刺鱼照管。

雄刺鱼留下来独自守护家园，它的家中堆满了鱼子。

河里有好多觊觎新鲜鱼子的家伙。可怜的小个子雄刺鱼，不得不守卫自己的窠，与那些凶猛的水中恶魔抗争。

不久前，有一条贪吃的鲈鱼袭击了它的窠。这个小个子主人勇敢地与那个怪物搏斗着。

刺鱼竖起身上的5根刺——3根在脊背上，2根在肚子上——机智地对准鲈鱼的鳃戳去！

鲈鱼全身都披着坚硬的鱼鳞铠甲，只有鳃部没有遮蔽物。鲈鱼被勇敢的小刺鱼吓了一大跳，就仓皇逃走了。

谁是凶手

今天夜里，林子里又出了一起凶杀案，遇害者是树上的松鼠。我们勘察了现场，根据凶手留在树干上、树底下的爪印，终于弄明白了这个神秘杀手是谁。不久前害死獐鹿爸爸的是这种动物，闹得整个林子的动物都惶恐不安的也是这种动物。

看了爪印，我们判断凶手就是来自我国北方森林的“豹子”，也就是残酷凶猛的“林中大猫”——猞猁。

小猞猁们已经长大了。这时猞猁妈妈带着它们在整个林子中乱跑，在一棵棵树上蹿来蹿去。

它的视力在夜晚时跟白天一样好。谁要是在睡觉前没有躲起来，那可要倒霉了！

6只脚的“鼹鼠”

本报的一位通讯员从加里宁州[1]发来一份报道：

“为了练习爬树，我在地上竖起一根杆子。我在掘土的时候掘出了一只小野兽，它的前掌上有脚爪；背上有两片像翅膀似的薄膜；身上长着像兽毛一样又短又密的棕黄色的毛。这只小动物身长5厘米，有点像黄蜂，也有点像鼹鼠。可是它长着6只脚，根据这个特征可以知道，它是一种昆虫。”

来自编辑部的解答：

这种独特的昆虫就是蝼蛄。它长得的确有点像野兽。难怪它有一个像野兽般的外号，叫“赛鼹鼠”。它长得最像鼹鼠——前掌很宽大，是掘土的好手。除此之外，蝼蛄的两条前腿还有个特征，就是生得像剪刀一样。它在地下来来往往的时候，就是用这两条前腿剪断植物的根。而强壮的鼹鼠在对付这种根时，用它那强有力的爪子或是锐利的牙齿就可以了。

蝼蛄的腭上，生着一副锯齿般弯弯的薄片，就跟牙齿似的。

[1] 今名“特维尔州”。

蝼蛄的一生多半是在地下度过的。它像鼹鼠似的，掘地下通道，在地下产卵，然后在那儿上面堆个土堆儿，跟鼹鼠窝似的。此外，蝼蛄还有软软的大翅膀，它飞得很好，在这方面，鼹鼠可不及它。

在加里宁州，蝼蛄很少见，在我们列宁格勒州就更少了。可是南方各州的蝼蛄就很多。

要想找到这种昆虫，就去潮湿的土里找吧！最好是去水边、果园或是菜园里。可以用以下方法捉到它：每天晚上都往同一个地方浇水，再用木屑盖住那块地方。到了半夜，蝼蛄自然会往木屑下的稀泥里钻。

刺猬救了她

玛莎一大早就醒了，急急忙忙穿上连衣裙，光着一双小脚丫就跑到林子里了。

林子里的小山冈上生长着许多草莓果，玛莎麻利地摘了一小篮，蹦蹦跳跳地往回走着，双脚踩在沾满了露水的冰凉的草墩子上。冷不防脚底一滑，痛得她大叫起来，原来是她的一只赤裸的小脚丫滑下了草墩，被什么坚硬的刺儿戳得流血了。

原来是踩到蹲在草墩下的一只刺猬身上了，这时它把身子缩成一团，噗噗地叫了起来。

玛莎哭了起来，坐在身旁的草墩子上，用裙子擦拭着脚上的血。一旁的刺猬不叫了。

突然有一条背上生着锯齿形黑色条纹的大灰蛇，径直向玛莎爬过来了，这居然是一条有毒的蝰蛇！玛莎吓得浑身都软了，蝰蛇咝咝地吐着它的叉状舌头，向玛莎靠近。

正在这时，刺猬挺直身子，向蝰蛇奔去。蝰蛇迅速挺直整个上半身，像鞭子似的向刺猬抽去。可是敏捷的刺猬连忙竖起浑身的刺迎了过来。蝰蛇惊恐地狂叫着，想转身逃走。刺猬却扑到蛇的身上，从后面咬住蛇的脑袋，用爪子扑打着蛇的脊背。

这时候，玛莎才缓过神来，跳起身急忙往家跑。

蜥蜴

我在林子里的某个树桩旁，捉到了一只蜥蜴，然后就把它带回家了。我在一只大玻璃罐里铺了细沙和石子，把蜥蜴养在里面，每天更换罐子里的土、草、水，还往里放一些苍蝇、甲虫、幼虫、蛆虫、蜗牛，等等。蜥蜴每次都狼吞虎咽，大口吃着。它特别喜欢吃长在甘蓝丛里的那种白蛾子。它迅速地把小脑袋一转，向白蛾子张开嘴，吐出叉状小舌头，然后向那美味的食物扑了过去，活像猎犬扑向骨头。

某天早晨，我发现在小石子之间的细沙里，有十多个椭圆形的，蛋壳又软又薄的小白蛋。蜥蜴选了一个恰好能晒到阳光的地方孵蛋。一个多月后，蛋壳破了，钻出来十多只动作灵敏的小蜥蜴，长得极像它们的妈妈。

现在，这一家子都爬上小石头，悠闲地晒太阳呢！

《森林报》通讯员　谢斯嘉克夫

燕子的窠

6 月 25 日

每天我都眼瞅着一对燕子辛苦地衔泥筑窠。燕子窠一点一点地变大了。它们一大早就起来干活儿，中午用两三个小时来休息，然后接着修修补补，一直忙到太阳下山。当然，总是不停衔泥去粘，也是粘不住的——得让稀泥干透才行呀！

有时候，其他燕子也飞来这里拜访它们。如果猫没在房顶上盯着，小客人们就会在屋檐上待一会儿，和和气气、嘁嘁喳喳地聊一会天。新居的小主人是不会赶走它们的。

现在，燕子窠的形状已经像一轮下弦月了，就是月亮由圆至缺，两只尖角朝向右时的样子。

我完全理解，为什么燕子窠的左右两边增长不均匀。因为这个窠是雄燕子和雌燕子一起做的，不过它们的努力程度不同。雌燕子把泥衔回来的时候，总是头朝左边落下；雌燕子干活儿很卖力，不停往窠的左侧粘泥，而且出去衔泥也比雄燕子勤快。雄燕子一飞走，就是几个小时不回来，一定是在云

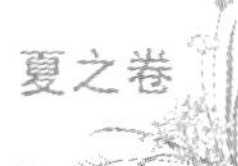

霄里和其他燕子追逐打闹吧！ 雄燕子把泥衔回来的时候，总是头朝右边落下。当然它做窠的速度落在了雌燕子的后面，所以，燕子窠的右半边比左半边短一块。

雄燕子怎么那么懒！它也不知道害羞！按理说，它可比雌燕子强壮啊！

6月28日

燕子已经不出去衔泥了，它们开始衔干草和绒毛回来铺成垫子。我真没料到，它们如此周到地计算着整个工程的进度——原本就应该让窠的两边不均匀地增长！雌燕子把窠的左边筑到顶，雄燕子这一边却始终没有筑完。如此一来，这个窠就变成右边缺了一角的泥球，右上角留的是一个洞口——这就是它们家的门口呀！不然的话，这对燕子可怎么进家门呢？闹了半天，我当初是冤枉雄燕子了。

今晚，雌燕子搬进了新房子过夜。

6月30日

燕子窠做好了。雌燕子总是窝在家里不出去，大概它已经产下第一个蛋了。雄燕子时不时给雌燕子衔回一些小虫儿，还不住地唱着，唧唧喳喳地说着，欢欢喜喜地祝福着。

那一群燕子客人又飞来拜访了。它们一只挨着一只地从燕子窠旁飞过，张望着窠里，扑扇着翅膀。此时，燕子窠的女主人从窝里伸出头来，说不定它们会亲吻这位幸福的女主人呢！小燕子们唧唧喳喳地热闹了一阵子，然后就散了。

猫儿常会爬到屋顶上往屋檐下张望。它是不是也急切地盼望着小燕子出世呢？

7月3日

两周以来，雌燕子一直窝着不大出门。只有在中午——一天之中最暖和的时候，它才会出来飞一会儿，中午时娇嫩的蛋不太容易受凉。雌燕子在屋顶上盘旋着，捉了几只苍蝇吃，再飞到池塘边，低低掠过水面找水喝，喝够了就又飞回窠里。

不过今天，燕子夫妇开始双双忙碌地从窠里飞进飞出了。有一次，我看到雄燕子衔着一片白色的甲壳，雌燕子衔着一只小虫儿。猜得出来，窠里已经有小燕子了。

7月20日

不得了啦！太可怕了！猫儿爬到屋顶，几乎把整个身子倒挂在梁木上，想用爪子去窠里掏小燕子。小燕子啾啾地叫得真可怜啊！

在这个节骨眼儿上，有一大群燕子不知从哪儿飞来了，大声地尖叫着，急急地飞着，差一点撞到猫儿的脸上。嗬！有一只燕子险些被猫儿抓住！这可不得了啦！猫儿又向另一只燕子扑过去了……

太好了！这个灰家伙扑了个空——它脚一滑，扑通一声摔下去了……

倒是没摔死，可也够要命的。它喵呜喵呜叫了几声，三只脚一瘸一拐地离开了。

活该！这回它再也不敢吓唬燕子了。

摘自少年自然科学家的日记

《森林报》通讯员　维立卡

小燕雀和它的妈妈

我家的院子里，花草非常茂盛。

我走在院子里，突然我脚底下飞出了一只小燕雀，小脑袋上长着两撮绒毛，看着像犄角似的。它飞了一会，又落了下来。

我捉住它，带回了家。父亲建议我把它放在打开的窗口前。过了不到一个小时，小燕雀的爸爸妈妈就飞到窗边来喂它了。

就这样，它在我家住了一天。到了晚上，我把窗户关上，然后把小燕雀放进笼子。

清晨5点我醒来，发现小燕雀的妈妈嘴里叼着一只苍蝇，落在窗台上。我赶紧起身打开窗户，然后躲在屋子的一角暗暗观察。

过了一小会儿，小燕雀的妈妈又飞回来落到窗台上了。小燕雀尖叫起来——是肚子饿了，要吃东西啊！这时，燕雀妈妈才下定决心飞进屋，来到笼子前，隔着笼子喂它的孩子。

后来，当燕雀妈妈又飞去找食物时，我把小燕雀从笼子里放了出来，送到了院子里。

等我想起来再去看小燕雀时，已经找不到它了——燕雀妈妈把自己的

孩子领走了。

《森林报》通讯员　贝克夫

金线虫

有一种神秘的生物——金线虫，生长在江河、湖沼和池塘里，甚至也生长在普通的深水坑里。据老人们说，那是死而复生的马的鬃毛，当人们洗澡时，它会钻到人的皮肤里，并在其中游走，让人感到奇痒无比……

金线虫酷似一根根棕红色的毛发，不过更像被钳子钳断的一截截的金属丝。它实在很坚硬，以至于把它放在一块石头上，用另一块石头去敲，它也毫发无损，还在不停伸缩，狡猾地卷成一个奇妙的团儿。

事实上，金线虫是一种无害的没有脑袋的软体动物。雌金线虫肚子里都是卵，这些卵在水里孵成长着角质的长吻以及钩刺儿的幼虫。这些幼虫寄居在水栖昆虫的幼虫身上，钻到它们体内，然后被外皮包起来。此后，如果它们的“主人”没有被水蜘蛛或是昆虫之类吞到肚里，它们的一生也就完了。如果有机会进入新“主人”体内，它们就会变成没有脑袋的软体动物，钻进水里吓唬那些有点迷信的人们。

用枪灭蚊

国立达尔文禁猎禁伐区的办公区，坐落于一个半岛上，岛周围是雷滨海。这是一个新的、特殊的海——不久前，这里是一片森林。海水很浅，有片水面还残留着树梢。这里的海水是温吞吞的淡水，因此水里有数以万计的蚊子。这一大群小吸血鬼钻进科学家们的实验室、餐厅以及卧室里，闹得大家没法工作，饭也吃不下，觉也睡不着。

到了晚上，只听到每个房间里都突然间响起了霰弹枪的枪声。

出什么事儿了呢？……并不是什么特别的事情，不过是在用枪灭蚊子呢。

当然了，装在子弹筒里的不是子弹，不是铅霰弹，而是科学家们将少量打猎用的火药，装进子弹筒，再堵上一个结实的填弹塞，然后将杀虫粉慢慢地填入子弹筒，不让它漏出来。

这样，杀虫粉就像一阵极细的灰尘似的，弥漫在整个建筑物里，填满每一个缝隙，全方面杀虫。

一位少年自然科学家的梦

一位少年自然科学家正准备在他的班上做个报告，题目为：《我们如何跟森林和田地里的害虫作斗争》。他正在用心地搜集材料。

他读到了这样两段：“用机械和化学方法灭甲虫，水泵的经费会超过13700万卢布。用人工方法灭了1301万只甲虫，若是把这些甲虫装进火车，那要用813节车厢。”“为了与甲虫作战，每天每一公顷土地上用到20—25人……”

少年自然科学家感到有点头晕，这一串串数字就像一条长蛇，拖着由许多零构成的长尾巴，在他眼前晃啊晃的。还是躺下睡觉吧。

他被噩梦折磨了一夜。梦里都是一队接一队的甲虫、幼虫和青虫，从森林深处爬出来，爬过田地，将田地团团包围，要毁掉整片田地。他用手把一些虫子掐死了，又拖了水龙带将杀虫药水浇在它们身上，可还是杀不死它们，只见它们不断涌过来。它们所到之处，都变成一片荒漠……少年自然科学家被噩梦吓醒了。

等到了早上，才发现事情并没有梦中那么可怕。少年自然科学家在报告中提出建议：在爱鸟节前，大家要做好一大批椋鸟屋、山雀窠以及树洞形鸟窠。鸟儿捉虫的本领，可比人大得多，而且鸟儿不拿工资，免费干活儿！

请试验

据说，如果在四周有铁丝网，没有顶儿的养禽场上，或是在没有顶儿的笼子上，松松地交叉着拉上几根绳子，那么猫头鹰、雕、鹞在扑向养禽场或是笼子里的飞禽之前，都必定先落到绳子上歇脚。猛禽们以为这绳子很坚固，可只要它一落到绳子上就会倒栽葱，因为绳子太细了，而且又很松。

猛禽们跌个倒栽葱后，会头朝下一直挂到你去捉它为止——在这样的情况下，它是不敢扑扇翅膀的，生怕栽到地上摔死。等到你有空时，就可以把这个小偷从绳子上取下来了。

请亲自试验一下，看看这是不是事实，也可以用粗铁丝来代替绳子。

“鲈鱼测钓计”

据说，你若打算去哪个湖或是哪条河里钓鱼，可以先从那里捞几条小鲈鱼，养在鱼缸里，或是盛果子酱的大玻璃罐里。这样的话，你就能随时预测出来，在那天，你该不该去那里钓鱼。在出发前，先喂一喂小鲈鱼，如果它们游过来活泼地抢食吃，就说明那天适合钓鱼——鲈鱼和其他鱼都容易上钩。如果它们不吃，就说明湖里或是河里的鱼那天也没有食欲，说明气压不对劲，天气马上要变了，也许将有雷雨。

鱼类对空气和水里的一切变化都是非常敏感的。根据鱼类的行动，可以预测几小时后的天气变化。不过，每个热爱垂钓的人都应该试验一下，看看在室内环境和在露天环境下，这种活的“天气预报”是否同样准确。

“天上的大象”

天上有一团乌云在飘，真像一头大象。它时不时让它的“长鼻子”落地，地上就会扬起尘埃，尘埃盘旋着，越转越大，终于和天上的“长鼻子”连成一片，变成一根顶天立地的旋转着的大柱子。天上的大象将这根大柱子搂入怀里，继续疾驰在天空中。

“天上的大象”飘到一座小城市的上空后就不走了。一场倾盆大雨从“大象”身上落下！落在屋顶和人们撑着的雨伞上，一阵乒乓乱响。你猜是什么东西敲得它们发出响声？是小蝌蚪、小青蛙和小鱼！它们落到大街上的水洼里，还在乱蹦乱蹿着。

后来人们才弄明白，“天上的大象”是靠了龙卷风（从地上一直旋转着卷到天上去的巨大旋风）的帮助，从森林中的一个小湖里卷起好多水，裹着水里的蝌蚪、青蛙和小鱼，在天上跑了很远后，又将自己的“猎物”都丢到小城市，然后又自顾自地继续向前跑了。

绿色的朋友

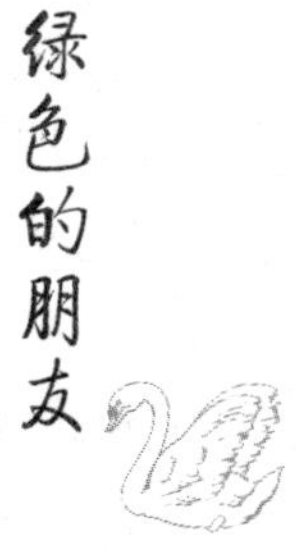

我们的森林好像曾经大得无边无际。

可是，很久以前的森林的主人不懂得保护森林，爱惜自然资源。他们毫无节制地乱砍滥伐。

森林被砍光了的地方，就变成了沙漠和峡谷。

农田四周没有森林做屏障，来自遥远的沙漠的干热风就会来进攻农田。滚烫的沙子把田地覆盖了，庄稼都被烧死了。没有谁能有办法保住这些庄稼。

江河边、池塘边和湖泊边都没有森林了，便开始干涸，峡谷也来进攻农田。

于是，人们对干热风、土地沙化以及峡谷宣战了。

人们的绿色的朋友——森林，就成了一个好帮手。

哪里的江河、池塘和湖泊没有森林保护，还在忍受烈日烘烤，我们就去哪里造林。森林挺起高大的身躯，用茂密的树冠为江河、池塘和湖泊遮蔽阳光。

狠毒的干热风总是携着热沙从遥远的沙漠中来，把耕地掩埋起来。人们就在这些地方造林，保护我们广阔的农田，不让它受到干热风的侵害。森林卫士向着肆虐的干热风挺起胸膛，为农田竖起一道坚不可摧的绿色的铜墙铁壁。

哪里有耕松的土地塌陷，哪里有峡谷迅速地扩大，疯狂地吞噬着我们耕地的边缘，我们就去哪里造林。人们的绿色的朋友——森林，在那里顽强地扎根，拼命地固定土地，拦住凶狠扩张的峡谷，不许沟壑吞噬我们的农田。

征服干旱的战斗正在进行中。

重造新林

季赫温斯基区过去有好几处森林都被砍光了。此时我们正在那里重新造林。我们在 250 公顷的土地上，种下松树、云杉以及西伯利亚阔叶松。过去那里有 230 公顷的树木被砍伐得一点没剩。现在我们把那儿的土地全都翻松了，方便那些剩下的树木所结的种子，落在地上更容易发芽。

我们种的那 10 公顷的西伯利亚阔叶松发了粗壮的芽。这种林木的繁殖可增加列宁格勒州内贵重建筑木材的产量。

我们还在那里开辟了一片苗木场，培育了很多种可当作建筑木材用的针叶树以及阔叶树。还打算培育很多种果树和可当作橡胶的灌木——疣枝卫矛。

列宁格勒　塔斯社

林木大战（续前）

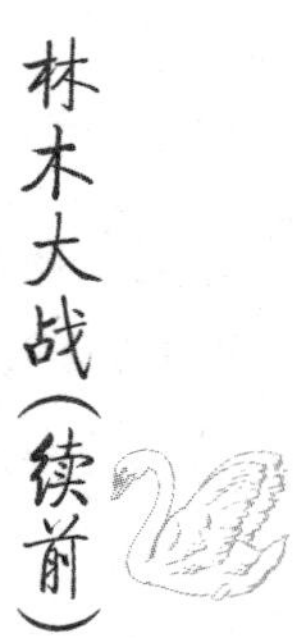

小白桦的悲惨命运，差不多跟草种族和小白杨一样——云杉遏制了它们的生长。

此时在那块空地上，云杉成了一霸，它们再也没有对手了。本报通讯员将帐篷卷起，搬到另一块空地上——不在去年，而在前年，伐木工人们曾在那儿砍伐过树木。

他们亲眼见证了霸占者——云杉——在大战开始后第二年所遭遇的事情。

云杉这个树种是强大的。但是它们也有两个弱点：

第一，它们扎在泥土里的根，虽然伸得很长，但是扎得不深。到了秋天，辽远宽阔的空地上，狂风在怒号。刮倒了很多小云杉，有的还被风连根拔起。

第二，幼年时期的小云杉，长得不健壮，那时候它们也很怕冷。

云杉树芽全都冻死了，有些细弱的树枝也都被寒风刮断了。于是到了春天，那块曾被云杉树征服了的土地上，一棵小云杉都没剩下。

云杉并非每年都结种子。尽管云杉很快就取得胜利了，但是这胜利并没有维持多久。在很长一个时期内，它们逐渐丧失了战斗力。

第二年初春，狂暴的草种族刚从地里钻出来，就继续开始林木大战了。

这回可是轮到它跟小白杨、小白桦打仗了。

可是，已经长高了的小白杨、小白桦，轻轻松松地就将那些纤细而有弹力的野草抖落在地。野草紧紧地将它们包围，对它们反而是有好处的。去年留下的枯草，就像一条盖在地上的厚厚的地毯，腐烂后散发着热量。而新长出来的青草，盖住刚冒出地面的娇嫩的小树苗，保护着它们，不让它们遭受可怕的早霜的侵害。

矮小的青草怎么也追不上长势迅猛的小白杨和小白桦，它们被远远地落在了后面，只要落在后面，它们就见不着阳光了。

当小树长得比青草高的时候，就立刻伸展开自己的枝条将青草覆盖。小白杨和小白桦没有云杉那种浓密暗深的针叶，不过这没关系，因为它们的树叶很宽，形成的树荫很大。

即便小树苗生得稀稀拉拉，草种族也勉强可以对付。但是在整个空地上，小白杨和小白桦都长成了密林。它们齐心协力地战斗着，舒展开手臂似的树枝，一排排紧紧靠在一起。这里俨然成为严密的树荫帐篷了。由于得不到阳光的滋养，青草慢慢地就死去了。

过了不久后，本报通讯员就见到结果了——林木大战的第二年，以白杨和白桦的完全胜利告终。

于是本报通讯员又搬到第三块采伐空地观察。

他们在那里会有什么发现？我们将会在下一期《森林报》里详细报道。

祝您钓到大鱼！

钓鱼和天气

到了夏天，遇到刮大风或是有雷雨的天气，鱼儿就会游到避风的水域，诸如深水坑啊，草丛啊，芦苇丛啊，等等。如果一连几天遇到阴雨连绵的天气，则所有的鱼都会往最僻静的地方游，没精打采的，喂食给它们吃，它们也没食欲。

遇到炎热的天气，鱼儿会游到凉快的地方，它们专找那些从地下往外冒泉水的地方，那里的水比较凉爽。在酷夏时节，只有当早晨凉爽的时候和傍晚暑气消退的时候，鱼儿才有上钩的可能。

遇到夏季干旱，江河和湖泊的水位降低，鱼儿会游到深水坑里。但是深水坑里没有足够的食物。因此，只要钓鱼者找得到合适的地方，就能钓到很多条鱼，尤其是用鱼饵钓。

麻油饼是最好的鱼饵，要先将其放到平底锅里煎，然后用钵捣碎它，与麦粒、米粒或豆子放在一起煮烂，再撒到荞麦粥或是燕麦粥里。这样食饵就散发出一股新鲜的麻油味。鲫鱼啊、鲤鱼啊，还有许多种鱼，都喜欢这味道。为了让它们熟悉这个环境，要天天撒食饵去喂它们，像鲈鱼、梭鱼、刺鱼、海马这样的食肉鱼，以后也会尾随着它们游到这个地方。

阵雨或是雷雨会让水变得凉一点，从而大大刺激鱼的食欲。在浓雾过后的晴朗天气里，鱼儿更容易上钩。

每个人都应该学会用晴雨表、鱼是否上钩、云量多少、日出即散的夜雾和朝露，来预测天气。看到紫红色的霞光，就说明空气湿度大，可能会下雨。看到淡金红色的霞光，就能说明空气很干燥，最近几小时内不会有雨。

乘船钓鱼

除了用带浮标或是不带浮标的普通钓鱼竿，或是绞竿，人们还可以一边乘船一边钓鱼。只要准备好一根足够结实的长绳子(约有 50 米长)，一条用钢丝或牛筋做的系鱼钩的线，再来一条金属片做的假鱼就够了。我们将假鱼绑在绳子上，拖在小船后，这根绳子离小船 25~50 米远。小船上坐两个人——一人划船，一人控制绳子。人们让这条假鱼沉入水底或是将其拖在水中走。一些比较凶猛的鱼——像鲈鱼、梭鱼、刺鱼，发现假鱼在自己上方游过，就会以为是真鱼，朝它扑过去并一口吞下，这时，绳子被扯动，钓鱼者感到有鱼上钩了，就慢慢拉过绳子。用这种方法钓到的鱼，往往是大鱼。

在湖边用假鱼和长绳子钓鱼，最理想的地方是灌木丛生的又高又陡的峭壁下，这里横七竖八地堆着被风刮倒的树木；还有两个河湾之间的水域，这里遍布着芦苇和草丛。乘船钓鱼的话，要沿着陡岸划船，或是去水深而平静的、水流平缓的地方划船，要躲开石滩、浅滩，或者在石滩、浅滩的上游或下游。用这种方式钓鱼的时候，要慢慢地划船，尤其在风平浪静的日子里，即便隔得老远，只要有船桨轻轻触碰水面的声音，鱼儿就能听见。

捉　虾

5 月、6 月、7 月与 8 月，是捉虾最好的月份。

但捉虾的人必须了解虾的生活习性。

小虾是从虾子里孵化出来的。虾子在出生以前，躲在雌虾的腹足里(河虾长着 10 只脚，最前面的一对脚是钳子)和尾部的后肚里。每只雌虾最多能产几百个虾子，虾子会在雌虾身上过冬。到了夏初，虾子就会裂开，孵化出跟蚂蚁差不多大的小虾。过去只有最精明的人才知道虾在何处过冬，如今大家都知道虾是在河岸边或是湖岸边的小洞穴里过冬。

虾出生第一年，要换 8 次外壳，成年之后一年换一次。虾换壳后，赤身裸体的虾会躲在洞里，直到新壳长硬了才出来。很多种鱼都爱吃脱了壳的虾。

虾喜欢夜游，白天就躲在洞里。不过，一旦它发现猎物，也会在大白天从洞里蹿出来。当你看见水底冒上来的一串串气泡时，就该知道，那是虾呼出来的气。水里各种小生物，小鱼啊、小虫啊，都是虾的食物。不过，虾最爱吃的东西是腐肉，在水底，虾老远就能闻到腐肉的味道。

人们就用小块臭肉、死鱼或是死蛤蟆什么的，趁虾夜间出洞去水底徘徊寻食时捉它（虾只有在受惊的时候，才倒着走）。

要把饵料系在虾网上。将虾网绷在两个直径约30~40厘米的木箍或金属箍上，一定要防止虾一进网就把网内的饵料拖走。用细绳将虾网系在长竿的一端，站在岸上的人将虾网浸到水底。虾聚集的地方，很快就会有许多虾钻进网，进去就出不来了。

还有一些更复杂的捉虾方法。不过最简单易行而收获又最大的办法是：在水浅的地方边走边找虾洞，找到后，用手捉住虾背，把虾从虾洞里直接拖出来。当然有时会被虾钳住手指，不过这并不可怕。我们也不会建议胆小鬼们用这个动手捉虾的办法的。

如果正好你随身带着一口小锅、调料和盐，就可以在河岸上煮开一锅水，把虾和调料一起放进去煮。

在暖和的繁星满空的夏夜，在河岸或湖岸的篝火旁煮虾吃，可真是太美了！

农事记

黑麦长得比人都高了，也开花了。有山鹑在麦田里散步，好像在树林里那样悠闲。雄山鹑带着雌山鹑，后面跟着它们那像小黄绒球似的小娃娃，原来它们刚出生不久，就从窠里跑出来了。

集体农庄的人们正忙着割草。有用镰刀割草的，也有用割草机割草的。割草机驶过草场，挥动着光秃秃的“双臂”。一行行齐整的、高高的牧草，在割草机后面倒下来，散发着浓浓的草香。

菜园里的畦垄上长着绿油油的葱。孩子们正在拔葱。

女孩们和男孩们一块去采浆果。6 月伊始，向阳的山坡上就有熟了的甜甜的草莓了。现在草莓多极了！森林里的黑莓果也快要熟了，覆盆子也快要熟了。林子里那片长满苔藓的沼泽地里，有结满了籽儿的云莓果，由白色变成了红色，又变成金黄色。你爱吃哪种浆果，就采哪种浆果吧！

孩子们想要多采一些，可是家里的活儿也很多啊，要打水去浇菜园子，还要除菜畦里的草。

集体农庄新闻

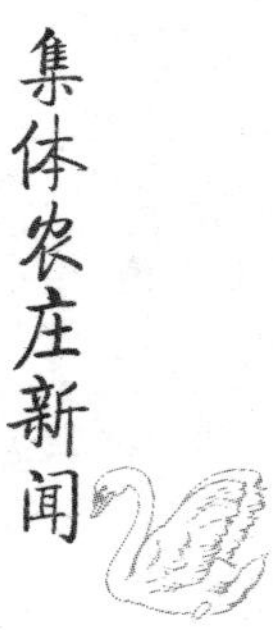

牧草的抱怨

牧草在抱怨，它们说自己被集体农庄的人们欺侮了。有的牧草刚要开花，还有一些牧草已经开花了，穗子里长出了白色的羽毛状柱头，沉甸甸的花粉挂在纤细的茎上。冷不丁来了一批割草的人，所有牧草被齐根割断，现在它们可没法开花了，只好继续往高里长了！

本报通讯员们调查分析了这件事。原来，集体农庄的人们将割下的草晒干后，就为牲口储备好了够吃一冬天的干草。因此这件事做得很对，这样就可以收割更多的稻草了。

田里喷了奇妙的水

杂草一沾上这种奇妙的水就会死。对于它们来说，这水是致命的。

可是谷物一沾到这奇妙的水，就会活得精神百倍，高高兴兴的。对于它们来说，这水是用来活命的，不仅无害，而且还能改善它们的处境，帮助它们消灭杂草。

被阳光灼伤

有两只小猪在散步时被阳光灼伤了脊背，灼伤的地方起了大水泡。于是

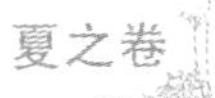

农庄的人们立刻请来了兽医给小猪治疗。现在，在炎热的时间里，人们禁止小猪出外散步，就是跟着猪妈妈一起去都不行。

避暑的女客人失踪了

有两位避暑的女客人来到了一个集体农庄里。不久前的某一天，她们居然神秘失踪了。大家找了半天，才在离农庄 3 公里远的干草垛上找到她们。

原来这两位女客人迷路了。早上，她们去河里洗澡，记得是沿着淡蓝色的亚麻田走过去的。等下午她们打算要回家时，怎么也找不到那块淡蓝色的亚麻田了，于是她们就迷路了。

这两位女客人不知道亚麻只在清晨开花，一到中午花就凋谢了，这时亚麻田就由淡蓝色的变成绿色的了。

母鸡去疗养

今天一早，集体农庄的母鸡们动身去疗养了，它们这次旅行是坐汽车去，可真是走运，不过还是要住在自己家里。

母鸡就在收割过的田地里疗养。收割完麦子后，田里还剩了点毛茸茸的麦秆和落在地上的麦粒。为了避免浪费这些麦粒，所以送母鸡去这里疗养。这里变成临时的母鸡村，仅仅只是临时的。等到母鸡将麦粒捡干净后，就立刻坐汽车到一个新地方去捡新麦粒。

绵羊妈妈的担心

绵羊妈妈们非常担心，因为它们的孩子要被人牵走了。不过，让已经三四个月大的、成年的小羊还跟在妈妈屁股后面转，也是不对的。应该让它们习惯独立生活。以后，小羊们就能自个去吃草了。

浆果旅行

有很多种浆果熟了。有树莓、醋栗和茶藨(biāo)果。它们该准备准备，然后动身进城了。

醋栗不怕路远。它说:“把我运去吧！我坚持得住。越早出发越好。现在我还没熟透,还很坚硬。”

茶藨果也说:“把我包装得严实点,我就能保持完好无缺。”

可是树莓早就泄气了,它说:“你们还是不要碰我了,让我保持原地不动吧！生活中最闹心的事就是颠簸。颠来颠去地,我就成了一堆浆水了！”

无秩序的餐厅

五一集体农庄池塘的水面上露出一块木牌——“鱼的餐厅”。每一个水底餐厅都有一张有边的大桌子,都没有椅子。

木牌周围的水面每天早上都像开了锅似的——原来是鱼儿们正心焦地等着吃早餐。鱼儿是不大遵守秩序的,你碰我、我撞你地乱作一团。

到了 7 点，大厨房的工作人员们乘小船为水底餐厅送来了饭菜——煮马铃薯、杂草种子做成的饭团子、晒干的小金虫以及很多种好吃的东西。

在这段时间里,餐厅里有好多鱼！每个餐厅里至少装了四百条鱼。

一个少年自然科学家讲的故事

我们村子旁边有一片小橡树林。以前林子里不大有布谷鸟飞过,即便是有,顶多叫个一两声“不如归去”[1],然后就不见踪影了。可今年夏天,我总能听到布谷鸟的叫声。恰好这时，村子里的人们把一群母牛赶到橡树林里吃草。一天中午,牧童跑回来大嚷道:“母牛疯了！”

大家赶紧往树林里跑,天啊！那里简直乱死了！真吓人！母牛到处乱跑乱叫着,用尾巴抽打自己的后背,往树上乱撞,也许会把脑袋撞碎啊！再不然,也可能把我们踩死！

我们赶紧把牛群赶到别处了。究竟发生了什么呢？

原来这都是毛毛虫惹的一场大祸。毛蓬蓬的棕色虫子像小野兽似的,占据了橡树林。有的树干已被它们啃得光秃秃的,树叶都不见了。毛毛虫总掉毛,这些绒毛被风吹得四处飞扬,钻进了牛的眼睛,牛儿受罪啊！真是可

[1] 布谷鸟的叫声凄厉,酷似“不如归去”的音调。

怕极了！

这里的布谷鸟可真不少！我这辈子没见过这么多布谷鸟！除了布谷鸟之外，还有带黑条纹的美丽的金色黄鹂，翅膀上带淡蓝色条纹的深红色松鸦。附近的鸟都飞进了这片橡树林。

结果如何呢？你们能想象到吗？橡树林都挺过来了！不到一个星期，所有毛毛虫都被鸟儿吃了。这些鸟儿真棒，是不是？不然的话，我们这片橡树林可就完蛋啦！简直太可怕了！

尤　兰

猎事记

既不猎鸟，也不猎兽

夏季打猎，既不为猎鸟，也不为猎兽。与其说那是打猎，倒不如说是打仗。人类在夏天有很多敌人。比如，你弄了一个菜园，种上蔬菜，常常浇水，可你是否能保护蔬菜不被敌人侵害呢？

用竹竿戳个稻草人杵在那里，是不能解决问题的。稻草人只能帮你对付麻雀和其他鸟，效果并不算太好。

有这么一批敌人守在菜园子里，它们不但不怕稻草人，连持枪的人也不怕。用木棍子捶不死它们，枪也打不着它们。只能用点小计来对付它们了。要时刻用警惕的目光防备它们才成。别看它们个头小，调皮捣蛋的本事是最大的呢！

会跳的敌人

菜园子里出现了一种脊背上带着两道白条纹的黑色甲虫。它们在菜叶子上一跳一跳的，像跳蚤似的。大事不妙，菜地要遭殃了。

跳岬这个敌人非常可怕。它们用两三天的工夫，就能毁掉几公顷大的菜园子。它们在嫩菜叶子上咬出了很多小洞，还把叶子啃得像块花纹布，于是这片菜园子就算是报废了！萝卜、芜菁、冬油菜和甘蓝最怕这种跳岬。

向跳岬进攻

一场消灭跳岬的战斗正在进行之中。我们拿着系着小旗子的长矛去了菜园，将小旗子两面涂上厚厚的胶水，只留出来下面的一条大约 7 厘米宽的边儿没涂胶水。

我们在菜畦间来回地走，在蔬菜上面挥动着小旗子，只有那条没涂胶水的边儿能碰蔬菜。

跳岬只要往上跳，就会被胶水粘住。可是，这样还不能算是我们打了胜仗。有一大批敌人，还是会进攻菜园的。

第二天一早，趁着草上的露水还没干，我们用一面细筛子，将炉灰、烟灰或是熟石灰撒在菜叶上。如果在大面积的集体农庄菜田里，这工作就不能手工完成，而要从飞机上往下撒。用这种方法也能驱除菜园里的跳岬，而且对青菜也没害处。

会飞的敌人

蛾蝶是比跳岬还要可怕的敌人。它们神不知鬼不觉地将卵产在菜叶上。卵变成青虫之后，就会啃菜叶和菜茎。

危害最大的几种蛾蝶，白天活动的有：大菜粉蛾（个头很大，白翅膀上带着黑斑点）和萝卜粉蛾（颜色跟菜粉蛾差不多，只是个头小一点）。夜里活动的有：甘蓝螟蛾（个头小，翅膀下垂，身子前半部是赭石黄的颜色）、甘蓝夜蛾（全身毛乎乎的，棕灰色）和菜蛾（个头小，浅灰色，样子很像织网夜蛾）。

跟这些敌人作战，不用其他装备，只须动手就可以了。只要找到它们的卵，用手将卵摁碎就行了。还可以像驱除跳岬似的，往菜上撒灰。

还有一种会飞的敌人，比上面提到的那些敌人都要可怕，它们能直接进攻人类。

它们就是蚊子。

有许多个头很小的，身上有毛的软体虫在一滩不流动的死水里游着，还有许多小得肉眼都看不见的小蛹儿，它们的头很大，与身子比起来不太相称，头上还长着角。

原来那是蚊子的幼虫——孑孓(jié jué)，还有蚊子的蛹。这里的沼泽里还有蚊子的卵，有些粘在一起的蚊子卵浮在水中，像小船似的，还有些卵附着在沼泽里的水草上。

两种蚊子

有两种蚊子：一种蚊子，人被它叮过一口后，只有一点痛的感觉，会起一个红疙瘩。这种蚊子是普通蚊子，不可怕；另一种蚊子，人被它叮过后就会感染上“沼泽热”。科学家把这种病称为疟疾。患上疟疾的人，会感到浑身忽冷忽热的。热的时候，就一阵抽搐，冷的时候，会直打哆嗦，病情稍有好转，一两天以后，又重新发作起来。这种蚊子就是疟蚊。

这两种蚊子长得差不多，区别在于雌疟蚊的吸吻(蚊子的刺针)旁还长着一对触须。雌疟蚊的吸吻上带着病菌。当疟蚊叮人的时候，这些病菌就会闯进人的血液，破坏人的血球。因此人就生病了。

科学家使用高倍显微镜观察了疟蚊的血液后，才弄明白了这件事。否则用肉眼是看不出来的。

消灭蚊子

光靠用手打，可消灭不了所有的蚊子。

当蚊子还是孑孓，依然在水里居住的时候，科学家们就开始消灭它们了。

请用一个玻璃瓶从沼泽里盛一瓶有孑孓的水，在这瓶水里滴一滴煤油，看看会有什么变化。煤油会在水里四处漫开，形成一个煤油薄膜。孑孓则像小蛇似的扭动着全身。脑袋很大的蛹一会儿沉到瓶底，一会儿又飞快上升到瓶的上空。

孑孓用它的尾巴，蛹用它的小角，都想冲破那层煤油薄膜。

煤油薄膜覆盖了整个水面，没留下一点空隙给孑孓呼吸。于是所有孑孓和蛹都被闷死了。我们就是用这种方法来消灭蚊子的。

沼泽地带的人们被蚊子烦得不得安宁的时候，就会把煤油倒进死水坑中。一个月倒一次的话，就足以消灭干净那个水坑里的蚊子了。

稀罕的事儿

我们村子里发生了一件稀罕的事儿。

有一个牧童从林边牧场匆匆跑回来，喊道：

“小牛被凶猛的野兽咬死啦！”

集体农庄的人们惊叫起来，有的挤奶女工甚至开始大哭了。

被咬死的，是我们村子里最好的一头小牛，还曾在展览会上获过奖呢。

大家都放下手边的活儿，去林边牧场了。

只见那头被咬死的小牛躺在牧场的一个僻静角落里，就在树林边上。它的乳房被咬掉了，靠近后颈的地方被咬断了，其他部位倒是完好的。

“是熊干的坏事，”猎人西尔盖说，“熊总是这样——咬死后就扔下不管了，等尸体臭了，它才再来吃。”

“一点不错，”猎人安德烈赞同地说，“这没什么好争论的。”

“大伙儿先散了吧！”西尔盖说，“我们会在这棵树上搭一个棚。熊今夜不来的话，说不定明天夜里就会来了。”

大家谈到这里时，想到我们这儿的另一位猎人——塞苏伊奇。他个子小，在人群里不出众。

“你要跟我们一块儿守在这里吗？”两位猎人问他。

塞苏伊奇一声不吭，他转身走到一旁，仔细检查地上留下的痕迹。

“不对，”塞苏伊奇说，“熊是不会来这里的。”

西尔盖和安德烈耸了耸肩膀，说道：“随便你怎么说吧！”

人们都散了，塞苏伊奇也走了。

只剩下西尔盖和安德烈两个人，它们砍了些树条，在附近的一棵松树上搭了个棚。

只见这时，塞苏伊奇带着他的枪和他的猎犬小卡又回来了。

他把死牛附近的土地又检查了一番，不知出于什么原因，还看了一下附近那几棵树。

随后他就进树林了。

那天晚上，西尔盖和安德烈就守在棚子里了。

他们守了一夜，也没等到野兽。

又守了一夜，还是没等到。

到了第三夜，野兽依旧没来。

这两个猎人没耐心了，就这样聊了起来：

“可能是因为我们漏掉了什么线索，不过塞苏伊奇却注意到了。他说得对，熊的确没有来！”

“我们过去问问他，怎么样？”

“去问那只熊吗？”

“怎么能问那只熊呢！我去问塞苏伊奇。”

“没别的办法了，只好去问问他了。”

这两个人去找塞苏伊奇，塞苏伊奇正好刚从林子里回来。

塞苏伊奇撂在地上一个大口袋，然后擦起他的枪来。

西尔盖和安德烈对他说：“你说得对，熊的确没有来。这究竟是怎么回事呢？我们来请教请教你。”

“你们什么时候听说过，”塞苏伊奇反问他们，“熊把小牛咬死，啃掉乳房，却丢下牛肉不吃？”

两位猎人答不上来了，面面相觑。熊的确不会这么胡闹的。

“你们看过地上留下的脚印儿了吗？”塞苏伊奇继续追问他们。

“看倒是看过。脚印子很大，大约有 20 厘米宽。”

“脚爪印很大吗？”

这可把两个猎人问住了，他们不好意思地说：“我们没看到脚爪印。”

“就是啊！要是熊的脚印，你们一眼就能看见脚爪印了。现在请你们说说，哪一种野兽会把脚爪缩起来走路？”

“狼！”西尔盖脱口而出。

塞苏伊奇只鄙视地哼了一声：“好个善辨脚印的猎人！”

“得了吧！”安德烈说，“狼的脚印跟狗的脚印差不多。只是稍微大一点，窄一点。只有猞猁，猞猁才会缩起爪子来走路，猞猁的脚印才是圆的。”

“对啊！”塞苏伊奇说，“正是猞猁咬死了小牛。”

“你没有开玩笑吧？”

“不信，你看看我背包里的东西。”

西尔盖和安德烈急忙冲向背包，解开背包一看，里面竟然是一张带有斑点的红褐色大猞猁皮。

也就是说，咬死小牛的凶手就是猞猁啊！至于塞苏伊奇是怎样在树林里追上猞猁的，又是怎么把它打死了——这个只有他自己和他的猎犬小卡知道。他们绝口不谈，对谁都不讲。

猞猁袭击牛这种事是非常罕见的。可我们村子里偏偏就发生了这一件稀罕的事儿。

呼叫东南西北

注意！注意！

我们是《森林报》编辑部。

今天是6月22日，夏至，是一年中最长的一天。我们今天举行一次全国无线电通报活动。

请注意，请苔原、沙漠、森林、草原、海洋、高山都来参加！

此时正是盛夏时节，是一年当中白昼最长、黑夜最短的一天。请讲一讲你们那里现在是什么情况？

回应！回应！

来自北冰洋群岛的回应

你们说的黑夜是什么样的呀？我们根本没有关于黑夜和黑暗的记忆。

我们这儿的白昼最长了——24小时。太阳时而上升，时而下降，根本不落下去。这种情况差不多要持续3个月之久。

我们这儿总是一片光明，所以地上的草长得非常快，就像童话里所讲，不是每天都见长，而是每小时都在见长。树叶越来越茂盛，花儿也竞相绽放。沼泽地里布满了苔藓。甚至连光溜溜的石头上，都爬满了各种各样的植物。

苔原醒过神来了。

确实，我们这里没有穿花的蝴蝶，没有点水的蜻蜓，没有伶俐的蜥蜴，也没有青蛙和蛇，更没有一到冬天就躲到地下，在洞里睡上一整个冬天的大大小小的野兽。我们的土地，一年到头被冰冻着，即便在仲夏，也只有地表的一层解冻。

大批大批的蚊子，在苔原上空飞着，但是我们这儿却没有以消灭蚊子闻名的飞将军——行动矫捷的蝙蝠。就算蝙蝠们飞过来了，它们也没法在我们这儿活下去。它们只能在傍晚时分和夜间追捕蚊子啊！可我们这儿整个夏天根本没有黄昏和黑夜，所以，即便是它们能飞来过夏，也活不下去！

我们这儿的岛屿上，野兽的种类不太多。只有旅鼠（一种短尾巴的，跟老鼠个头差不多的啮齿类动物）、雪兔、北极狐和驯鹿。偶尔有大白熊从遥远的海里游到这儿来，在苔原上晃来晃去地找小动物吃。

不过，我们这儿有很多种鸟儿，多得都数不清！虽然背阴之处还有积雪，但是鸟儿已经成群结队地飞到这儿来了。有角百灵、北鹨、雪鹀、鹡鸰——各色各样的“歌唱家”。还有欧鸟、潜鸟、鸍、野鸭、大雁、管鼻鹱(hù)、海鸟，以及模样儿很滑稽的花魁鸟，还有好多稀奇古怪的鸟儿，说出来你也许听都没听过。

四处交织着叫声、嘈杂声和歌声。整个苔原，包括光溜溜的岩石上，都被鸟窠占领了。有些岩石上，有一个挨着一个的成千上万个鸟窠，连石头上只能容下一个小鸟蛋的坑坑，都被鸟窠占据了，那个闹腾劲儿啊，简直像一个真正的鸟市！倘若有猛禽胆敢接近这种地方，就会有一大群鸟儿向它扑过去，那叫声震耳欲聋，鸟嘴像雨点似的啄过来——这些鸟儿绝不可能让自己的孩子受委屈的。

你瞧，现在苔原上的动物们是多么欢乐啊！

你一定会问：“既然苔原上没有黑夜，那么鸟兽们何时休息，何时睡觉呢？”

它们几乎完全不睡觉——哪有工夫睡啊！打个小盹儿后，又要工作了，有的在给自己的孩子喂食；有的在筑窠；有的在孵蛋。大家都有一大堆工作要做呢，都忙得不可开交，我们这儿的夏季非常短呀！到冬天再睡也不迟，冬天能睡足一年的觉呢。

来自中亚细亚沙漠的回应

我们这儿恰好相反，现在大家都睡觉了。

我们这儿的阳光毒热，草木都被晒枯了。我们已经不记得最后一场雨是什么时候下的了。说来也奇怪，并不是所有草木都枯死了。

有刺的骆驼草，几乎有半米高，它的根钻到被烫得滚热的土地深处，差不多有五六米那么深，这样，骆驼草就可以吸收到地下水了。其他灌木和草，用绿色的细毛来代替叶子，这样，它们可以更少地损失水分。我们中亚细亚沙漠里的矮树——梭梭树，没有一片叶子，只有细细的绿枝条。

当狂风肆虐时，沙漠的上空会卷起干燥的灰沙，像是满天乌云，遮天蔽日。突然间，一阵令人毛骨悚然的尖叫声响彻在空气里，咝咝的声音就像有成千上万条蛇在叫。

这可不是蛇的叫声，而是梭梭树的细树枝，被风刮得在空中扭动着，像鞭子似的胡乱抽打着空气，发出沙沙的响声。

蛇此时正在睡觉。就连金花鼠和跳鼠最害怕的草原蚺蛇，也将身子深深地钻进沙子里，睡着了。

那些小动物也在睡觉。细长腿的金花鼠用土块将洞口堵住，阳光就晒不进洞里了，它成天躲在家里睡觉，只有大清早，才会出洞找点东西吃。此时它得跑多少冤枉路，才找得到一棵没被晒枯的植物呀！跳鼠索性就躲到地底下去了，它打算大睡一场——睡过夏天、秋天、冬天，一直睡到第二年春天再醒。一年当中，它只出来活动 3 个月，其余时间都用来睡觉了。

蜘蛛、蝎子、蜈蚣还有蚂蚁，为了躲避日光的暴晒，都躲了起来——有的躲在石头下面，有的钻到背阴的土里面，只在晚上才出来活动。再也不见行动矫捷的蜥蜴和爬得极慢的乌龟了。

野兽们搬到沙漠边上去住了，是为了离水源近一点。鸟儿们早已孵出了幼鸟，带着幼鸟们一起飞走了。留下来的只有飞得很快的山鹑，它们可以飞到 100 多公里外的最近的小河边，自己先喝饱，然后再装上满满一嗉囊水，急忙飞回窠里喂幼鸟。飞这么远的路，在它看来，其实算不了什么。不过，等到幼鸟们学会了飞行，它们也就该离开这个可怕的地方了。

只有人类才不怕沙漠。人类掌握较高的科学技术，在可能掘出灌溉渠的地方，掘出了灌溉渠，将水从高山上引过来，把荒无人烟的沙漠变成绿洲和沃野，把此地变成果园和葡萄园。

在人迹罕至的沙漠，人类的第一个大敌——狂风，就在那里称霸了。它会从干燥的沙丘上掀起沙浪，将它们赶到村庄里去，将房屋都掩埋住。只有人类才不怕狂风：与水、植物结成了联盟，筑起一道严密的防风屏障，只要在人工灌溉的地方，树木就密密麻麻的，像一道墙壁，青草将无数细根扎在地里，紧紧抓住沙子，这样一来，沙丘就无法再移动了。

沙漠的夏天和苔原的夏天确实没有一点相似之处。太阳出来之时，一切生物都进入梦乡。外面是漆黑漆黑的夜空。只有在这样的黑夜里，那些饱受无情的太阳折磨的弱小生命，才有个机会透透气儿。

来自乌苏里大森林的回应

我们的森林非常特别，既不像西伯利亚大森林，也不像热带密林。我们这里生长着枞树、落叶松、云杉，还有浑身缠绕着带刺的葎(lǜ)草与野葡萄藤的阔叶树。

我们这里有北方驯鹿、印度羚羊、普通棕熊、西藏黑熊、黑兔、猞猁、虎、豹子、棕狼和灰狼等。

我们这里有毛色素净的灰松鸦、华丽的野雉、苏联灰雁、中国白雁、普通野鸭、栖在树上的五颜六色的鸳鸯，还有长嘴巴的白头鹮(huán)。

白天的时候，原始森林里又暗又闷，宽大的树冠像一顶绿色大帐篷，完全把太阳光遮住了。

我们这儿的夜晚非常黑，白天也是黑黑的。

此时各种鸟儿都下了蛋，或是已经孵出了幼鸟。各种野兽的小崽也都长大了，正在学习猎取食物的本领呢。

来自库班草原的回应

平坦的田地一望无垠，我们的收割机和马拉收割机正列成一排，忙着收割庄稼呢！今年的收成好极了。

在已收割完庄稼的田地上空，老鹰、雕、兀鹰和游隼正在缓缓地打着盘旋。此时，它们想要好好地收拾一下打劫粮食的敌人——老鼠、田鼠、黄鼠还有仓鼠了。现在，从老远的地方就能看见它们正从洞里往外探头呢！在庄稼收割前，这些可恶的家伙偷吃了多少粮食呀！想想都觉得可怕！

此时它们正在拣散落在田里的麦粒，用来充实地下粮仓，储备冬粮。野兽们并没有落在猛禽的后面——狐狸在收割后的地里捕捉各种鼠类，白色的草原鼬鼠对我们就更是有益了——它们毫不留情地消灭一切啮齿类动物。

来自阿尔泰山脉的回应

低洼的峡谷又闷热，又潮湿。早晨，在灼热的夏日艳阳下，露水不一会儿就蒸发了。到了晚上，草地上空浓雾弥漫。水蒸气上升，把山坡打得湿透，水汽冷却后就凝结成了白云，在山顶上飘着。天亮前的山顶上缭绕着云雾。

白天日光灼热，将水蒸气变成了水滴，瞬间乌云密布，大雨倾盆。

山上的积雪一直在消融。只有那最高的山峰上，才有终年不开冻的冰雪和大片的冰原、冰河。在那海拔很高的地方，实在非常寒冷，连中午的太阳也无法消融那儿的冰雪。不过在这些山顶下，奔流着一股股雨水和雪水，汇集成涓涓细流，又汇成一条条山溪，沿山坡流下，从悬崖上直泻而下，变成瀑布。这水一直向下面的江河奔流而去。由于此时河里的水太充沛了，就像春汛似的暴涨了起来，漫过河岸，在盆地上泛滥。

在我们阿尔泰山上，物种丰富，一切应有尽有：低一点的山坡上是大森林，往上一点的山坡上是肥沃的、独特的高原草场；再高一点是一片长满了苔藓和地衣的高原，跟北方苔原很像。至于最高的山顶呢，跟北极一样，那里常年冰天雪地，永远是冬天。

在那极高的山顶，既无飞禽栖息，也无野兽穴居。只有强悍的雕和兀鹰偶尔会飞到那里，在云端用锐利的眼睛往下望，搜寻着食物。不过在海拔稍微低一点的地方，就像一座多层大楼似的，有各色各样的居民居住在里面。它们各占一层，各住各的位置。最顶层是光溜溜的岩石，成群的雄野山羊攀登上去就住在那了。再低一层的住户，是雌野山羊和小野山羊，还有跟火鸡个头差不多的山鹑。在肥沃的高原草场上，成群的犄角直溜溜的山绵羊——盘羊在那儿吃草。雪豹悄悄跟着他们，去那里抓它们。那里既聚居着肥壮的旱獭，又有很多鸣禽。再往下一层，就是原始森林了，里面生活着松鸡、雷鸟、鹿和熊，等等。过去，人类只在盆地里播种麦子。现在我们的耕地可以开垦到山上了。在那里，我们不是用马耕地，而是用高山上的长毛牛——牦牛来耕地了。我们想了很多办法，花了很多力气，要从我们的土地上得到最好的收成。我们一定能实现目的！

来自海洋的回应

我们伟大的祖国三面环海：西面是大西洋，北面是北冰洋，东面是太平洋。

我们乘船穿过芬兰湾、横渡波罗的海后，进入了大西洋。在大西洋上，我们常会碰到各个国家的船只——英国的、丹麦的、瑞典的、挪威的——有货轮，有客轮，也有渔轮。在这里我们能捕捞鲱鱼和鳘鱼。

我们从大西洋出发，进入了北冰洋，我们沿着欧亚两洲的海岸线，踏上一条北方航路。那里是我们的领海，这条北方航路也是我们勇敢的俄罗斯航海家们开辟的。这里到处被厚厚的冰封住，我们随时有生命危险，因此过去的人们一直认为这条路是无法被打通的。现在，我们的船长支配着船只，让力大无穷的破冰船在前面开道，然后沿着这条航路走。

在这些荒无人烟之处，我们有许多神奇的经历。起初我们遇到的是大西洋的赤道暖流。随后就碰到了漂浮的冰山，在阳光的照耀下，冰山亮闪闪的，非常刺眼。在那里，我们捉到许多鲨鱼和海星。

再接着往前走，这股暖流折向北方，流向北极。于是我们看到了巨大的冰原。那冰原在水面上缓缓浮动着，一会儿裂了，一会儿又合上。我们的飞机在海洋上空侦察着，随时给船上的人提供信号，告诉我们什么地方是畅通无阻的。

在北冰洋的诸多岛屿上，我们看到成千上万只软弱无力的、正在脱毛的大雁。它们翅膀上的硬翎都脱落了，所以才飞不起来。只要包围它们，就可以轻易地把它们赶进网里。我们看到了长着獠牙的海象，它们从水里钻了出来，正趴在冰块上休息。还有各式各样长相奇特的海豹：有一种冠海豹，长得像大海兔，头上顶着个大皮囊。它们突然鼓气的时候，气囊就会很大，就像戴着一顶钢盔似的！我们还看到好多可怕的逆戟鲸，它们长着大牙，行动迅速，主要猎食鲸鱼和幼鲸。

不过，咱们还是下次再报道关于鲸鱼的消息吧！等到了太平洋再说，那儿的鲸鱼更多一些。再会吧！

我们和全国各地的无线电通报到此结束了。下一次通报会在9月22日举行。

幼鸟出世月（夏季第二个月）
一年——分为12个章节的太阳诗篇

7月——正是盛夏时节——它不知疲倦，在装饰着这个世界，它吩咐稞麦向大地深深地鞠躬。燕麦已经穿上了长衫，而荞麦却连衬衣都没有呢！

绿色的植物用阳光为自己塑造着身段。放眼望去，成熟的稞麦和小麦就像一片金黄色的海洋。我们将它们储藏起来，够来年一年食用了。我们还为牲口储藏了干草——无边的青草已经被割倒了，堆起了一座座像小山一样的干草垛。

小鸟儿开始沉默起来：它们此时已经顾不上唱歌了。所有鸟窠里都有了幼鸟，它们刚出世的时候，浑身光溜溜的，没有毛，也睁不开眼睛，在一个很长的时期内，需要父母亲的照料。还好地上、水中、林里，甚至空中，到处是幼鸟的食物，足够所有幼鸟吃！

森林里到处长着味美多汁的果实，有草莓、黑莓、覆盆子以及醋栗。在北方，生长着金黄色的云莓，而南方果园里，则生长着樱桃、草莓和甜樱桃。草场脱下了它那金黄色的衣裳，换上了缀着野菊花的衣裳——雪白的花瓣反射着火热的阳光。在此时，我们可不能跟光明之神——太阳开玩笑——它的爱抚会把我们烧伤呢！

林中大事记

森林里的小孩子

罗蒙诺索夫城外的那片大森林里，住着一只年轻的雌麋鹿。它今年生了一只小麋鹿。

白尾雕的窠里有两只小雕。

黄雀、燕雀、黄鹀——各孵出 5 只幼鸟。

歪脖鹅(一种啄木鸟)孵出 8 只幼鸟。

长尾巴山雀孵出 12 只幼鸟。

灰山鹑孵出 20 只幼鸟。

在刺鱼的窝里，每一颗鱼卵都能孵化出一条小刺鱼。一个窠里总共有 100 多只小刺鱼呢！

一条鳊鱼，能孵化出好几十万条小鳊鱼。

鳘鱼呢，生的孩子更是多得数不胜数——大概有上百万条吧！

没有妈妈管的孩子们

鳊鱼和鳘鱼根本不管它们的孩子。它们生下鱼卵后就游走了。小鱼怎样出生，怎样生活，怎样找食物，都随它们的便。是啊，如果你也生了几十万个或是几百万个孩子，你不这样又能怎样呢？反正你不可能照顾到每一个呀！

一只青蛙能有1000个孩子，它也是顾不上管它的孩子们的！

当然，没有父母管的孩子们想活下来可没那么容易。水下有很多贪嘴的坏家伙，它们都想要吃美味的鱼卵、青蛙卵，也爱吃鲜嫩的小鱼和小青蛙。

在长成大鱼以及青蛙以前，这些小鱼和蝌蚪们要经历多少危险呀！它们中有多少会被吃掉，想想就让人不寒而栗！

无微不至地照顾孩子的妈妈

麋鹿妈妈以及所有的鸟儿妈妈，都是无微不至地照顾它们的孩子的。

麋鹿妈妈随时准备将自己的生命献给它的独生子。就是熊要想进攻麋鹿，麋鹿妈妈会用前后脚一齐乱踢的。这一顿乱踢保管叫熊下次再也不敢靠近小麋鹿了。

本报通讯员走在田野上，碰到一只小山鹑，这只小山鹑就在他们脚边跳出来，一下子蹿进草丛躲了起来。通讯员们把它捉住了，它啾啾地尖叫起来。山鹑妈妈不知从哪儿跑了出来。它一见自己的孩子被别人捉在手里，就焦急地咕咕叫着，向人扑了过来，结果摔在地上，翅膀耷拉着。

通讯员们还以为它受伤了，就放下小山鹑，去追它的妈妈。

山鹑妈妈一瘸一拐地走着，眼看着通讯员们一伸手就可以捉到它了。可是刚一伸手，它就一闪，追呀追的，突然之间，山鹑妈妈拍拍翅膀，竟然大摇大摆地飞走了。

我们的通讯员转过头来去找小山鹑，哪知连小山鹑的影儿都不见了。原来山鹑妈妈为了救自己的孩子，假装受伤，然后把通讯员们从孩子身边引开。它对自己的每一个孩子都保护得很好——因为它的孩子一共就20个呀！

鸟的工作日

天刚蒙蒙亮，鸟儿就开始工作了。

椋鸟每天工作17个小时，家燕每天工作18个小时，雨燕每天工作19个小时，而鸻每天要工作20个小时以上。

我检查过，的确是这样的。

它们每天想偷懒是不行的！

为了喂饱它们的幼鸟，一只雨燕每天要往窠里送食物至少30~35次；椋鸟每天至少要送200次；家燕至少要送300次；鹆要送450多次！

一个夏天，鸟类所消灭掉的森林害虫及它们的幼虫，真是多得数都数不清呢！

它们真的是在不停地工作着。

《森林报》通讯员　尼·斯拉底科夫

沙锥和鹈鹕孵出了怎样的幼鸟

这是刚刚孵出来的小鹈鹕。它的嘴上长着一个小白疙瘩，那就是“凿壳齿”，小鹈鹕钻出蛋壳之前，就会用“凿壳齿”凿破蛋壳。

小鹈鹕长大后，会成为一种很残忍的猛禽——啮齿类动物的天敌。

不过在此时，它还是一个模样滑稽的小家伙，浑身毛茸茸的，眼睛也没有完全睁开呢！

它是那么软弱、娇气，离开爸爸妈妈就会寸步难行。要是父母不喂它东西吃的话，它就会活活饿死。

不过幼鸟里面也有非常能闯的小家伙——它们刚从壳里出来，马上跳起身子，自己去找食物。它们不怕水，也知道要躲避敌人。

有两只小沙锥刚出壳一天，就离开了窠，自己去找蚯蚓吃了！

沙锥的蛋之所以大，就是为了让小沙锥在蛋壳里长得更壮更大。

我们刚提过的小山鹑，也是挺能闯的。它刚来到世间，就撒开小腿拼命地跑起来了。

还有一种小野鸭——秋沙鸭，它也是，刚生下来就立刻晃悠悠地走到小河边，然后扑通一声跳下去游水了。它天生会潜水，还不时在水面上欠欠身，伸个懒腰——它什么都会，简直像一只大野鸭了。

旋木雀的孩子可娇气得很，整整在窠里待了两个星期才飞了出来，现在正蹲在树墩上呢！看它那副不满的样子，原来是它妈妈半天没飞回来送食了！它出生快3个星期了，却还总是啾啾叫着，让妈妈往它的嘴里塞青虫和其他好吃的食物。

岛上的移民区

在一个岛的沙滩上，住着很多在那儿避暑的小海鸥。

每当夜晚来临，它们就会睡在小沙坑里，每个坑里睡3只。沙滩上满满的尽是小沙坑——那儿真是个海鸥的移民区啊！

白天，大海鸥带领着小海鸥，教它们飞行、游泳和捉小鱼。

大海鸥一面要教孩子本事，一面要保护它们，随时随地都要小心谨慎。

当有敌人胆敢靠近的话，它们就会成群结队飞起来，尖叫着一齐向敌人扑过去。那阵势谁见了不怕呢！

连海上的那些体型硕大无比的白尾雕，也会慌忙逃走的。

雌雄颠倒

全国各地都有人给我们写信，信中说他们看到了一种非常稀奇的小鸟儿。就在这个月里，有人在莫斯科附近，有人在阿尔泰山上，有人在卡马河流域，有人在波罗的海上，有人在雅库特，有人在哈萨克斯坦，都看见过这种鸟。这是一种既漂亮又可爱的鸟，长得极像城里那种卖给钓鱼爱好者们的鲜亮的浮标。它们非常信任人类，即便你走到离它们只有5步路远的地方，它们也没有感到丝毫害怕，还是在岸边或在你面前游来游去的。

这个时候，其他鸟都会在窠里孵蛋，或是在哺育幼鸟。只有这种鸟正成群结队周游全国呢！

令人惊奇的是，这些毛色鲜艳的漂亮小鸟都是雌鸟。鸟类几乎都是雄鸟的毛色要比雌鸟的毛色鲜明漂亮，而这种鸟却正好相反——雄鸟灰不溜秋的，雌鸟却是花花绿绿的。

更令人惊奇的是，雌鸟对自己的孩子不管不顾。雌鸟把鸟蛋下在遥远的北方苔原上的小沙坑里之后，就飞走了！留下雄鸟孵蛋，哺育幼鸟，保护幼鸟。

这简直是雌雄颠倒啊！

这种小鸟就是鳍鹬，是鹬的一种。

到处可以看到鹬，它们今天出现在这儿，明天又会出现在那儿。

可怕的幼鸟

娇小可爱的鹡鸰妈妈在窠里孵出了 6 只光溜溜的幼鸟。其中有 5 只幼鸟都挺正常的。可是第 6 只却是个怪胎——浑身的皮都非常粗糙，青筋暴露无遗，脑袋很大，眼睛鼓鼓的，眼皮耷拉着。只要它一张嘴，保管能把你吓得倒退三步——这哪儿是鸟嘴啊！简直就是野兽的血盆大口啊！

刚生下来那天，它安安静静地在窠里躺着。只在鹡鸰妈妈飞回来喂食的时候，它才费劲地抬起那沉沉的胖脑袋，张开大嘴，好像在微弱地叫着："喂吧！"

到了第二天，在凉飕飕的晨风里，鹡鸰爸爸和鹡鸰妈妈飞出去找食物了。这个怪胎就忙活起来了。它低下头去，用头顶住窠底，把双腿叉开，开始往后退。它把光秃秃的翅膀向后甩，用屁股去撞它的小兄弟，再往那个小兄弟的身子下挤。接着，它用弯翅膀夹住那个小兄弟，就像螃蟹用它的钳子似的。就这样，把它那个小兄弟扛在背上，不停往后退，一直退到鸟窠的边上。

这个小兄弟个子比他小，身体又弱，眼又没完全睁开，它的身子不停地摇晃着，就像被盛在汤勺里似的。这个怪胎用脑袋和双脚支撑着，然后把它背上的那个小兄弟高高抬起，眼看就要抬到窠边了。

这时，只见这怪胎一使劲，猛得一掀屁股，就把它的小兄弟摔到窠外了。

鹡鸰的窠是筑在河边悬崖上的。

可怜那只光溜溜的小鹡鸰，啪嗒一声摔在石头上，死了。

可恶的怪胎也差一点摔到窠外。它在窠边上晃悠了半天，多亏了它长了沉重的大脑袋，总算重新挪回窠里了。

这可怕的事件，从开始到收场，一共持续了两三分钟。

后来，筋疲力尽的丑八怪在窠里整整躺了一刻钟的光景，一动也不动。

鹡鸰爸爸和鹡鸰妈妈衔着食回来了。这怪胎伸长了青筋暴露的脖子，抬起沉沉的大脑袋，迷迷糊糊地垂着眼皮，若无其事地张着嘴尖叫着，好像在说："喂我吧！"

这可怕的幼鸟吃饱了，也休息过了，又开始收拾它的第二个小兄弟了。这个小鸟没那么容易对付：它激烈地挣扎着，总是从丑八怪的背上滚落。不过，这个丑八怪并没有停止它那丑恶的行径！

就这样过了5天，当丑八怪睁开眼睛的时候，发现窠里只剩下自己了。它的小兄弟都被它扔到窠外摔死了。

在它出世后第12天，它终于生出羽毛。这时候才真相大白：鹡鸰爸爸和鹡鸰妈妈真是倒霉透了——原来它们喂养了布谷鸟丢弃的一个孩子。

可是这小东西叫得太可怜了，太像它们自己那些死了的孩子们了，它抖着翅膀一声声地叫着，张着嘴要吃的。那娇小温柔的老两口怎么忍心拒绝它呢，也不能活活把它饿死啊！

这老两口的日子真是怪苦的，整天忙忙碌碌的，自己都来不及吃一顿饱饭，从早忙到晚，就为了给它们的养子小布谷鸟送上肥美的青虫。它们得把整个脑袋都伸进小布谷鸟的血盆大口，才能把食物塞进它那无底洞般的大喉咙里。

一直喂到秋天，这老两口才把它喂大。小布谷鸟长大后就飞走了，一辈子不再跟养父养母见面了。

小熊洗澡

有一天，我们的一位猎人朋友正沿着林中小河的河岸走着，突然听见一声巨响，像是树枝被压断的声音。他吓了一大跳，急忙往树上爬。

林子里走出了一只深棕色的大母熊，带着两个蹦蹦跳跳的熊娃娃，还有一个一岁大的幼熊——熊妈妈的大儿子，现在它俨然是这两个熊娃娃的保姆了。

熊妈妈一屁股坐了下来。

幼熊咬住一只小熊娃娃的后脖颈，把它叼起来浸到河水里。

小熊娃娃尖叫起来，乱蹬着四条腿。可是熊哥哥紧咬着它不放，把它摁到水里洗得干干净净方才罢休。

另一只熊娃娃怕洗凉水澡，一溜烟儿就钻进林子里了。

熊哥哥一个箭步追上去，打了它一顿，然后照样给它洗了个凉水澡。

洗啊，洗啊，熊哥哥一不小心，就把小熊娃娃掉到水里了。小熊娃娃大叫了起来！熊妈妈赶紧跳下水，把小熊娃娃拖上岸，然后狠狠地打了熊哥哥几

个耳光，可怜的熊哥哥被打得干嚎了起来！

两只小熊娃娃回到岸上后，看起来倒觉得它们洗完澡还是挺舒服的，天气这么热，它们还穿着厚厚的毛皮大衣！洗完澡后，它们凉快多了。

洗完澡，熊妈妈就带着孩子们回到林子里去了。猎人这才从树上爬下来，回家了。

浆 果

林子里有很多浆果都成熟了。此时大家正在果园里采树莓、红色及黑色的茶藨果还有醋栗。

在林子里也能找得到树莓。树莓是丛生灌木的一种。它的茎非常脆，你若是从一片树莓丛之间走过去，就难免要碰断它们的茎，你就能听到脚底下发出噼里啪啦的声响。不过，这对树莓来说并没有损害。现在挂满了浆果的这些树茎，只能活到入冬之前。看啊，这就是它们的下一代。有好多鲜嫩的地上茎从地下的根里钻出了土，毛茸茸的，浑身是细刺儿。到了明年夏天，它们就能开花、结果了。

在灌木丛和草墩子旁，以及伐木空地的树桩子旁，越橘果的一个侧面已经红了，就要成熟了。

越橘果一堆堆地生在枝头。有几串又多又大，沉甸甸的，茎都被压弯了，只好躺在苔藓上了。

真想将一小丛越橘移植到自己家培育。这样的话浆果会不会变得大一点？但现在人工培育越橘的技术还不成熟。越橘真的是一种很可爱的浆果。它的果实可以保存一个冬天。想吃的时候，用开水一冲或是直接捣碎，就会有果汁了。

为什么越橘果不会腐烂呢？因为它可以自我防腐。越橘中含有一种安息酸，可以保持浆果新鲜。

尼娜•巴甫洛娃

喝猫奶长大的兔子

我们家的猫今年春天生了几只小猫，不过后来小猫全被送走了。恰好这天我们在林间捉到一只小兔子。

我们把它放到猫妈妈身边，猫儿的奶水正足，所以它很愿意给小兔子喂奶。

就这样，小兔子就喝着猫儿的奶，渐渐长大了。它们非常要好，甚至连睡觉也总在一起。

最好笑的是，猫妈妈教会了养子小兔子跟狗打架。只要有狗跑进我们院子，老猫儿立马扑过去，拼命地乱挠乱抓。小兔子也紧紧跟在猫妈妈后面，举起两只前腿擂鼓似的打到狗身上，拍得狗毛直飞。我家附近的狗都害怕我家的猫和小兔子。

小歪脖鸟的把戏

我们家的猫儿发现树上有一个洞，以为那一定是鸟窠。它想掏小鸟吃，于是爬上了树，把头伸到树洞里一看，洞底竟有几条蠕动着、蜷曲着的小蝰蛇，还不停发出咝咝的叫声呢！猫儿吓坏了，赶快从树上蹦下来，撒腿狂奔了！

其实那根本不是蝰蛇，而是歪脖鸟的幼鸟。它们转着脑袋、扭着脖子，就像蛇那样蠕动着、蜷曲着，其实不过是为了防御敌人。同时，它们还能像蝰蛇那样叫，大家都怕有毒的蝰蛇呀！所以小歪脖鸟就装成蝰蛇来吓唬敌人。

一场骗局

一只大鹞鹃看到一窝子琴鸡，一只大琴鸡带着一群黄色的毛茸茸的小琴鸡。

鹞鹃想着，这回可以饱餐一顿了。

它从空中看准了，正想扑向它们，可却被琴鸡发现了行迹。

琴鸡大叫了一声，一眨眼的工夫，小琴鸡全都不见了。鹞鹃左瞧瞧右看看，一只琴鸡也没有了，好像都钻进地缝里了！鹞鹃没办法，只好飞走了。

又听见琴鸡叫了一声，小琴鸡们马上都跳出来回到妈妈身边。

其实它们并没有去别的地方，不过是躺在那儿，紧贴着地面。你试试看吧，从半空里怎么可能看得出来它们跟树叶、青草及土块的区别！

可怕的食虫花

有一只蚊子飞过林中的沼泽地。它飞来飞去的，觉得累了，想喝点水。它看到一朵好看的花，长着绿色的茎儿，细细的茎梢上挂着白白的小铃铛，铃铛下面长着一片片的紫红色小圆叶子。小叶子上有绒毛，毛上还闪烁着亮晶晶的露珠。

这只蚊子落在了一片小叶子上，吸吮着露珠。谁料露珠像胶水一样黏，把蚊子的嘴给粘住了。

忽然之间，所有的绒毛都动了起来，小圆叶子合拢上，把蚊子裹了起来。

待了一会儿，等叶子再张开来时，一张干瘪的蚊子皮掉在地上，它的血都被花儿吸干了。

这是一种可怕的食虫花，名字叫做毛毡苔。它会像这样把小虫儿捉住，然后吃掉。

在水底下斗殴

水下生活的小娃娃，和在陆地上生活的小娃娃一样，也爱打架。

有两只小青蛙在池塘里发现了一只怪里怪气的蝾螈，长着四条短腿儿，细长的身子，大大的脑袋。

“这是一个多么可笑的怪胎呀！”小青蛙们想着，“应该揍它一顿！”

于是一只小青蛙咬住了蝾螈的尾巴，另一只小青蛙趁机咬住了它的右前腿。

这两只小青蛙都使劲扯，蝾螈的尾巴和右前腿就被小青蛙扯断了，不过蝾螈还是逃走了。

几天后，小青蛙又在水底遇到这只小蝾螈。此时它可成了真正的丑八怪了——在断了尾巴的地方，长出一条腿；在断了右前腿的地方，生出了一根尾巴。

蜥蜴也有这个本事：尾巴断了，能再生出一根尾巴来；腿断了，能再长出一只腿来，蝾螈在这个方面比蜥蜴还要厉害。只是有时会出点偏差：在断了肢体的地方，会生出一个不一样的肢体来。

喜欢水来冲

我想给大家介绍一种植物——已经开过花的景天(俗名“八宝”)。我很喜欢这种小植物,尤其喜欢它那厚厚的、鼓鼓的灰绿色小叶子。这叶子密密麻麻地长在茎上,茎都被遮没影了。景天花儿也很好看,就像颜色鲜艳的五角小星星。

此时景天花已经凋谢了，结出了果实。它的果实也是扁扁的五角小星星,它们紧紧地合拢着。你可别以为这是果实没有成熟的标志。在晴朗的天气里,景天的果实总是这么合拢着的。

我可以让果壳张开。只要从水洼里弄点水来就行了,只要一滴。把这滴水滴在小星星的正中间,于是果壳就张开了。瞧,露出种子了。景天的种子不像其他植物那样怕被水冲。相反,它们喜欢水来冲。多滴两滴水的话,种子就会顺着水流淌下来。水会把它们冲到别的地方。

帮助景天播种的,既不是风,也不是鸟,更不是兽,而是水。我曾看到一棵生在陡峭的岩石缝中的景天。想来可能是顺着峭壁流下来的雨水,将景天的种子带到那儿的。

尼娜•巴甫洛娃

潜水的小矶凫

我去湖边洗澡的时候,看到一只矶凫正在教它的孩子游水,见到人后怎样躲闪。大矶凫像浮在水面上的一只小船,小矶凫们在潜水。小矶凫往水里扎个猛子,大矶凫就朝着它们游过去。它们后来从芦苇旁钻出水面,往芦苇丛深处游去了。我这才开始洗澡。

《森林报》通讯员　波波夫

好玩的小果实

荷兰牻牛儿是在菜园里生长的一种杂草,这种植物的果实非常好玩。这种植物长得不算好看,开着蓬松、散乱的紫红色花也是非常平常。

此时，有一部分花儿已然凋谢，每个花托上竖起了鹳嘴似的东西。原来每个“鹳嘴”都是5个尾部连在一起的种子，但轻而易举就能分开。这就是荷兰牻牛儿的大名鼎鼎的种子。它上面长着尖儿，下面带着条毛茸茸的尾巴，尾巴尖儿是弯的，跟镰刀似的，底部扭成根螺旋的形状。这根螺旋一受潮就会松开变直。

我将一粒种子夹在两手掌间，哈了一口气。它真的转动起来了，它的小刺弄得我手心怪痒痒的。还真的是！它不再像个螺旋了，变直了。

荷兰牻牛儿为什么要玩这么一套把戏呢？原来，这种种子落地的时候，会戳进泥土里，用那镰刀状的尾巴尖儿把小草钩住。当天气潮湿时，螺旋受潮，就会打开来，变直了。它一转，尖尖儿的种子便会钻进土里了。

种子再想从泥土里出来，可就不行了——它的小刺是往上翘的，会顶住上面的泥土，种子就出不来了。这是多么巧妙的植物啊！自己就为自己播种了。

以前的人们没有发明湿度计，就利用这种好玩的小果实来测量空气的湿度。由此可见，这种小果实的小尾巴对湿度敏感到什么程度。人们会将这种种子固定在某个地方，它的小尾巴好比湿度计上的“指针”，人们根据小尾巴的移动，判断空气的湿度。

尼娜•巴甫洛娃

小鹏鹛

有一次我在河岸上走着，发现了一种小飞禽，它们长得有点像小野鸭，又不特别像。这到底是什么东西呢？按理说野鸭嘴应该是扁扁的啊！而这些鸟的嘴却是尖尖的。

我赶紧脱了衣裳下水追它们，它们也赶紧往对岸逃去。我紧紧追在它们后面，眼看着就要逮住一只了，它们却又往回逃了。我再追，它们又逃开了。就这样我一直跟在它们后面。可累坏我了，都快没有力气上岸了！最后到底没逮住它们。

此后我又遇见它们好几次，不过，我再没下水去追它们。原来它们真的不是小野鸭，是鹏鹛的幼鸟——小鹏鹛。

《森林报》通讯员 库罗西金

夏末的铃兰花儿

8月5日

在小河边，还有我们家的花园里，都生长着铃兰花儿。大科学家林奈用拉丁语给这种在5月里盛开的铃兰花儿取了个名儿——“空谷幽兰”。在所有花里，我最爱这种花：爱它那长得像小铃铛般的花朵，洁净如白玉；爱它那弹性十足的绿茎；爱它那长长的叶儿，清凉、柔韧又鲜嫩；爱它那幽幽的香气！总之，它是那么纯洁，那么有朝气！

春天的时候，我一大清早就会去采铃兰花，每天都会带回一束鲜花，把它养在水里。这样屋子里从早到晚都会有铃兰花的幽香在。我们家乡的铃兰在7月开花。

可是现在都到夏末了，我心爱的花儿又一次给我带来了新的惊喜。

我有一天偶然在铃兰花的大尖叶子下，发现了一种淡红色的小东西儿，我跪下去，拨开叶子一看，原来那下面是一颗颗坚硬的椭圆形的小果实，是橘红色的。它们像花儿一样美丽，它们好像希望我能把它们做成耳环，然后送给我的好朋友们戴上呢！

《森林报》通讯员　维立卡

天蓝的和草绿的

8月20日

我今天起得很早，一看窗外，不由得惊叹：天啊！青草居然变成天蓝色了！完全是天蓝色！露珠把草儿压得低着头，草儿的身上亮晶晶的。

你把白色和绿色掺到一起试试，真的会变成天蓝色的。原来露珠撒在青草上，就会把它染成天蓝色。

我看到几条绿色的小径，穿过了天蓝色的草地，从灌木丛通往板棚。板棚里存着很多粮食，所以有一窠灰山鹑，趁人们还在睡梦之中，跑到村里来偷粮食吃了。它们竟在打麦场上啊！淡蓝色的山鹑，胸脯上长着一个马蹄形的深褐色大斑。它们笃笃地啄呀，啄呀！趁人们还没醒，它们得多吃点儿！

我再往远处看，林子边上有一片燕麦田。尚未收割的燕麦也变成天蓝色

的了。有一个猎人扛着枪守在那里。猎人一定是等着琴鸡来呢！——琴鸡妈妈经常带着它的孩子们，到田里来觅食。琴鸡也在天蓝色燕麦田踏出一条绿色的小径来——因为琴鸡跑过田里时，把燕麦上的露水碰掉了。我一直没听到猎人放枪，可能是琴鸡妈妈带了它的孩子们逃回林子里了。

《森林报》通讯员　维立卡

请爱护森林

如果枯树遭遇闪电，那可太糟糕了！如果有人在森林里丢下一根没熄灭的火柴，或是没把篝火踩灭就走了，也会有大麻烦的！

火苗就像一条细细的小蛇，爬出篝火，钻进苔藓和干枯的针叶堆及阔叶堆中。突然之间，它又蹿出枯叶堆，舔一下灌木，跑到另一个枯树枝堆那去了……

一秒钟也不能耽搁——这可是林火呀！趁着火势微小的时候，一个人就可以将它扑灭。赶紧折一些带叶子的新鲜树枝，拼命扑打火苗吧！千万别让火势扩大，更别让火势转移！快让你的朋友也来帮忙吧！

如果此时你手边有铁锹，或者哪怕是结实的木棍也好啊，那就可以挖点土，然后用土和草皮把火压灭。

如果火苗已经从地面蔓延到树上，又从一棵树蹿到了另一棵树上的话，这场林火就算是真正开始了。赶紧找人来救火吧！赶紧拉响救火的警钟吧！

林木大战（续前）

本报通讯员去了第三块采伐空地。10年前，这里的树木被成片采伐。此时这里仍在白杨和白桦的统治之下。

胜利者们是不会放其他植物进入那块地的。草种类植物年年春天都想从土里钻出来，但它们很快就在阔叶帐篷下败下阵来。云杉每隔两三年会结一次种子。每次只要它结了种子，就会派一批新的伞兵去采伐空地。不过，派去的那些云杉种子都没能从土里钻出来，都被小白桦和小白杨排挤死了。

白桦幼苗和白杨幼苗不是一天一天地长大，而是一个小时一个小时地长大。它们在采伐空地上生长得很茂盛。终于开始觉得拥挤了，于是彼此之间有了一些摩擦。

每棵小树都想多占点空间，无论是在地上还是在地下。每棵小树都越长越宽，也离它们的邻居越来越近。采伐空地上的树木开始了夺地之争。

强壮的小树长得比孱弱的小树快，它们的根伸得长、扎得牢，树枝也更长。比较健壮的小树长高之后，就会把树枝伸到旁边小树的头上，它的小树邻居就被树荫给遮住了，从此失去阳光的滋润了。

在浓荫的遮蔽下，最后一批孱弱的树活不下去了。此时，矮小的青草终于有机会从土里钻出来了。不过，对那些高大的小树来说，青草没什么好怕的，就让它们在脚下蔓延吧！这样还可以更暖和呢！可是胜利者们的种子在落到这个又暗又湿的地窖后，全都窒息而死了。

云杉真有耐性，它们每隔两三年，仍然不断地把树种派到这片采伐空地上来。胜利者们对这些小东西根本不屑一顾。它们能怎么样！——让它们落

到又暗又湿的地窖里吧！

结果出人意料，小云杉到底破土而出了，在又暗又湿的地窖里，它们的生存环境真恶劣啊！不过，它们只需要那一点阳光就能生长，只不过它们长得又细又弱的。

不过生在这里也是有好处的，不会有风来摧残它们，也就不会被风连根拔起。即便是在暴风雨来临的时候，白桦和白杨被刮得呼呼地喘息着，东倒西歪的，小云杉此时待在地窖里却很安逸。

小云杉待在那里挺暖和的，不会遭到春季刺骨的晨风和冬季严寒天气的迫害。那里的环境，可不像空旷的采伐空地！到了秋天，白桦和白杨的落在地上的叶子腐烂后，散发出热量，草种族植物也散发热量，小云杉只需要足够的耐心去忍受地窖里一年四季暗无天日的生活就行了。

云杉幼苗倒不像白桦幼苗和白杨幼苗那样依赖阳光；它们可以忍受黑暗，并顽强地生长着。

本报通讯员们非常同情它们。后来，我们的通讯员们又搬到第四块采伐空地上去了。

我们期待着他们的下一次报道。

农事记

又到了收割庄稼的季节了。黑麦田和小麦田就跟无边无际的海洋似的。麦穗又高、又壮、又密，个个颗粒饱满。很快这些麦粒就会像一股股金黄色的麦浪，流进粮仓。

亚麻也可以收割了。集体农庄的人们正忙着在田里用拔麻机拔麻，真是快极了！女庄员们跟在拔麻机后面，把倒下的亚麻一束束捆起来，再堆成垛，10 捆一垛。不久后，亚麻田里就好像站满了一行行的士兵似的。

山鹑全家只好从秋播的黑麦田里搬到春播的田里去了。

黑麦也可以收割了。在割麦机的钢锯下，肥硕、结实的麦穗一束束倒伏在地。人们把麦子一束束捆起来，再堆成垛。田里的麦垛就像运动会上要接受检阅的运动员们似的。

菜园子里的胡萝卜、甜菜和别的蔬菜也都成熟了。人们把蔬菜送到火车站，火车把它们带到城里。城里的人们这段日子可以吃到新鲜可口的黄瓜，喝到甜菜做的红菜汤，也能吃到胡萝卜馅饼了。

孩子们去林子里采蘑菇、熟了的树莓和越橘果。这段日子里，哪里有榛子林，哪里就有一群小孩，谁也赶不走他们。他们的口袋都装得满满的。

大人们这时候可没时间采榛子，他们还得割麦、打麻呢！要用速耕小犁耕一遍地，再耙好，就要开始种秋播作物了。

森林的朋友

卫国战争期间，这里有许多森林被毁掉了。此时各处林区都在努力设法重造森林，这项工作得到了很多中学生的帮助。

要找到好几百千克的松子，才能重造新的松林。孩子们 3 年以来收集了 7 吨半松子。他们还帮忙整地、照料小树苗、守卫森林、预防林火。

《森林报》通讯员　查洛夫

谁都有活儿干

到了天刚蒙蒙亮的时候，人们就都下地干活儿了。大人走到哪儿，孩子们就跟到哪儿。刈草场里、农田里、菜园里，到处有孩子们劳作的身影。

看，孩子们扛着耙子迎面走来。他们麻利地把干草耙成一堆，然后放进大车里，把这些送到集体农庄的干草棚里了。

孩子们还得去拔杂草，亚麻田和马铃薯田里杂草很多——比如香蒲、滨藜和木贼。

到了拔亚麻的时节，孩子们的身影比拔麻机还早在亚麻地里出现。

他们将亚麻地四个角上的亚麻拔掉，这样拖着拔麻机的拖拉机在转弯的时候就会更方便。

孩子们在黑麦田里也找到活儿干了。大人们收割完麦子后，孩子们就把掉在地上的麦穗耙成一个堆儿。

集体农庄新闻

红星集体农庄的田里有消息传来："现在这里一切顺利，谷粒也成熟了。不久后，我们就要开始播种了。今后，你们可以不用再为我们操心了，甚至也不用再来田里看望了。此时没有你们，我们也能过下去了！"

我们村子里的大人笑了笑，说道："那怎么行！怎么可能不去田里看望！这会儿正是最忙的时候啊！"

拖拉机拖着联合收割机去田里了。联合收割机能干很多活儿：收割、脱粒、簸分——它全都包了。当联合收割机进麦田时，黑麦长得比人都高；可当它开出麦田的时候，就只剩下一些矮矮的残株了。联合收割机给人们的是纯粹的麦粒。人们将麦粒晒干，装进麻袋运到政府那里。

变黄了的马铃薯地

本报通讯员曾去访问了红旗集体农庄的人们，在那里他注意到这里有两块马铃薯地。一块略大一些，是深绿色的；一块比较小，已经变黄了，马铃薯茎叶已经非常枯黄了，好像快要死了似的。

我们的通讯员决定弄明白这件事，后来他寄来这样的报道："昨天，有一只公鸡跑到变黄了的马铃薯地里了。它把那里的土刨松，又唤来很多母鸡，请它们一起吃新鲜的马铃薯。有一位女庄员路过，看见这场景，笑了起来，就告诉她的女伴：'这回可不错啊！公鸡第一个来收我们地里早熟的马铃薯了。大概它能想到我们明天就要收早熟的马铃薯了吧！'由此可知，茎叶已经变黄了的马铃薯，是早熟的马铃薯。因为它成熟了，所以茎叶才变黄了。那块面积略大的深绿色田里，长着晚熟的马铃薯。”

林中快报

林子里生出了第一个白蘑菇，长得又结实、又肥硕呢！

白蘑菇帽子上有个小坑，菌盖周围是湿漉漉的流苏穗子。上面粘着许多松针。这白蘑菇四周的土都是鼓起来的。挖开这块土，就能找到许多许多的大大小小的白蘑菇！

鸟的岛——从远方寄来的一封信

我们的船航行在喀拉海东部。周围是一片汪洋，无边无际。

突然，桅杆顶上的监视员喊道：“正前方有一座倒立的山！”

“恐怕那是他的幻觉吧！”我一面这样想，一面也爬上了桅杆。

我也看得清清楚楚：我们的船正朝着一个岩石重叠的岛屿开去。这座岛头朝上脚朝下，倒挂在空中。

一块块岩石倒挂在空中，没有什么东西能让它们依偎！

“我的朋友啊，”我自言自语，“是不是你的脑子有问题？”

此时，我骤然想起来了：“啊！原来是反射光！”[1]于是我不由自主地笑了起来。这是一种很奇异的自然现象。

在北冰洋上，经常会出现这种现象——又叫做海市蜃楼。船在行驶的时候，你忽然能看见远处的海岸，或是能看见有一条船倒挂在空中。那是它们在空中的倒影，就和在照相机的取景器中看到的影像一样。

过了几个小时，我们到了那岛附近。当然这座小岛并没有像想象中那样，倒挂在半空中，而是稳稳当当地在水中矗立着，周围重重叠叠的岩石也并没有什么不同。

船长测定了坐标方位，看了地图，便说这是位于诺尔德歇尔特群岛的海湾入口处的比安基岛。这个岛被命名为比安基岛，为的是纪念俄罗斯科学

---

[1] 物理学上称其为“全反射”。

家，也就是《森林报》所纪念的那位科学家——瓦连京·立沃微奇·比安基。我猜想，大家一定很想知道这座岛是什么样儿的，岛上都有什么东西吧！

这座岛是由很多岩石杂乱堆积而成的，有巨石，也有板岩。岩石上没有生长着灌木，也不见青草的身影，只稀稀拉拉地开着几朵淡黄色的和白色的小花。在背风朝南的岩石下面，还长满了地衣和薄薄的苔藓。这里的一种青苔，长得很像我们那儿的平茸蕈，柔软又多汁。我从没在其他地方见过这种青苔。在坡势较缓的倾斜的海岸上，漂来了一大堆木头，有圆木，有树干，有木板，它们都是从海上漂过来的，也许是来自几千公里外的大洋呢！这些木头干得很透，甚至屈起手指头轻轻敲敲它们，还能发出清脆的声音。

现在已经是7月底，这里的夏天才刚刚开始。不过，这并不会妨碍那些冰块、冰山，静悄悄地从小岛旁漂过去。它们在阳光下闪闪发亮，照得人睁不开眼睛。这里的雾气很浓，雾低低地笼罩在小岛上以及海面上。若是有船只经过，也只能看得见桅杆，却看不见船身。不过，船只很少经过这里。岛上荒无人烟，因此岛上的动物见了人，一点也不害怕。无论是谁，只要随身带点盐，就可以往动物的尾巴上撒点盐，轻轻松松捉住[1]它们。

比安基岛是一个真正的鸟儿的天堂。这里可不是鸟的闹市，没有上万只鸟挤在一块岩石上做窠的状况。多数鸟儿，都自由自在地在岛上随意安排自己的窝儿。在这里安家的，有成千上万的野鸭、大雁、天鹅、潜鸟以及各式各样的鹬。再住得高一些，在光溜溜的岩石上做窠的，有海鸥、北极鸥以及管鼻鹱。这里有各式各样的海鸥——有浑身雪白、长着黑翅膀的鸥；有体型纤小、粉红色羽毛、尾巴像叉子的鸥；有体型硕大、性情凶猛的北极鸥——专吃鸟蛋、吃小鸟，也吃小动物。这里有浑身雪白的北极大猫头鹰，还有像云雀那样飞到云霄里唱歌的美丽的白翅膀、白胸脯的雪鹀，还有在地上边跑边唱歌的北极百灵鸟，它们的脖子上生着黑羽毛，就像几绺黑胡子，头上竖起两小撮黑冠毛，就像一对小犄角。

这儿的野兽才真叫多呢！

我带了早点，到海岬边坐了坐。坐下后，我身边有好多旅鼠跑来跑去的。这种啮齿类动物个头很小，浑身毛茸茸的，灰色、黑色和黄色的毛相间着。

[1] 古代俄国人有这样的说法：孩子们只要往鸟儿的尾巴上撒点盐，就能捉住它。

岛上有很多北极狐。我曾在乱石堆中看到过一只，它正悄悄地走向一窝还不会飞的小海鸥。大海鸥忽然之间发现了它，马上一齐扑向它，只听见一片吵闹声后，这个小偷夹着尾巴飞快地逃走了！

这儿的鸟非常会保卫自己，也绝不让自己的孩子被欺负。这样的话，这里的野兽可就要挨饿了。

我开始眺望海面，有许多鸟在那里游来游去。我吹了一声哨儿，突然间，岸边的水底下钻出几个皮毛光滑的圆脑袋，用一双双乌黑的眼睛好奇地看着我，大概它们在想："这是从哪儿来的丑八怪！他为什么要吹口哨呀？"

原来这是海豹——一种体型很小的海豹。

在离岸稍远一点的地方，又出现一只体型比较大的海豹。再远一点，是一些长着胡子的海象，它们的体型就更大了。忽然之间，它们都钻进水里了，鸟儿也大声地叫着，飞上了天空——原来是白熊来了，从水里露出头来，白熊是北极地区最凶猛、最强大的野兽。

我觉得饿了，这才想起伸手拿早点来吃。我明明记得，把早点放在自己身后的一块石头上了，可是这会儿它却不见了。我找了找石头下面也没有。

我跳起身。

有一只北极狐从石头底下蹿了出来。

小偷，小偷！是这个小偷悄悄地偷走了我的食物。包早点的纸还被它衔在嘴里呢！

你看，这里的鸟都把这样一个体面的动物饿成什么样儿了！

远航领航员　马尔丁洛夫

猎事记

这会儿幼鸟还不成熟，还没学会飞行，猎人们该怎么打猎呢？更何况不能打小鸟小兽。法律上，禁止在这段时期猎捕飞禽走兽。

不过，即便是在夏天，法律上也是允许打那些专吃林中小动物的猛禽以及危害人的野兽的。

黑夜的恐怖

你在夏天的晚上去外面走走，就会听到从林子里传来了一阵阵很吓人的声音，忽然冒出几声"嚯嚯嚯"，忽然冒出几声"哈哈哈"，简直吓得人后背上的汗毛都会竖起来呢！

有时候，不知道是谁会在一片黑暗里闷声闷气的从顶楼式屋顶上大叫，发出"呜呜呜"的声音，仿佛在说："快走！快走！就要大祸临头了……"

在这个节骨眼儿上，在黑漆漆的半空中，有两盏圆溜溜的绿灯亮了起来——是一双凶恶的眼睛。接着，你身边会闪过一个无声无息的阴影，几乎擦到你的脸。这怎能不令人感到害怕呢？

就是出于这种恐惧心理，人们才讨厌各种各样的猫头鹰。林子里的鸮鸟夜夜狂笑，那笑声尖锐刺耳，而栖息在屋顶上的鸮鸟，用一种不祥的声音，不停对人们说："快走！快走！"

就算是大白天，若是一个黑漆漆的树洞里，猛地探出一个脑袋，瞪着一双黄澄澄的圆眼睛，张着钩子似的尖嘴巴，发出吧嗒吧嗒的很响亮的声音，

也很容易把人吓一大跳呢！

如果在深更半夜，家禽中间有一阵骚动，鸡啊，鸭啊，鹅啊，一齐乱叫，发出“咯咯咯、呷呷呷、嘎嘎嘎”的声音，到第二天一早，那家主人发现少了几只家禽，那他一定会怪鸮鸟的。

白日打劫

不单单是在夜晚，即便是大白天，人们也被猛禽闹得不得安宁。

老母鸡一不留神，它的一个孩子就会被鸢鹰抓走。

一只公鸡刚跳到篱笆上，就被鹞鹰一把抓走了！一只鸽子刚从屋顶起飞，就有一只不知从哪儿飞来的游隼来袭击它。游隼冲进鸽群捞了一爪子，只见鸽子的绒毛四散而去；它抓住那只死鸽子，一下子就飞得没影了。

万一猛禽被人们碰上，那些恨极了猛禽的人，才不会去仔细区分哪只是好鸟，哪只是坏鸟呢——只要他一看见张着钩形的嘴和长长的爪子的猛禽，当即就会把它打死。他要是非要认真地消灭猛禽，将周围一带的猛禽都打死或是赶走，那时候后悔可是来不及了：田里的老鼠将大量繁殖，金花鼠会把整个庄稼都吃光，兔子会把菜园里的白菜都啃个干净。

不会算计的人们在经济上将会有很大的损失。

谁是朋友，谁是敌人

首先要认真学会辨别那些对人类有益的猛禽以及有害的猛禽，才能不把事情搞糟。那些伤害野鸟以及家禽的猛禽，是对人类有害的。而那些消灭老鼠、田鼠、金花鼠以及其他对我们有害的啮齿类动物和像蚱蜢、蝗虫这种害虫的猛禽，都是对人类有益的。

不管它们长得多么难看，它们都是益鸟。只有我们这儿的那种体型很大的鸮鸟——大角鸮和有着圆圆脑袋的大鸮鹰才是害鸟。不过，它们也常会捉啮齿类动物吃呢！

白天行动的猛禽里，最讨厌的是老鹰。我们这儿的老鹰有两种：体型硕大的游隼和体型很小的鹞鹰（比鸽子还要细长一点）。

我们很容易区分老鹰和其他猛禽。老鹰是灰色的，胸脯上有杂色的条纹，脑袋小小的，前额低低的，眼睛是淡黄色的，翅膀圆鼓鼓的，尾巴长长的。

老鹰非常强悍、凶恶。它们敢扑到个头儿比它们大的动物身上；甚至在吃饱的情况下，也会毫不犹豫地杀死其他鸟。

鸢的尾巴尖有分叉，根据它的这种特征，我们很容易就能认出它来。它比老鹰要弱得多。它不敢去扑个儿大的飞禽走兽，只会四处张望，看哪儿能抓到一只笨头笨脑的小鸡，或是哪儿能吃到腐烂了的动物尸体。

大隼也是害鸟。它们尖尖的、弯弯的翅膀，就跟两柄镰刀似的。它们飞得比其他鸟都快，而且常会去猛扑那些正在高空中飞翔的鸟，这样就免得在失手扑了个空的时候，猛地撞到地上，把胸脯撞破了。

最好不要惊动那些小隼鹰——有些小隼鹰对人类还是非常有益的。

比如红隼，这种猛禽有个外号叫做“疟子鬼儿”[1]。我们常能看到这种红褐色的猛禽飞翔在田野的上空。它在半空中悬着，好像身上绑着一根从云堆下垂下来的看不见的线似的。它总是抖动着翅膀（所以它的外号叫“疟子鬼儿”），搜寻着草丛中的老鼠、蚱蜢和蚯虫。

雕对我们是害多利少。

怎样打猛禽

在窠边打它们

我们一年四季都可以打那些对人类有害的猛禽。我们有各种各样的打这些猛禽的方法。

最方便的方法，就是在它们的窠边打它们。只不过，这种打法非常危险。

硕大的猛禽为了保卫它们的孩子，会狂叫着直扑向猎人。所以人们不得不在离它非常近的地方开枪。枪要打得快、准、狠，否则你的眼珠子可就难保了。不过，要找到它们的窠可不是件容易的事。雕、老鹰和游隼都把自己的窠安置在难以登攀的岩石上，或是茂密的森林里那种高大的树木上。大角鸮和大鸮鹰则把窠安置在岩石上，或者就筑在茂密的丛林里的地上。

偷袭

雕和老鹰常会落在干草垛上、白柳树上，或落在孤零零杵着的一棵枯树

---

[1] 过去的人将得疟疾的原因归结为鬼作祟，所以称疟疾为“疟鬼”或“疟子鬼儿”。

上，搜寻着可以捕捉的小动物。它们可不允许人走近它们。

那就得靠偷袭了，要悄悄地绕到灌木丛或是石头后打它们。必须要用那种远射程的来福枪和小子弹。

带个助手

猎人去打白昼行动的那些猛禽时，常会带上一只大角鸮。头一天，他会在附近一处小丘上插上一根木杆，在木杆上安一根横木，将一棵枯树埋在离这根木杆几步远的土里，然后在旁边搭一个小棚子。

第二天一早，猎人就带着大角鸮来了，把大角鸮拴在木杆的横木上，猎人自己则躲在小棚子里。

过不了多久，只要老鹰或是鸢看到这个可怕的怪胎，立马就会扑过来。大角鸮常在夜里出来打劫，所以它结下很多仇敌，都想报复它。

它们在空中打着盘旋，向大角鸮一次次地扑过来，落在枯树上，向这个强盗大声嚷嚷着。

拴在木杆上的大角鸮，除了竖起浑身上下的羽毛，眨巴着眼睛，张着钩形嘴，也没有别的办法了。

猛禽们正在怒气冲天之时，就忽略了那个小棚子。趁着这个时候，你就开枪打吧！

黑夜打猎

黑夜打猛禽是最有趣的经历。我们不难找到老雕和其他大型猛禽过夜的地方。比如，周围若是没有岩石，雕就会在一棵孤零零的树的树顶上打盹儿。

猎人会挑一个没有月光照耀的黑夜，去这样一棵大树旁打猎。

雕此时正在沉睡，所以没有发觉猎人已走到树下。猎人出其不意地打开强光灯（手电筒或是电石灯）。突然有一道耀眼的强光向着雕射去。雕被照醒了，眼睛还眯着，迷迷糊糊的。它什么都看不见，也不明白究竟发生了什么，于是就待在那儿一动也不动。

猎人从底下往上看，却看得清清楚楚的。他瞄准后，就可以开枪了。

夏 猎

从 7 月底开始，猎人们就等得不耐烦了，幼鸟已经长大了，可是政府还没有规定今年夏季狩猎的日期。

猎人好不容易盼到了这一天——报上的公告说：从 8 月 6 日起开禁，允许人们在林子里和沼泽地里打飞禽走兽。

每个猎人都早就准备好了弹药，把猎枪检查了一遍又一遍。8 月 5 日那天，人们下班以后，各个城市的火车站里到处挤满了扛着猎枪、牵着猎犬的人。

火车站上各种猎犬都有：短毛猎犬和光毛猎犬的尾巴都是直直的，像条鞭子似的。各种颜色的狗都有：白色带着黄色斑点的；黄色带着杂色斑点的；棕色带着杂色斑点的；浑身是白色，眼睛上、耳朵上以及全身带着大黑斑的；深褐色的；浑身乌黑，长得油光闪亮的。有长毛短尾的谍犬——有毛色发白，带着闪青灰色光的小黑斑点的，也有白色带着大黑斑的；有“红毛”的长毛猎犬——有浑身黄红色的，浑身火红色的，也有几乎是纯红色的；还有体型很大的猎犬，它们显得高大笨拙，行动迟钝，它们的毛色是黑的，带着黄色斑点。这些都是专门为了夏季打刚出窠的野禽而驯养的猎犬——它们都经过专业训练，只要一嗅到野禽的气味，就会站住脚步，一动也不动，等着主人走过去。还有一种矮小的猎犬，它们的毛很长，腿很短，长耳朵几乎耷拉到地上了，尾巴短短的，这是西班牙猎犬。它们不会站定指示野禽的方向，不过带着这种狗在草丛里或是芦苇丛里打野鸭，或者在灌木丛里打松鸡，那是非常方便的。无论飞禽在水里，在芦苇丛里，还是在茂密的灌木丛里，都会被这种狗给撵出来。如果飞禽被打死了，或是被打伤了，无论它落到哪儿，都会被这种狗衔回来交给主人。

多数猎人都会乘近郊火车出外打猎，每一个车厢里都有猎人的身影。大家都会望着他们，欣赏他们的漂亮猎犬。只听得整个车厢里的人都在那里谈论着野味、猎犬、猎枪和不俗的猎迹。猎人们都觉得自己简直要变成英雄了，他们时不时地抬起眼睛，得意洋洋地望着这些“平常人”——那些没带猎枪和猎犬的乘客们。

6 号晚上和 7 号早上，火车又把那些猎人载回城里。不过可不是每个人都满载而归。好多猎人的脸上露出了沮丧的神情。垂头丧气地把干瘪瘪的背包挂在肩上。

“平常人”们微笑地迎着这些昨日英雄们。

“打到的野味在哪儿呀？”

“留在林子里了。”

“飞去别处送死了。”

这时，有一个猎人从一个小站上车了，一进车厢就得到了一阵赞美声——原来他的背囊是鼓鼓的。他谁都不看，只顾着找座儿——人们连忙给他让座，他就大模大样地坐下了。他邻座的那个人眼尖心细，对着全车厢的人说道：“咦！……你这野味儿怎么全长着绿脚爪呀！”然后就很不客气地揭开了背包的一角。

里面露出了云杉树枝的梢儿。

真难为情呀！

结队飞翔月(夏季第三个月)
一年——分为12个章节的太阳诗篇

8月是闪光之月。夜里，远方会出现一束束闪光，无声地照亮森林，闪光瞬息即逝。

草地在夏季里进行着最后一次换装：此时的它变得五彩缤纷，草地上的花儿的颜色大多变得越来越深、越来越暗——有蓝色的，有淡紫色的。阳光渐渐变得微弱，草地需要珍藏这日益变弱的阳光了。

一些较大的果实，比如蔬菜、水果等，就要成熟了；而那些晚熟的浆果，比如树莓、越橘果等，也快要成熟了；沼泽地上的越橘和树上的花楸果，也都快熟透了。

这时有一些蘑菇出世了，它们不喜欢热辣辣的阳光，于是就藏在阴凉处躲避，活像一个个小老头子。

各种树木已经不再往高里和往粗里生长了。

森林里的新规矩

林子里的小孩子们都已经长大了，出来闯荡了。

春天的时候，鸟儿都成双成对的，住在自己的地盘上，现在却带上孩子们，在林子里不停地迁居。

林子里的居民们经常你来我往，互相拜访。

甚至就是那些野兽和猛禽，也不再严守着自己的领地了。猎物很多，遍地都是，保准够大家吃的。

貂、黄鼠狼还有白鼬满树林闲逛，无论它们到哪儿，都能够不费事地找到吃的——总有傻头傻脑的小鸟儿、缺乏经验的小兔和粗心大意的小老鼠。

成群结队的鸣禽在灌木和乔木间飞来飞去。鸟群有自己的规矩。

规矩如下：

我为大家，大家为我

谁最先发现敌人，就得尖叫一声，或者吹个尖尖的口哨，警告大家赶紧四散飞走。如果有一只鸟不幸遇到祸事，整群鸟儿就一齐大叫、大吵着，把敌人吓跑。

成百对眼睛、上百双耳朵在保持警戒，成百张尖鸟嘴随时准备打退敌人。加入鸟群的幼鸟越多，就越安全。

鸟群里的幼鸟要遵守这样一个规矩：要模仿老鸟的一举一动。老鸟们要是不慌不忙地啄麦粒，幼鸟也得跟着啄麦粒。老鸟们抬起头来，一动不动，幼鸟也得如此。老鸟们逃跑,幼鸟也得赶紧跟着逃跑。

教练场

鹤和琴鸡都为自己的后代准备了一块专门的教练场。

琴鸡的教练场设在林子里。小琴鸡们聚集在那里,观察琴鸡爸爸的动作。

琴鸡爸爸“咕噜咕噜”地叫着,小琴鸡也跟着学。琴鸡爸爸“啾叽啾叽”地一叫,小琴鸡也尖声尖气地“啾叽啾叽”地叫起来。

不过现在琴鸡爸爸的声音变了,跟春天时不太一样了。它春天时好像在嘟囔着:“我要卖掉这件皮袄,然后买一件大褂!”现在好像变成:“我要卖掉大褂,然后买一件皮袄!”

小鹤们排列成队,飞到了教练场,它们正在学习如何在飞行时排列成整齐的“人”字阵。它们必须要学会做这件事,只有这样,它们在长途飞行时才能节省体力。

飞在“人”字阵队伍前头的,是身强力壮的老鹤。它身为全队的先锋,需要冲破气浪,带队飞行,所以它的任务比其他鹤艰巨。

等到它累了,就会退到队伍的末尾,由其他强壮的老鹤来代替它领队。

小鹤跟在领头鹤的后头飞,一只紧跟着一只,头尾相连,按着节拍挥舞着翅膀。谁的体力好一些,就飞在前面,身体弱的就跟在后面。“人”字阵用阵前的三角尖冲破一个个的气浪,跟小船用船头破浪前进是一个道理。

嘎!嘎!

这是发命令,嘱咐大家听命令:“注意啊,到目的地了!”

鹤一只跟着一只地落到地上。这是田野中的一块空地,小鹤们在这儿学习跳舞、体操:它们跳啊,旋转啊,跟着节拍做出各种灵巧的动作,舒展着双腿。还得做一种难度最大的练习:用嘴将一块小石子抛出去,再用嘴把它接住。

它们就是这样为长途飞行做准备的……

蜘蛛飞行员

如果没翅膀，怎么才能飞行呢？

得想办法呀！就这样，几只小蜘蛛变成了热气球驾驶员。

小蜘蛛从肚子里吐出一根细丝来，将一头固定在灌木上。微风吹动细丝，细丝在空中飞舞着，吹也吹不断。蜘蛛丝很结实，像蚕丝似的。

小蜘蛛在地上站着。蜘蛛丝从灌木上一直垂到地面，在空中飘呀，荡呀。小蜘蛛还站在地上继续往外抽丝。蜘蛛丝把它的身子缠住了，就像一个蚕茧，可是蜘蛛丝还在越抽越多。越抽越长，风越吹越猛。

小蜘蛛用 8 只脚牢牢抓住地面。

一，二，三——蜘蛛迎风走上前去，咬断固定在细枝上的那一头。吹过一阵风将小蜘蛛刮走了。

蜘蛛飞起来了！

得赶快松开缠在它身上的丝啊！

小气球飞到空中了……飞得高高的，飞过草地，也飞过灌木丛。

驾驶员往下看，究竟在哪儿降落最好呢？

下面是森林，是小河。再往前飞呀！再飞远点！

看，这是谁家的小院子啊？一群苍蝇正绕着一个粪堆嗡嗡作响。别飞了！降落！

驾驶员将蜘蛛丝绕在身下，再用小爪子把蜘蛛丝团成一个小球儿。小气球渐渐降落了……好了，着陆吧！

蜘蛛丝的一端挂在草叶上，小蜘蛛安全着陆了！

可以在这里安心过日子了。

在天气晴朗、干燥的秋季某天，有很多小蜘蛛带着它们的细丝在空中飞行。村子里的人们就说：“秋天老了！”那是秋的宛如银丝的白发在空中飞舞。

一只山羊把一片树林都吃光了

这不是开玩笑，有一只山羊真的把一片树林都吃光了。

这只山羊是护林人买的。他把它带到林子里，拴在草地上的一根树桩上。到了半夜，山羊挣断绳子，逃走了。

周围全是树。它能去哪儿呢？幸亏那一带附近没有狼。

护林人找了它 3 天，还是没有找到。到了第 4 天，山羊自己回来了，还“咩咩咩”地叫着，好像在打招呼：“你好啊！我回来了！”

可是晚上，邻近的一个护林人慌慌张张地找来了。原来这只山羊把他那边所有的树苗都啃了——它把整个树林都吃光了！

树木还小的时候，完全没有保护自己的能力。随便什么牲口，都能欺负它们，把它们拔出来，然后吃掉。

山羊最喜欢吃细小的松树苗。它们是长得很漂亮——就像一棵棵小棕榈——一根纤细的红色树干，上面是像一把把张开的扇子似的软软的绿针叶，大概对山羊来说的确是美食吧！

山羊当然不敢靠近大松树，大松树的松针会把羊戳得头破血流的！

《森林报》通讯员　维立卡

捉强盗

成群结队的柳莺在林子里到处飞。从这棵树飞到那棵树，从这丛灌木飞到那丛灌木，它们把每一棵树、每一棵灌木的角落，上上下下、里里外外、仔仔细细地搜寻了一遍。把树叶背面、树皮上、树缝里的青虫、甲虫或是蝴蝶、飞蛾，都找出来吃掉。

“啾咿！啾咿！”有一只小鸟惊惶地叫了两声。所有小鸟马上开始警觉了，只见树底下有一只凶恶的白鼬，正偷偷地往树上爬。它在树根之间若隐若现，一会儿露出乌黑的后背，一会儿消失于倒在地上的枯树间。它细长的身子像条蛇一样扭动着，它狠毒的小眼睛，在黑暗中喷出火花般的凶光。

“啾咿！啾咿！”各处的小鸟都叫了起来，这一群柳莺都匆匆忙忙从这棵大树上飞走了。

白天还好说。只要有一只鸟能发现敌人，其他鸟就都可以逃脱了。到了夜晚，小鸟躲到树枝下睡觉，这时敌人可没睡觉！猫头鹰扇动着软软的翅膀，无声无息地飞了过来，看准小鸟的位置，就用爪子猛地一抓！睡得迷迷糊糊的小鸟，吓得四处乱蹿。可还是有两三只被强盗的利爪抓住了。天黑的时候，可真是不妙！

此时，小鸟们继续钻进森林深处了。这些身子轻盈的小鸟儿，穿过层层树叶，钻进最隐僻的角落。

在茂密的丛林中央，杵着一个粗大的树桩子。树桩子上长着一簇奇形怪状的蘑菇。

一只柳莺飞到蘑菇跟前，想看一看那儿有没有蜗牛。

忽然之间，那蘑菇的灰茸茸的帽儿自己升起来了，只见那帽子下面有一双闪亮的圆溜溜的眼睛。

这时，柳莺才看清，这是一张像猫脸似的圆脸，圆脸上有一张像钩子一样的弯嘴巴。

柳莺大吃一惊，连忙闪到一旁，尖叫起来：“啾咿！啾咿！”整个族群骚动起来了，可是没有一只小鸟飞走。大家聚在一起，将树桩团团围住。

“猫头鹰！猫头鹰！救命！救命！”

猫头鹰气地嘴巴一张一合的，“啪啪啪”地响着，好像在说：“哼！你们还主动找上我啦！不让我睡个好觉！”

有很多小鸟听见柳莺的警报，从四面八方赶了过来。

快捉强盗啊！

体型很小的黄脑袋戴菊鸟是从高大的云杉上飞过来的。灵巧的山雀是从灌木丛里跳出来的，它们都勇敢地加入了战斗，在猫头鹰的眼前不住地盘旋，冷嘲热讽地冲着它叫着：

“来啊！你来碰我们呀！来啊！你来捉我们呀！尽管来吧！捉住我们啊！大白天的，你倒是试试看！你这该死的夜游神，你这强盗！”

猫头鹰只有把嘴巴弄得吧嗒吧嗒直响的份儿，眼睛一眨一眨的——大白天的，它能有什么办法呢？

鸟儿络绎不绝地飞来。柳莺和山雀的喧嚣声，引来了一群勇敢又强壮的林中老鸦——长着淡蓝色翅膀的松鸦。

这可吓坏了猫头鹰，它扇动着翅膀，赶紧溜之大吉。还是快逃吧，保住性命要紧，再不逃走，会被松鸦啄死的。

松鸦紧紧跟在它后面，追啊，追啊，一直把猫头鹰赶出了森林。

柳莺可以安心地睡一晚了。如此大闹一场之后，猫头鹰很长一段时间都不敢再回老地方了。

草 莓

森林边缘上生长的草莓红了。鸟儿看到红色的草莓果，就叼走了。草莓的种子会被它们播撒到很远的地方去。不过有一部分草莓的后代，仍会留在原地，和母株并排长在一起。

看，在这株草莓旁，已经长出了匍匐在地上的细茎——草莓的藤蔓。藤蔓梢儿上是一棵幼小的新植株，才长出一簇复叶[1]以及根的胚芽。这里还有一株。在同一棵藤蔓上，有3簇复叶。第一棵小植株已然扎根了，另一棵的梢头还没发育好。藤蔓从母株向各处爬去。想要找到带着去年子女的老植株，就得在野草稀疏的地方找。比如说这棵吧：中间是母本植株，它的小孩子则

[1] 共同生在一个叶柄上的二至多枚分离的小叶，称为复叶。

环绕在它的周围，一共有3圈。每一圈平均有5棵。

草莓就这样一圈紧挨着一圈地四处扩展，不断扩大自己的地盘。

尼娜·巴甫洛娃

狗熊被吓死了

这天晚上，猎人很晚才从森林里出来，往村庄里走。当他走到燕麦田的时候，看到燕麦田里有个黑东西在打转转儿。这是什么东西呀？

难道是牲口闯进庄稼地了吗？

猎人仔细一看——天啊！原来躺在地里的是一只大狗熊。它肚皮朝下，往地上一趴，用两只前掌搂着一束麦穗，压在身下正吮着呢！它舒舒服服的，得意得哼哼哧哧的。看来，燕麦浆很对它的胃口。

猎人身上没带枪弹，只剩一颗小霰弹（他去打鸟的）。不过，他是个勇敢的小伙子。

“管他呢，”他心想，“放一枪再说。总不能让狗熊糟蹋麦田呀！不吓吓它，它是不会挪地方的。”

他装上霰弹，对着狗熊就是一枪，正好在傻熊的耳边响了。

狗熊措不及防，吓得猛地跳了起来。麦田边上正好有一大丛灌木，狗熊像只鸟儿似的从上面蹿了过去。

它蹿过去后，摔了个大跟头；它爬起来，头也不回地一溜烟跑回森林了。

原来狗熊胆子这么小啊！猎人觉得很好笑。他笑了一阵，就回家了。

第二天早上，猎人心想：“得去看一眼。田里的麦子被狗熊糟蹋了多少？”他去昨天那个地方一瞧，一路上都有熊粪的痕迹，一直通到林子里，原来昨天狗熊吓得拉肚子了。他顺着痕迹一路走去，只见狗熊躺在那儿，死了！

狗熊居然被吓死了，它可是森林里最强大、最可怕的一种野兽呢！

食用蕈

一场雨后，有蘑菇长出来了。

长在松林里的白蘑菇是最好的蘑菇。

白色的牛肝菌长得又厚实，又肥硕。它们的菌盖是深栗色的，散发着一种令人闻了就觉得特舒服的香味儿。

在林中小路旁的浅草丛里，生长着一种油蕈。有时候它也长在车辙里。它们的嫩芽很好看，长得很像小绒球。好看固然是好看，只是黏糊糊的，上面总会粘着点什么东西，有时是枯树叶，有时是细草茎。

在松林间的草地上，生长着一种棕红色的蘑菇——松乳菇，隔得老远就能看见它火红的外衣。松林里这种蘑菇可真不少！大的差不多有小碟子那么大，菌盖被虫子咬出了很多洞，菌褶发绿。最好的蘑菇，是中等大小的，比五戈比[1]硬币稍微小一点的。这种蘑菇才真叫肥硕厚实呢。它们的菌盖中间往下凹，边儿是向上卷起的。

云杉林里也生长着很多蘑菇。云杉树下就长出了白蘑菇和松乳菇，不过它们和松林里长的不一样。白蘑菇的菌盖颜色更深，还有点发黄，菌柄更细一些，更长一些。松乳菇的颜色就跟松林里的蘑菇完全不一样了——它们的菌盖不是棕红色的，而是蓝绿色，而且带着一圈一圈的纹理，就像树桩上的年轮。在白桦和白杨下，也各长着各自特有的蘑菇了。因此，它们也就各有各的独特的名字——白桦蕈、白杨蕈。白桦蕈在离白桦很远的地方也能生长；白杨蕈却和白杨寸步不离。白杨蕈是一种长得很好看的蘑菇，体态端庄，婀娜多姿，蕈帽、蕈柄就像雕刻的似的。

尼娜·巴甫洛娃

毒 蕈

一场雨后，也长出了不少毒蕈。食用蕈多是白色的。毒蕈也有白色的，不过白色发暗，你可得留神辨别！ 毒白蕈是毒蕈中最毒的一种——吃一小块毒白蕈，比让毒蛇咬一口还可怕。它能让人送命。谁要是误吃了这种毒蕈，很少有完全康复的。

幸亏这种毒白蕈不难辨认。与食用蕈相比，它的菌柄就像是插在细颈大花瓶里。人们常说很容易把毒白蕈跟香蕈弄混（这两种蕈的菌盖都是白的）。不过，香蕈的菌柄就是普通样子的，谁都不会说它的菌柄像是插在花瓶里似的。

---

[1] 俄罗斯的辅币单位，1 卢布是 100 戈比。

毒白蕈长得最像毒蝇蕈。所以有人甚至将其称为白毒蝇蕈。如果用铅笔给它们做个素描，人们根本认不出到底是毒白蕈，还是毒蝇蕈。它们的菌盖上都有白色的碎片，菌柄上都像围着一条衣领子似的。

还有两种危险的毒蕈——一种叫胆蕈，一种叫鬼蕈，很可能被当作白毒蕈。它们与白毒蕈的不同之处在于：它们的菌盖背后，不像白毒蕈那样是白色或是浅黄色的，而是粉红色或是红色的。还有，如果掰开白蕈的菌盖，它的菌盖还是白的。但如果掰开胆蕈和鬼蕈的菌盖，会发现它们的菌盖里面起初是微红色，之后就变黑了。

尼娜•巴甫洛娃

“暴雪”纷飞

我们这儿湖上昨天“暴雪”纷飞。轻飘飘的雪花在空中飞舞着，眼看着雪花就要飘落到水面上，却又盘旋着升起，从高空散落了下去。此时天空晴朗，无云。太阳光灼烧着大地。热空气在滚烫的阳光下静静地流动，没有一丝风。可是湖面上却“暴雪”纷飞！

今天早上，整个湖面上和湖岸边，都洒满了干巴巴、死僵僵的雪花一样的絮状物。

这场雪可真是奇怪啊：滚烫的阳光晒不化它，也没有反射出它的光芒。这种雪花是暖的，是易碎的。

我们走过去想看个究竟，直到走在岸边时，我们才看清楚——这哪是雪呀！是成千上万长着翅膀的小昆虫——蜉蝣。

它们是昨天从湖里飞出来的。它们在暗无天日的湖底待了整整3年。那时，它们还是些模样丑丑的幼虫，在湖底的淤泥里蠕动着。

它们以淤泥和臭烘烘的水藻为食。它们一直在黑暗里，从来没有见过太阳。就这样过了3年——整整1000天的时间。

昨天，这些幼虫终于爬上了岸，蜕掉了身上难看的幼虫皮，展开它们那轻巧的翅膀，拖着尾巴——3条又细又长的线，升上了天空。

它们的寿命只有一天，这一天里，它们在空中尽情地跳舞，享受生命的欢乐，因此，人又称蜉蝣为“一日虫”。

它们在阳光下跳了一整天舞，像轻盈的雪花在空中飞。雌蜉蝣落到水面上，把它们那些很小的卵产在水里。

当夕阳西落、夜幕降临的时候，湖岸和水面上就撒满了“一日虫”的尸体。

蜉蝣的卵将会孵化成小幼虫。幼虫又将在暗无天日的湖底度过整整1000天的日子，然后变成快活的短命虫，展开翅膀在湖水的上空翩翩起舞。

白野鸭

有一群野鸭落在了湖中央。

我在岸上观察它们。这是一群身披夏季纯灰色羽毛的雄野鸭和雌野鸭。我惊奇地发现它们里面有一只浅毛野鸭，非常显眼。它总待在野鸭群的最中间。

我用望远镜仔细地研究了一番。它从头到尾都长着浅奶油色的羽毛。当早晨明亮的太阳从乌云后伸出头来时，它骤然变得耀眼闪亮，在那群深灰色的同类之中显得非常另类。但它的其他地方与别的野鸭毫无区别。

在我50年的狩猎生涯里，还是头一次遇到患色素缺乏症的野鸭。患上这种病的鸟兽，血液里缺乏色素，它们一生下来皮毛就是雪白色的，或是非常淡的颜色，而且一辈子都是这样。对于自然界里的动物来说，保护色是具有非凡的保护功能的，可是它们却没有保护色。鸟兽有了保护色，这样在它们居住的地方才不那么容易被发现啊！

这只野鸭可真是个奇迹，不知它是如何神奇地避免死在猛禽的利爪下的。我当然也想打到它。不过，此时可办不到，这群野鸭之所以要落在湖心休息，就是为了让人无法走近它们去放枪。我开始心神不宁了，只好一直等机会，看什么时候能在岸边遇到那只毛色奇特的白野鸭了。

没想到这个机会这么快就来了。

一天，我正沿着湖边窄窄的水湾走，突然有几只野鸭从草丛中飞了出来，其中就有那只白野鸭。我冲着它举起枪。但在开枪的那一瞬间，一只灰野鸭挡住了白野鸭。灰野鸭被我的霰弹打死了，掉在地上。白野鸭和其他野鸭一起仓皇逃走了。

这难道是一种偶然吗？当然！不过，那年夏天，我又好几次见到这只白野鸭在湖中心和水湾里游荡。总有几只灰野鸭陪伴着它，就像它的卫士。不用说，猎人的霰弹当然都是打在普通灰野鸭身上了，而白野鸭却安然无恙地在同伴们的保护下飞走了。

反正我始终没能打着它。

这件事是在皮洛斯湖上发生的。皮洛斯湖坐落在诺夫戈罗德州和加里宁州的交界处。

维·比安基

绿色的朋友

应该种哪些树

你们知道应该种哪些树来造林吗？

我们为了造林已精选了 16 种乔木和 14 种灌木，在我国各地都可以栽种这些树种。

最主要的树种是：栎树、杨树、枵树、白桦树、榆树、槭树、松树、落叶松、桉树、苹果树、梨树、柳树、花楸树、洋槐、锦鸡儿、蔷薇以及醋栗。

所有小朋友都应该懂得这些知识，并且牢牢记住，为了开辟林场，需要采集哪些树种。

《森林报》通讯员　彼•拉甫洛夫

谢•拉里奥诺夫

机器造林

需要种的树木数量太多了，光靠人工栽种可忙不过来。

人类发明、制造了各种各样的复杂、精巧的植树机。这些机器不仅能播撒树木种子，还能栽种苗木，甚至能够栽种成材了的大树。有栽种成片森林带的机器，有在峡谷边造林的机器，有挖掘池塘的机器，有平整土地的机器，甚至还有照顾苗木的机器。

人工湖

在北方，有很多大大小小的河流、湖沼和池塘，所以夏天也不太热。可是我们克里米疆区的池塘很少，也根本没有湖。只有一条浅浅的小河流过，可一到夏天，这条小河就会变浅甚至干涸了，我们只要稍稍挽起裤脚儿，就能光脚走过去。

过去我们集体农庄的果园和菜园常闹旱灾。现在好了，果园和菜园再不会闹旱灾了。我们新挖了一个水库——是一个储水量达 500 万立方米的大人工湖。

这个人工湖的水足够用来灌溉 500 公顷菜园子，还可以用来养鱼、养水禽。

克里米疆区中学生
普罗西科
卡巴特西科

我们也要造林

我们沿着伏尔加河，种了成千上万棵小栎树、小槭树和小枵树，这个防护林带横穿了整个草原。现在小树苗长得还不够结实，还有很多敌人，比如，害虫、啮齿类动物以及热风。

我们学校的学生决定帮助大人们保护小树，不让它们受到这些敌人的侵害。

一只椋鸟一天能消灭 200 克蝗虫。如果椋鸟住在防护林带附近的话，它们就能带给森林很大好处。我们和乌斯切库尔郡、普里斯坦等地的孩子们，一共搭了 350 个椋鸟房，都放在年幼的防护林带附近了。

金花鼠以及其他一些啮齿类动物对小树的生长非常不利。我们将要和农村的小伙伴们一起消灭金花鼠——往鼠洞里灌水，或是用捕鼠机捉它们。我们正要做一些捕鼠机。

我们这儿的集体农庄将负责防护林带的补栽任务。因此，需要大批树种和树苗。今年夏天，我们将会收集 1000 千克种子。乌斯切库尔郡以及普里斯坦等地各学校，都将会开辟苗圃，为防护林带培育栎树、槭树等。我们将要和农村的小伙伴们一起组成巡逻队保护防护林带，不让它们遭到践踏、破坏，并预防火灾。

萨拉托夫城第63班男校学生

林木大战(续前)

第四块采伐空地大概是在30年前被砍光的——本报通讯员在那儿得到这样的消息。

孱弱的白桦幼苗和白杨幼苗，都死在自己强大的同胞兄弟姐妹手下了。此时的丛林底层，只有云杉还活着。

当云杉在阴暗的角落里悄悄发育的时候，比它高大、比它健壮的白桦和白杨仍继续在它上面肆虐、吵闹。历史又重演了：哪棵树长得比身旁的树高，就占了上风，冷酷无情地将失败者消灭。

失败者干枯后就倒了。于是树叶帐篷顶上就出现一个大窟窿——阳光似暴雨般从那里直泻而下，径直落在地窖中的小云杉头上。

小云杉有点惧怕阳光，因此生病了。

得过一段时间，它们才能习惯阳光的照射呢！

小云杉总算慢慢地恢复了健康，也将身上的针叶换掉了。此后它们就开始飞快地往高蹿，搞得敌人们来不及补好小云杉头顶的破帐篷。

幸运的小云杉终于跟高大的白桦、白杨一样高了。其他那些强壮、多刺的云杉，也紧跟着把长矛似的尖梢伸到最高层。

这时候它们才暴露出来，麻痹大意的胜利者——白桦和白杨，让多么可怕的敌人，住进自己的地窖里了。

我们的通讯员亲眼目睹了这些仇敌之间残酷的白刃战，那才真叫可怕呢！

一阵阵狂烈的秋风刮来。秋风让这里的所有的活在拥挤不堪的环境下的林木兴奋起来了。阔叶树往云杉身上扑，用它们的手臂——树枝，拼命地抽打着云杉敌人。

连平日里哆哆嗦嗦的、窃窃私语的、胆小的白杨，这时也稀里糊涂地挥舞起它的枝条，想努力扭住黑黝黝的云杉，然后折断它们的针叶树枝。

只是白杨不是好战士。它们的手臂一点也不坚韧，很容易就折断了。强壮的云杉才不怕它们呢！

白桦和白杨不同。它们体格很好，力气大，枝条也柔韧。即便一阵微风刮过，它们那弹簧似的手臂，也会随之摆动。白桦轻轻一晃身子，周围的所有树木可就都得当心了，因为被它撞一下可真够受的了！

白桦和云杉开始肉搏了。白桦用柔韧的枝条鞭打着云杉的枝条，抽断了云杉一簇簇的针叶。

只要云杉被白桦扭住手臂，云杉的针叶就会纷纷落下；只要云杉被白桦撞掉一块皮，云杉的树顶就会枯萎。

云杉还能抵御得住白杨，但是抵御不住白桦。云杉是一种非常坚硬的树木。虽然它们不易折断，却也不易弯曲，它们没法用那直挺挺的针叶树枝去抵抗。

我们的通讯员没有看到林木大战的战果，得在那儿住上很多年才能看到。于是他们就动身去找林木大战已经结束了的地方。

他们在哪儿能找到这种地方，我们将在下期《森林报》上继续报道。

帮助复兴森林

我们少先队参加了植树造林工作，正在收集各种树种，再将这些树种交给集体农庄以及护田造林站。我们在校园里开辟了一个小小的苗圃，栽种了橡树、枫树、山楂树、白桦、榆树等。这些树种都是我们自己采集来的。

中学生

嘉•斯米尔洛娃

尼•阿尔卡吉耶娃

园林周

政府决定每年都在我国各地的农村和城市里举行一次园林周。中部和北部各州，园林周在10月初举行；南方各州，园林周在11月初举行。

第一届园林周，于筹备十月革命30周年纪念会之时举行。各地集体农庄当时都新开辟了好几千个花园。国营农场、农业机械站、学校、医院等机关的大院内、公路和大街两旁、集体农庄庄员、工人、职员的私宅四周的空地上，当时都新栽了好几百万棵果树。以后每逢园林周，国家苗木场老早就培育好几千万棵苹果树苗和梨树苗，还有无数棵浆果树苗和装饰植物的苗木。没有果园的地方，也着手开辟果园了。

列宁格勒 塔斯社

农事记

我们这儿各个集体农庄的庄稼都快要收割完了，最忙的时候到了。我们将收获的第一批最好的粮食交给国家。各集体农庄都先将自己的劳动果实上交国家。

大家收割完黑麦，就收割小麦；收割完小麦，就收割大麦；收割完大麦，就收割燕麦；收割完燕麦，就该轮到收割荞麦了。

各集体农庄到火车站的路上都很热闹，一辆辆大车上都满载着新收获的粮食。

拖拉机总是在田里轰鸣着：秋播作物已播完了，此时正在翻耕土地，准备来年的春播。

夏季的浆果已经过季了，不过果园里的苹果、梨和李子都熟了。林子里长出很多蘑菇。在铺满青苔的沼泽地上，越橘也红了。农村里的孩子们在用棍子打落一串串沉甸甸的花楸果。

山鹑一家老少可遭殃了：它们刚从秋播庄稼地搬到春播庄稼地不久；现在又得从这块春播庄稼地转移到另一块春播庄稼地里。

山鹑全家躲进了马铃薯地，那里没有谁会去惊动它们。

不过，此时人们又来挖马铃薯了。马铃薯收割机一发动，孩子们将篝火燃起，在地里搭起锅灶，就在那儿烤马铃薯吃了。每个孩子的小脸儿都抹得脏兮兮的，活像一群黑小鬼，看着可吓人了！

灰山鹑离开了马铃薯地。它们的幼鸟终于长大了。现在允许猎人打山鹑了。

得找个藏身、觅食的地方啊！可是去哪儿找呢？各处的庄稼都收割了。不过，这时候秋播地的黑麦已经长得非常高了。这下有地方打食了，也有地方躲避猎人敏锐的眼神了。

“神眼人”的报告

8 月 26 日，我赶着一辆大车向外运送干草。走着走着，我就看到有一只大猫头鹰在一堆枯树枝上歇着，两个眼睛紧盯着枯树枝堆。我觉得这事很奇怪，猫头鹰为什么离我这么近，它怎么不飞走呢？我停下马车，下去走了几步，捡起一根树枝，扔向猫头鹰。猫头鹰吓得飞走了。它刚一飞走，就有几十只小鸟从枯树枝堆底下飞出来。原来它们藏在那里，就躲过了它们的敌人——猫头鹰。

《森林报》通讯员 列•波里索夫

集体农庄新闻

迷惑战术

在只剩下像鬃毛一样的麦秆的田地里，杂草隐藏了起来，杂草可是田地的敌人呀！它的种子落到地上，长长的根藏在地下。它们在等着春天的来临。春天一到，人们翻耕完土地，就种上马铃薯，那时杂草就会翻身，开始阻碍马铃薯的发育。

人们决定使个小计，迷惑一下杂草。他们把松土用的粗耕机开到田里。粗耕机将杂草种子翻到了土里，将杂草根茎切成一段一段的。

杂草还以为春天来了呢，因为那时天气暖和，土又松又软的。于是它们就生长起来了。草种发芽了，一段段根茎也发芽了，田里一片绿意盎然。

这可把人们乐坏了！等杂草长出来后，到秋末我们就把地再翻耕一遍，把杂草翻个底朝天。这样等到了冬天它们就会冻死的。杂草啊！杂草！你们休想再欺负马铃薯！

一场虚惊

林中的鸟兽们都惊慌失措的：森林边上来了一批人，他们在地上铺了很多干枯的树枝。这也许是一种新式的捕鸟捕兽器啊！林中动物们的末日来了！

其实这是一场虚惊——原来这批人并没有恶意。他们是集体农庄庄员。他们在铺亚麻，铺成薄薄的一层，整齐的一行又一行，亚麻留在这里慢慢地经受雨水和露水的浸润。经过这样的浸润后，想取亚麻茎里的纤维就很容易了。

瞧这兴旺的家庭

五一集体农庄的母猪杜什加生了 26 只小猪。我在 2 月里才祝贺过它呢，那会儿它生了 12 只小猪。好一个兴旺的家庭！孩子太多了！

公　愤

黄瓜田里群情激愤，黄瓜们在抱怨着："为什么庄员们三天两头就来咱们这儿一趟，把咱们的嫩黄瓜都摘走了？让它们安安稳稳地成熟，该多好！"

可是人们只留下一小部分黄瓜当种子，其余的黄瓜都是在最嫩的时候被摘走的。未成熟的小黄瓜嫩而多汁，非常好吃。成熟的黄瓜，就不能吃了。

帽子的样式

在林中空地上以及道路两侧，有棕红色蘑菇和油蕈探出头来。松林里的棕红色蘑菇是最好看的——火红火红的，矮矮胖胖又结结实实，帽儿上带着一圈一圈的花纹。

孩子们都说，棕红蘑菇菌帽的样式是从人那儿学去的——它们的菌帽真的很像草帽。

油蕈倒是不一样。它们的菌帽跟人的帽子不太像。别说男人了，就是年纪轻轻的姑娘，为了赶时髦也不会戴这种帽子的。油蕈的帽儿黏黏的，实在无法让人产生好感啊！

一无所获

一群蜻蜓飞到曙光集体农庄的养蜂场里捉蜜蜂。蜻蜓有点败兴：奇怪啊，养蜂场里怎么会没有蜜蜂啊？蜻蜓们可不知道，原来在 7 月中旬以后，蜜蜂就搬到林中盛开的帚石南花丛里了。

等到帚石南花谢了，它们在那儿酿好黄澄澄的帚石南蜂蜜后，就会搬回来了。

尼娜·巴甫洛娃

猎事记

带猎犬出门打猎

8 月的一个清新早晨，我和塞苏伊奇结伴去打猎。我的两条西班牙短尾猎犬——吉姆和鲍依——兴奋地叫着，直往我身上跳。塞苏伊奇有一条很漂亮的长毛大猎犬叫拉达，它将两只前脚搭在自己的矮小主人的肩膀上，舔了一下主人的脸。

“去，你这个淘气鬼！”塞苏伊奇用袖子擦了擦被狗舔过的地方，假装生气地说着。

这时，3 条猎犬已经离开我们，去刚割过草的草场上飞奔了。漂亮的拉达迈着矫捷的大步子狂奔着，只见它那黑白相间的身影在碧绿的灌木丛中忽隐忽现。我的那两条短腿猎犬，像是受了委屈似的汪汪直叫着，拼命想追赶拉达，可就是追不上。

让它们尽情撒个欢吧！

我们来到一簇灌木林旁。我打了个口哨，唤回了吉姆和鲍依，它俩在我身旁边走过来走过去的，嗅着一棵棵灌木和一个个长满青苔的草墩子。拉达则在我们前面往来穿梭着，一会儿从我们左边闪过，一会儿又从我们右边蹿过去。拉达跑着跑着，突然间站住不动了。

它好像撞到一道看不见的铁丝网，僵在那儿一动不动，保持着刚才狂奔时的那个姿势：头微微向左歪，脊背有弹性地弯着，左前爪抬起，尾巴伸得笔直笔直的，像根大羽毛似的。

不是撞到什么铁丝网，而是一股野禽特有的气味让它止住了奔跑。

“您打吧！”塞苏伊奇建议我。

我摇了摇头，把我的两条狗叫了回来，让它们躺在我脚边，免得它们添乱，把拉达发现的猎物给赶跑了。

塞苏伊奇不慌不忙走到拉达跟前站住，把猎枪从他肩上拿下来，扣上了扳机。他并没有忙着指挥拉达往前跑。他大概也和我一样，也爱欣赏猎犬指示猎物时的那个动人的画面，那个努力克制着自己的满腔激情和兴奋的优美姿势吧！

“前进！”塞苏伊奇终于下达了命令。

拉达却一动也不动。

我知道有一窠琴鸡藏在灌木丛里。塞苏伊奇又命令狗前进，拉达刚前进了一步，“噗噗噗”一阵响，有几只棕红色的大鸟从灌木丛里飞了出来。

“前进，拉达！”塞苏伊奇又重复了一遍命令，一面端起了枪。

拉达快速往前跑，绕了半圈，又站住不动了，这次是停在另一簇灌木丛旁。

那里能有什么呢？

塞苏伊奇又上前去，吩咐它道：

“往前走！”

拉达钻进灌木丛，然后绕着跑了一圈。

在灌木丛后面，悄悄飞出一只棕红色的鸟儿，个头不太大。它有气无力地、笨拙地挥动着翅膀。两条长长的腿好像受了伤似的，拖在身后。

塞苏伊奇把猎枪放下，气冲冲地唤回拉达。

原来那是一只长腿秧鸡。

这种生活在草地上的野禽，在春天的牧场上发出刺耳的尖叫声，那时猎人倒还爱听这种声音；可是在狩猎的季节里，猎人们可就讨厌它了：它们在草丛里乱钻，让猎犬们没法指示方向——猎犬一闻到它的气味，刚把姿势摆好，它却在草丛里偷偷地溜走了，让猎犬白费力气。

不久后，我就和塞苏伊奇分头行动了，我们约好在林中的小湖边见面。

我沿着一条狭窄的溪谷走着，满眼葱茏，溪谷两侧是杂木丛生的高岗。咖啡色的吉姆与它的儿子——黑、白、棕三色相间的鲍依，跑在我的前面。我得时刻准备着放枪，眼睛总得盯住它们俩，因为这种猎犬不会做伺服动作，它们随时可能惊动野禽。它们穿梭在每一丛灌木里，一会儿隐没在茂密的草丛里，一会儿又出来。它们那半截子尾巴，一刻不停地摇着，像螺旋桨似的。

是的，不能让这种猎犬有一根长尾巴的：如果它的尾巴很长，那么当尾巴打在青草或是灌木上时，那该有多大的动静啊！而且它们的长尾巴不被灌木丛撞得磨破皮才怪呢！因此，当这种猎犬的幼崽出世3周时，它们的尾巴就会被剁掉，以后也不会再长了。留下的短短的半截尾巴，刚好一把就可以抓住。这截尾巴是以防万一它掉进沼泽地里，人们就可以抓住它的半截尾巴，拖它出来。我目不转睛地瞅着这两条猎犬，自己也弄不明白，怎么这种时候还能同时看见周围的一切美好景色，发现无数美妙的新奇事物。

我看到——太阳已经爬上树梢，青草和绿叶间闪着万道金光；我看到——草丛和灌木上的蜘蛛网闪着银光；我看到——松树干曲折盘旋，好像一把巨椅——只有童话中的森林之魔才配坐的椅子。可是，森林之魔在那里呢？那个“椅座”上倒是积起了一汪水，有几只蝴蝶在周围翩翩起舞。

两条猎犬过去喝水，我的喉咙也变干了。我脚边的一片有卷边的阔叶草叶上，滚动着一颗晶莹的露珠，就像一颗价值连城的金刚钻。

我小心翼翼地弯下腰——可别碰到露珠呀！我轻轻摘下这片叶子，连同这一滴露珠——世上最纯净的一滴水。这滴水精心地吸收了朝阳的全部喜悦。

毛茸茸、湿漉漉的草叶一碰到我嘴唇，清凉的水珠就滚到了我干燥的舌尖上。

吉姆忽然狂吠起来：“汪，汪，汪汪汪！”我当即丢下曾给我解渴的那片阔叶草，任它飘落在地上。

吉姆汪汪地叫着，沿着溪边跑。它的短尾巴甩得更快、更有力了。

我急急忙忙向溪边走，想赶到狗的前面。

可已经来不及了：一只刚才一直没被我们发觉的鸟，此时轻轻扇动着翅膀，从一棵盘曲的赤杨树后面飞走了。

它在赤杨树后径直往上飞呢——原来是一只野鸭。我慌里慌张地来不及瞄准，举枪就放，霰弹穿过树叶，击中了野鸭。野鸭一头栽进溪水里。

这一切太突然了，简直就像我压根没开过枪似的，而是用魔法击中了它，我脑子里刚转了这么一念，野鸭就掉下来了。

吉姆已经游过去，把战利品衔上岸来了。吉姆顾不得先抖落自己身上的水，它把野鸭紧紧地叼在嘴里（野鸭的长脖子一直耷拉到地上），送到我手里。

“谢谢你啊，老伙计！谢谢你啊，亲爱的！”我弯下身子，抚摸了一下吉姆。

可它却在这时抖起身上的水来了，水星子溅了我一脸。

“嗨！这个没礼貌的家伙！躲开！”

吉姆这才跑了。

我仅用两个手指就把野鸭的嘴巴尖捏住了，拎起它来掂掂分量。好家伙！真够沉的！可是它的嘴巴挺结实，禁得起这么重，都没有折断。如此看来，这是一只成年野鸭，不是今年新孵出来的。

我的两条猎犬，又汪汪叫着往前跑了。我急忙把野鸭挂在子弹袋的背带上，紧追几步，一边跑，一边重新装上子弹。

狭窄的溪谷从这里逐渐变得开阔起来，有一片沼泽直通高岗的斜坡脚下，只见无数个草墩和遍地的苔草。

吉姆和鲍依又钻进草丛。它们会在那儿有什么新发现吗？

此刻好像全世界都在这片小小的沼泽地里了。我身为猎人唯一的愿望，就是想快点看到两条猎犬在草丛里嗅到了什么，会有什么野禽飞出来呢？可别把它放跑啊！

我的两条短腿猎犬，隐没在茂盛的草丛里，不过它们的耳朵像大翅膀似的，在草丛里扑扇着，原来它们在做“搜索跳跃”——跳起身来，搜索附近的猎物。

只听见“噗”一声——活像把皮靴从沼泽地里往外拔时听到的那种声响——草墩子上飞出一只长嘴沙锥。它飞得低低的，快速地曲折前进着。

我瞄准它打了一枪，可它还在飞。

它在空中盘旋了好几圈，然后伸直双腿，落在我身旁的一个草墩子上。它站在那儿，用长嘴巴支着地，好像一把剑插在地上。

离我这么近，而且老老实实地待在那儿，我倒不太好意思打它了。

这时，吉姆和鲍依跑回我身边了。它们又把长嘴沙锥撵起来了。我用左枪筒射击，还是没打中！

哎呀！真不像话！我打猎30年，少说也打过几百只沙锥了，可是一见野禽飞起来，心里还是会发慌。这回又操之过急了。

唉，又有什么办法呢！现在我得找几只琴鸡了，要不塞苏伊奇看见我的猎物后，又该瞧不起我、笑话我了。城里人把沙锥当成珍稀野味儿，乡下人可不把它当回事儿——这么小的鸟，都不够塞牙缝的！

在高岗后面的什么地方，传来塞苏伊奇的第三次枪响。估计到这会儿，他至少已经打到5千克的野味儿了。

我蹚过小溪，爬上陡坡。此处居高临下，能看得西边很远的地方：那儿有一大片被砍伐的林中空地；再过去一点就是燕麦田了。喏，那不是拉达一闪而过的身影吗！那不是塞苏伊奇吗！

啊！拉达站住了！

塞苏伊奇走过来了，瞧！他放枪了——“砰！砰”连发两枪。

拉达过去捡猎物了。

我也不该闲着了。

我的两只猎犬钻进密林了。我有这样一个狩猎原则：如果我的猎犬钻进密林，我就顺着林间小路走去。

林中空地非常宽阔，如果你看到鸟儿飞过，尽管开枪吧。只要猎犬把鸟儿往这边撵就行了。

鲍依汪汪直叫，吉姆也跟着叫了起来。我急忙往前走。

我已经走到猎犬前边了。它们还在那儿磨蹭什么呢？一定是有琴鸡。我知道琴鸡总是自己飞到高处去，引得猎犬总跟着到处跑。

“嗒，嗒，嗒，嗒，嗒！”果然有一只琴鸡冷不防飞出来了，它浑身乌黑，黑得就像一块焦炭。它沿着林间小路疾飞而去。

我端起双筒枪，紧随其后，双管齐发。

琴鸡却拐了个弯儿，消失在几棵高大的树木后了。

难道我又没打中吗？不可能啊！我瞄得挺准的……

我吹了个口哨，唤回我的两条狗，钻进林子里找那只消失的琴鸡。我找了一会儿，两条猎犬也找了一阵，可都没找着。

唉！真让人恼火，今天真倒霉！可是对谁撒气呢——猎枪是地地道道的好枪，子弹是自己亲手装的。

我再试一试，也许去小湖边运气能好点。

我又回到了林间空地上。离空地大约半公里处就是一个小湖。此时我的情绪坏透了，两条猎犬也不知道跑哪儿去了，怎么唤也不回来。

去它们的吧！我一个人去。

可此时鲍依不知又从什么地方钻出来了。

“你跑到那儿去了？你想干什么啊——你以为自己是猎人，我倒成了你的助手，只管替你放放枪，是吧？那好啊，你把枪拿走，你去放枪吧！怎么？你不会吗？喂！你为什么四脚朝天躺在地上啊？想道歉？想得美！往后你得听话呀！总而言之，你们这种短腿猎犬都是蠢东西。长毛大猎犬可不像你们那么笨，它们可会指示猎物。

“要是带上拉达打猎，一切就简单多了。我也能百发百中的。野禽在拉达跟前，就像是被绳子拴住了似的。那样的话，打中它能有什么困难呢?！”

走过几棵大树后，前面就是银色的小湖了。我的心中又充满了新的希望。

湖岸边长满了芦苇。鲍依已经扑通一声跳进湖里，一边向前游着，一边把高高的绿色芦苇碰得东倒西歪。

鲍依大叫了一声，一只野鸭从芦苇丛里飞了出来，呷呷地叫着。

野鸭刚飞到湖心上空，我就开了一枪打中了它。它的长脖子一歪，啪嗒一声掉进湖里，肚皮朝上地浮在水面上，两只红鸭掌在空中乱划。

鲍依向它游过去，正要张开嘴咬住它时，野鸭突然钻到水下，不见了。

鲍依被它弄得莫名其妙：这是跑到哪儿去啦？鲍依在原地转啊转啊，可野鸭还是没有出现。

忽然鲍依也一头钻进水里去了。这是怎么一回事儿？是被什么东西给绊住了？沉到湖底去了？这可怎么办？

野鸭浮出水面了，慢慢向湖岸游了过来。它游的姿势很特别：身子侧着，头浸在水里。

啊！原来鲍依衔着它呢！野鸭挡住了它的小脑袋，所以看不见。真是太棒了！它竟潜到水中将猎物叼了回来。

“真能干呀！”塞苏伊奇的声音传来。他悄悄地出现在我身后。

鲍依游到湖岸边的草墩子旁，爬了上去，把野鸭放下，抖了抖身上的水。

“鲍依！你可真不害臊！马上叼起野鸭，送到我这里来！”

它真不听话——竟然对我不理不睬！

这时吉姆不知从哪儿跑过来了。它游到草墩子旁，生气地对儿子怒吼了一声，然后叼起野鸭就给我送来了。

吉姆抖了抖身子，钻进了灌木丛。它又带给我一个意外的惊喜——从灌木丛里叼出了一只死琴鸡！

怪不得半天没露面呢，原来是去林子里找琴鸡了！没准它一直在追踪那只被我打伤的琴鸡，找到它后，又衔着它跟在我身后足足跑了将近半公里路。

有两条这样的狗，在塞苏伊奇面前，我是多么自豪啊！

吉姆真是一条忠实的老猎犬！它老老实实、尽心尽力地为我服务了11个年头，从没偷过懒。可是狗的寿命很短暂——这是它最后一年跟我出来打猎了吧！以后，我还能找得到像你这样的朋友吗？

当我坐在篝火旁喝茶的时候，这些念头都涌上心头了。身材矮小的塞苏伊奇，手脚麻利地把他的猎物挂在白桦树枝上：两只小琴鸡与两只沉甸甸的小松鸡。

这3条狗蹲在我身旁，贪婪地盯着我的一举一动，能不能分给它们一小块吃呢？

当然有它们的份儿：它们干的活儿都很棒，真是好样的狗。

已是正午时分。天蓝蓝的，高高的，头顶上的白杨树的叶子抖动着，发出一阵阵窸窣声。

此刻真是太美妙了！

塞苏伊奇也坐下来心不在焉地卷着纸烟。他在沉思着什么。

太好了！看起来，我马上就能听到他狩猎生涯中的另一件趣事了。

现在正是打新出窠的鸟儿的时候，每个猎人都要使尽心计，才能猎得机警的鸟儿。不过，如果他没有事先了解野禽的生活习性，光凭心计是不行的。

打野鸭

猎人们一早就注意到了：当小野鸭学会飞的时候，大大小小的野鸭就会成群结队飞行。一昼夜间飞两个来回，搬两次家。天一亮，它们就钻进茂密的芦苇丛里睡觉、休息。等太阳一落山，它们就从芦苇丛里飞了出来。

猎人守候已久。他知道野鸭们会飞到田里去，所以就在附近等它们。他在岸边的灌木丛里藏身，脸朝着水面，遥望着夕阳。

夕阳西落之处，宽宽的晚霞将天空烧红了一大条。晚霞映衬出一群群野鸭的黑色身影。它们朝着猎人径直飞过来了。猎人很容易就能瞄准它们。猎人出其不意地从灌木丛后面对这群野鸭放枪，一准能打中好几只。

他一枪接一枪的放着，直到天黑才停手。

夜里，野鸭在麦田里找食吃。

清晨，它们又飞回芦苇丛。

猎人在它们的必经之路上埋伏着呢！此时他脸朝东方、背对着水面。

一群群野鸭，径直冲着猎人的枪口飞过来了。

好帮手

一窝小琴鸡正在林间空地上找食儿。它们总是紧挨着林子边遛——万一发生什么意外，它们好立刻逃到林子里。

它们在啄浆果呢。

有一只小琴鸡听到草丛中沙沙作响，它抬头一看，草丛中探出一张可怕的兽脸，又肥又厚的嘴唇耷拉了下来，两只贪婪的眼睛死死盯住伏着的小琴鸡。

小琴鸡缩紧身子，变成一个有弹性的圆团儿，琴鸡和野兽四目相对，等待着，想知道接下来会发生什么。只要那野兽往前挪一步，小琴鸡就会扑扇它那对强有力的翅膀，闪到一旁，飞上去——有本事，就到空中捉它吧！

时间过得真慢！那张兽脸还在对着小琴鸡。小琴鸡胆小，没敢飞起来。那家伙也没敢动弹。

突然有个命令的声音："往前走！"

那野兽扑上前去。小琴鸡扑腾着飞了起来，像一支箭似的，飞奔着逃向救命的森林。

"砰"一声，火光一闪，一股青烟从森林里冒了出来。小琴鸡一个跟头栽到了地上。

猎人拾起小琴鸡，又吩咐猎犬往前走。

"轻一点！好好找，拉达，再好好找……"

躲在白杨树上

高大的云杉林一片漆黑。

静寂无声。

太阳刚落山。猎人从容不迫地在静悄悄、直溜溜的树干间穿行。

前面传来一阵响声，好像是风吹着树叶的沙沙声——前面有一片白杨树林。

猎人站住了。

四周又安静了。

接着,又响起来了,好像是几个稀疏的大雨点儿,啪啪地落在树叶上。

“咔嚓,咔嚓,吧嗒,吧嗒,吧嗒……”

猎人蹑手蹑脚地向前走,离白杨树林越来越近。

“咔嚓,吧嗒,吧嗒,吧嗒……”又没声音了。

隔着浓密的树叶,根本什么都看不清楚。

猎人停下脚步,站着不动。

比比看谁更有耐心:是躲在白杨树上的鸟儿,还是潜伏在树下、带着枪的人?

长时间的沉默。周围静极了。

后来又有声音响起:“吧嗒,吧嗒,咔嚓……”

哈哈,这回你可暴露了。

一只黑鸟儿蹲在树枝上,用嘴啄着白杨树叶的细细的叶柄,发出吧嗒吧嗒的响声。

猎人精确瞄准它开了一枪。于是这只粗心大意的小松鸡,就像沉甸甸的面团一样,从树上掉了下来。

这是一场硬碰硬的战斗。野禽隐蔽得很好,猎人也悄无声息。

要比的是:

谁先发现对方?

谁的耐心更大?

谁的眼睛更尖?

下面讲的是一场智斗

猎人沿着小径，静静地在茂密的云杉林中穿行。

“扑啦，扑啦啦，扑啦啦！”

从猎人的脚边，飞起一窝琴鸡，8只，不，有9只呢！

猎人还来不及端起枪，琴鸡就已经纷纷落到茂密的云杉树枝上了。

最好不要白费力气去找它们，反正也看不清它们落到哪里了——就是把眼睛睁得很大，也是看不清楚的。

猎人躲在小径旁的一棵小云杉后面。

他从口袋里掏出了一支短笛，吹了一会儿，然后又坐在小树墩子上，扳起扳机。他把短笛又送到嘴边。

好戏就这样开始了。

小琴鸡都藏在林子里不出来，躲得稳稳当当的。在琴鸡妈妈没发出“可以”的信号之前，它们是不敢乱动的，也不敢出声。每一只琴鸡都老老实实地待在自己那根树枝上。

“噼，依，噼克！ 噼，依，噼克！ 噼克，特儿！”

这就是信号，意思就是：可以啦……

“噼，依，噼克，特儿……”

这是琴鸡妈妈肯定地说：“可以了！可以了！飞过来吧！”一只小琴鸡悄悄地从树上溜下来，落在地上。它仔细地倾听着，可是妈妈的声音到底是从哪儿传出来的呀？

“噼，依，噼克！特儿，特儿！”意思就是：“在这儿，快来吧！”

小琴鸡跳到小径上了。

“噼，依，噼克，特儿！”

原来是在这儿呀，就在小云杉后面，在树墩子那儿。

小琴鸡撒腿，沿着小径拼命跑——直冲着猎人的枪口跑过来了。

猎人一枪打下去，又拿起短笛来继续吹。

笛声酷似琴鸡妈妈的尖细声音：“噼克，噼克，噼克，特儿！”

又有一只小琴鸡上当，乖乖地送死来了。

《森林报》特约通讯员

秋之卷

候鸟别离月(秋季第一个月)
一年——分为12个章节的太阳诗篇

9月成天愁眉不展。天空变得阴郁,鸟兽哀鸣,秋风萧瑟。秋季第一个月开始了。

秋天和春天一样,有自己的一套工作程序,不过,顺序正好与春天相反,秋天是从上而下变化的。树梢的叶子逐渐开始变色——变黄,变红,再变成褐色。没有充足的阳光照耀,它们不再绿的叶子就立刻开始枯萎了。在叶柄与树枝接合的那个地方,也出现了一个衰老的圆环。甚至在无风的日子里,叶子也会自行脱落。突然之间,这儿落下一片黄色的白桦树叶,那儿又掉下一片红色的白杨树叶,洋洋洒洒却又无声无息。

清晨,当你从睡梦中醒来的时候,你会发现青草上头一次有了白霜。你便在日记里写了这么一句话:"秋天来了!"从今天起,确切地说是从昨夜起,秋天就开始了。初霜总是在黎明前降落。从枝头上飘下来的枯叶越来越多了,不过横扫秋叶的西风还没有刮起,森林的华丽夏装还没有全脱下来。

雨燕已经不见了踪影。家燕与在我们这儿过夏的其他候鸟,都集结成群,夜间悄无声息地陆续出发,开始了遥远的旅程。一时间天空变得空寂了。河水越来越凉——人们已经不能再到河里洗澡了……

可是,突然之间,仿佛是那火热夏季的回光返照——又多了几个晴朗温暖的好天气。一根根又细又长的蜘蛛丝在宁静的天空中飘着,还泛着银光……田野又重现了清新的绿色景象。

"夏老婆子又回来了!"村子里的人都喜笑颜开,欣赏着生机盎然的秋播作物。

林子里的居民们都在为漫长冬季做着准备。正在孕育着的生命都被妥善地安置起来，在温暖安全的母体里静静发育，没什么后顾之忧了。

只有一些兔妈妈们还不甘心，它们不承认夏天已经过去了，又生了一批小兔儿！这批晚生儿就是“落叶兔”。

此时地上还长出了一些细柄食用蕈。夏季毕竟还是过去了。

又到了候鸟别离家乡的月份。

秋天就这么开始了。

别离歌

白桦树上的叶子已经很稀了。被房主们丢弃了很久的椋鸟窠，在光溜溜的树干上孤零零地摇晃着。

不知发生了什么事，有两只椋鸟飞来了。雌椋鸟钻到窠里忙活起来。雄椋鸟则落在枝头，不时向四面张望着，然后就唱起歌来！歌声很小，就像是唱给自己听的。

雄椋鸟唱完歌儿了。雌椋鸟也从窠里飞了出来，急匆匆地向鸟群飞去，雄椋鸟随即也跟在它后面飞。它们该出远门了——不是今天，就是明天。

它们今年夏天在这所小房子里孵了几只小鸟，现在它们是来跟自己的故居告别的。

它们不会忘记这个家，明年春天它们还会回来的。

朗朗晨光

9月15日

天气回暖。我像平常一样，一大清早就去花园里了。

我走到户外一看，天空高高的，万里无云。空气中带着一丝凉意，乔木、灌木和青草丛间，挂满了银色的蛛网。每一个网之间都有一只纤细的蜘蛛。

有一只小蜘蛛在两棵云杉幼苗的树枝之间，挂了一张银色的网。这网上沾满了寒露，显得像是玻璃做的，仿佛一捅就会碎掉。蜘蛛缩成一个小小的球，僵僵地伏在网上一动也不动。苍蝇还没出来呢，所以蜘蛛正好睡一会儿觉。也不知是冻僵了，还是冻死了？

我用小手指头小心翼翼地碰了一下小蜘蛛。

小蜘蛛没有反应，竟像一粒小石子似的掉在草丛里了。我看见它刚一落地，就一骨碌跳起来，拔脚就不见踪影。

真会装模作样！

也不知道它还会回这张网上吗？它还能找到这张网吗？还是再重织一张网呢？织一张网，得费多大劲呀——跑前跑后、来来回回多少趟，还得打结子、绕圈结网，真费心啊！

露珠在纤细的草尖上滚动着，就像挂在长长的睫毛上的泪珠。它们在晨曦之中闪烁着，发出喜悦的星火般的光辉。

路旁还有最后几朵野菊花，它们耷拉着那白裙似的花瓣，等待着和煦的阳光把它们晒暖。

置身于微冷的、明净的、如同易碎玻璃般的空气里，无论是各种颜色的树叶，还是在露水和蛛网的映照下披上了银色衣服的青草，或是一改夏日里的模样的淌着蓝水的小河，都显得那么华丽，那样惬意。我所遇到的最难看的东西，是一棵头顶很秃的蒲公英和一只光秃秃的灰蛾。蒲公英头上仅有的毛粘在一起，被露水打得湿漉漉的，身子也是残缺的。灰蛾的脑袋伤痕累累，大概是被小鸟啄的。回想今年夏天，蒲公英的头上曾戴过成千上万顶小降落伞！那时它多神气啊！而夏天的灰蛾呢，也曾经是毛茸茸的，脑袋光溜溜的，干干爽爽的！

我不禁同情它们，就将灰蛾放在蒲公英身上，把它们久久握在手里，让已升到林子上空的太阳晒一晒它们。蒲公英和灰蛾都是浑身又冷又湿的，有点半死不活，在阳光的滋润下，它们终于渐渐苏醒了。蒲公英头上那些粘在一起的小毛毛干了，露出原本的白色，并且轻飘飘地升到了空中；灰蛾恢复了活力，翅膀也舒展开了，露出原本的青烟色。这两个可怜的、丑陋的怪胎也变美了。

我听到一只黑琴鸡在林子的某处发出了叽里咕噜的声音。

我朝着灌木丛走去，想偷偷欣赏它曾在春天时表演过的歌舞演出。

然而，我刚走到灌木丛前，那只黑琴鸡就扑噜一声，几乎是从我脚边飞过去的，声音很响，吓得我打了个哆嗦。

原来它就在我跟前。我还以为它离我有多远呢！

此时从远方传来一阵吹喇叭般的鹤鸣声——一群鹤从森林上空飞了过去。

它们离开我们了……

摘自少年自然科学家的日记

《森林报》通讯员　维利卡

最后一批浆果

沼泽地上的越橘果成熟了。这种植物生长在泥炭上的草墩子里，浆果就直接耷拉在青苔上，隔得老远就能看见浆果，只是看不见这种植物的茎。走近一瞧，才能发现垫子似的青苔上，生长着一些和丝线一样细的茎，茎的两旁长着一些又直又硬的叶子。

那就是一棵完整的越橘的样子。

尼娜•巴甫洛娃

游泳旅行

草地上还有一些无精打采地耷拉着脑袋的垂死的草儿。

著名的有“飞毛腿”之称的秧鸡，此时已踏上了遥远的旅程。

矶凫和潜鸭也在海上长途飞行线上跋涉了。它们几乎都是在水里游，饿的时候就潜到水中捉鱼吃，很少在天上飞，就这样游过了湖泊和水湾。

它们游泳时不像野鸭那样笨拙，野鸭先在水面上微微抬起身子，然后猛地钻到水里。矶凫和潜鸭的身子非常灵活，只要一低头，使劲用像桨似的脚蹼一划，就能钻进深水里了。矶凫和潜鸭在水底就像在家里似的。没有哪种猛禽能在水下追上它们。它们游得速度快极了，甚至能跟鱼的速度相媲美。

不过它们飞的速度跟那些飞得快的猛禽比起来，可就差远了。因此它们不会冒险在空中飞行的，只要有水，它们就会游泳旅行。

“林中壮汉”们的决战

傍晚的时候，森林里传出阵阵短促的喑哑嘶吼。“林中壮汉”们——长有犄角的高大雄麋鹿，从密林的深处缓缓走出。它们用仿佛从腹腔深处发出的嘶吼声向对手挑战示威。

勇士们在丛林深处的空草地上相遇了。它们用蹄子使劲地刨着地，示威般摇晃着那笨重的犄角，血丝布满它们的双眼。它们放低头上的那对大犄角，红着眼厮打着，犄角在碰撞中发出劈裂声和嘎嘎声。它们还用自己健硕的身躯猛烈地撞击对方，拼命地想扭断对方的脖子。

它们厮杀在一起，时而分开，时而又激烈交战。雄麋鹿们挺起身子，用后腿站立着，犄角猛烈地撞击着。

每次笨重犄角的相撞，都会在森林里激起阵阵回响。雄麋鹿又叫犁角兽，因它们那宽宽大大的好似犁头的犄角而得名。

战败的雄麋鹿狼狈的从战场上逃走了，有的被恐怖的大犄角撞伤，带着扭断的脖子躺在血泊中，胜利的雄麋鹿的利蹄就是它最后的归宿。

洪亮的嘶吼声再次响彻整个森林，吹响了胜利的“号角”。

森林的深处，有一只雌麋鹿正在等待着胜利者。获胜的雄麋鹿便成为这一带的主人。

它不允许任何一只雄麋鹿到它的领地上来，甚至连未成年的小麋鹿也不行，一旦被看见，就会被驱逐。

响亮嘶哑的吼声又一次响起，如雷鸣般震荡在森林深处，深处……

候鸟离乡

每一天，无论白天还是夜晚，都会有成批的挥舞着翅膀的旅客踏上征程。它们从容不迫地、缓缓地飞着，途中停歇的次数多、时间长，与春天返乡时大不相同，看来它们非常不愿意离开呢！

出发的次序也与春天返乡时正好相反：五彩斑斓的、色彩鲜艳的鸟儿最先出发；而春天时最先飞回来的燕雀、百灵、鸥鸟则最后离开；还有许多鸟迁徙时是年轻的在前面开路；燕雀是雌鸟先飞；比较强壮有力、有耐性的鸟儿，会在故乡多停留一段时间。

大多数鸟儿直接飞往南边的法国、意大利、西班牙、地中海沿岸各国、非洲等地；有些鸟儿向东飞：经过乌拉尔、西伯利亚，飞往印度，有的甚至能飞到美国。飞行里程达几千公里。

等待帮手

乔木、灌木和杂草等植物，此时正在忙着安顿后代呢。

槭树枝上挂着成双成对的翅果。翅果的果壳已经裂了，就等着风儿把它们吹落，播散出去。

杂草也在等着秋风刮起：蓟草像帘子似的长茎上顶着干燥的头状花，花瓣上长着一串串华丽的、丝状的灰色茸毛；香蒲的长茎比沼泽地里的草还高，它的顶梢穿着一件褐色的小"皮袄"；山柳菊的枝上有毛茸茸的小球，只要秋风刮起，球中的花絮就会随风飘散。

还有很多种草的草种上长着细毛——有长的，有短的，有普通的须状，也有羽毛状的。

长在收过庄稼的田里以及道路旁、沟渠旁的植物，等的不是风，而是四条腿的动物与两条腿的人。比如，牛蒡那带刺的干燥花盘里，装着有棱角的种子；尖三角形的金盏花的黑果实，特别爱戳到行人的袜子里；带着钩刺的猪秧秧的小圆果实，特别爱钩住人的衣衫，只有用毛绒刷来揩，才能揩掉它。

尼娜·巴甫洛娃

秋天的蘑菇

此刻，森林里一片凄凉景象。树木光秃秃，空气湿漉漉，处处散发着烂树叶的味儿。唯一一道能让人眼前一亮的风景，就是满林子里生长的一种蜜环口蘑。它们有的一簇簇地聚在树墩上，有的爬到树干上，有的散布在地面上，仿佛是特立独行的异类。

看上去就叫人美滋滋的，采起来也让人痛快。光采它们的蕈帽，几分钟就能采一小篮，成色还很好呢！

小蜜环口蘑太好看了：它们的帽子没有裂开，依然绷得紧紧的，长得就像孩子头上的小帽子，脖子上围着一条白色的小围巾。再过几天，帽子边就会翘起来，变成一顶大帽子，小围巾变成一条大围巾了。

小帽顶上布满了烟丝般的小鳞片。它是什么颜色的？这个很难形容，算是一种看上去很舒服的，能让人宁静的淡褐色。小蜜环口蘑的蕈帽下的褶儿是白的，老蜜环口蘑的是浅黄的。

你有没有发现：当把老蕈帽放到小蕈帽上边的时候，小蕈帽上就像敷了一层粉似的。你可能会觉得小蕈帽发霉了。可是随后你会想起，这是孢子[1]。是的，这是老蕈帽撒下来的孢子。

如果你想吃蜜环口蘑，你就必须熟知它们的一切特征。人们在市场上，常把毒蕈错认作蜜环口蘑。有些毒蕈长得很像蜜环口蘑，而且也长在树墩子上。只不过，这些毒蕈的蕈帽下都没有围巾，蕈帽上都没有鳞片，蕈帽的颜色极鲜艳，有黄色的、粉红色的，帽褶或是黄色的，或是淡绿色的，孢子是乌黑的。

尼娜•巴甫洛娃

---

[1] 孢子就是无性生殖细胞。

野蛮的袭击

在列宁格勒的伊萨基耶夫斯基广场上，众人在光天化日之下目睹了一次野蛮袭击事件。

广场上飞起了一群鸽子，只见这时突然有一只大隼从伊萨基耶夫斯基大教堂的圆屋顶上飞下来，向鸽群中紧靠边的那只猛扑了过去。顿时空中飞扬着一大堆绒毛。

行人眼巴巴地看着大隼用爪子抓住死鸽子，吃力地飞回大教堂的圆屋顶上了，而其他鸽子则逃到广场旁边的一座高楼后面了。

大隼总是路过我们的城市上空，常会被广场上的鸽子吸引。这些有翅膀的强盗，喜欢驻扎在教堂的圆屋顶和钟楼上，伺机袭击这些鸽子。

黑夜里的骚扰

城郊的人差不多这阵子每夜都会被吵醒。

人们总能听到院子里有乱哄哄的嘈杂的声音，于是就跳下床，探头去窗外看。到底怎么啦？出什么事了？

家禽们在下面的院子里大声扑扇着翅膀，鹅咯咯地叫，鸭子呷呷地喊。是黄鼠狼来了吗？不然就是有狐狸钻进院子了？

可是，黄鼠狼和狐狸怎么可能钻过石头围墙和大铁门呢？

主人们仔细地巡视了一遍院子，又检查了家禽栏，一切正常啊。哪有野兽能偷偷地钻到这紧锁门闩的门里呢？是不是家禽做了噩梦？此时它们又安静下来了！人们继续上床睡觉了。

可是一个小时之后，又是鸡飞狗跳，乱作一团。又出什么事儿了？

你打开窗子，躲在一旁仔细地听听吧！漆黑的天空中有繁星闪烁，四周静悄悄的。

一会儿就有一道道模糊的黑影从天上掠过，把亮晶晶的星星都遮蔽了。同时还有一阵阵不太清晰的、断断续续的啸声。在高高的夜空中回荡着。

家鸭和家鹅都被惊醒了。这些早就被驯服的鸟儿好像听到了野性的呼唤，此时或是扇动着翅膀想蹿向天空；或是踮起脚掌，伸长脖子，不停地叫着，那叫声是那么苦闷，那么悲凉。

它们那些拥有自由的同类们，在黑暗的高空中回应着。一群接一群有翅膀的旅行者，正从石头房顶和铁房顶上空飞过。野鸭扑扇着翅膀发出声音。大雁和雪雁则用喉音呼唤它们："嘎！嘎！嘎！上路吧！上路吧！离开寒冷和饥饿！走吧！走吧！"

候鸟响亮的声音渐渐消失，而那些早已失去飞行能力的家鸭和家鹅，还在院子里折腾呢！

山 鼠

我们在挑选马铃薯的时候，突然听到我们的牲畜棚的地下有什么东西在钻。后来有一只狗跑过来，蹲在附近，用鼻子闻着。可那东西还在钻，发出沙沙的响声。狗便去刨地，一边刨，还一边汪汪地叫唤。狗刨了一个小坑，小兽的头露了出来。后来，狗又把坑刨得更深，把小兽拖了出来。那小兽不甘示弱，直向它身上咬去。狗将小兽抛向空中，大声狂吠起来。小兽的个头很像小猫，毛主要是灰蓝的，黄、黑、白三色相间。我们将这种小动物称为山鼠。

顾此失彼

在 9 月的一天里，我和我的几个同学一块儿去树林里采蘑菇。一进林子就吓跑了四只短脖子灰色榛鸡。

后来，我遇到一条死蛇。这条死蛇已经风干了，挂在树墩子上。树墩上有个窟窿，里面传出嗞嗞的叫声。我猜那肯定是个蛇洞，就赶紧逃离了那个可怕的地方。

再后来，我就走近了一片沼泽地，我看到了从来没见过的动物——沼泽地里飞起了7只鹤，长得真像7只绵羊。从前我只在课本的插图上见过鹤。

每个小伙伴都采了满满一篮子蘑菇，可我总在树林里东跑西颠的，光顾着听鸟儿们唱歌了，没有好好采蘑菇。

我们在回家的路上看到一只灰兔，它的脖子和后脚都是白的。

我绕过那棵有蛇窠的树墩。还看见一群雁飞过我们的村庄，咯咯地大声叫着。

《森林报》通讯员　别茨美内依

喜鹊

春天的时候，村子里有几个顽皮的孩子捅了一个喜鹊窠。我从他们手里买了一只小喜鹊。只过了一天一夜，它就被我驯养了。第二天，它就敢落在我掌心上吃东西、喝水了。我们给这只喜鹊起了个名字叫“机灵鬼儿”。它听惯了这个称呼，一叫就应。

小喜鹊的翅膀长成以后，总喜欢落在门框上。我在门对面的厨房里，摆一张桌子，桌子里有一个盛食物的抽屉。有时我们刚拉开抽屉，喜鹊就会从门框上飞下来，钻进抽屉里抢东西吃，你想拖它出来，它就会大吵大闹着不肯出来呢！

我打水的时候，就冲着他喊一声：“‘机灵鬼儿’，跟我来！”

它就落在我的肩上，跟我一起走了。

我吃早点的时候，它总是头一个张罗：又是抓糖，又是抓甜面包的，有时还把爪子伸到热热的牛奶里面。

最好玩的是我给菜园的胡萝卜地除草的时候。

“机灵鬼儿”先是蹲在垄上看我干什么，然后也学着我的样子去拔垄上的草，把一根根绿茎拔起来后拢成一堆儿。它帮我干活呢！

不过，它分不清草和苗的区别，把杂草和胡萝卜都拔出来了。

《森林报》通讯员　薇拉·米赫伊娃

各自躲藏

天冷了，天真的冷了！

炎热的夏天逝去了……

动物的血液都快被冻得凝固了，动作也迟缓了，总想打瞌睡。

有尾巴的蝾螈整个夏天都待在池塘里，一次都没出来过。此时它却慢慢爬到树林里了。它先是找到一个腐烂的树墩子，然后就钻到树皮下生活。青蛙跟它正好相反：它们从岸上转移到池塘，沉进池底，往深深的淤泥里一钻。蛇和蜥蜴去树根下躲着了，它们将身子埋在暖和的青苔里。鱼儿则成群结队地挤在河流的深处及水底的深坑里。蝴蝶、苍蝇、蚊虫和甲虫等，都藏进树皮和墙壁的裂口处了。蚂蚁将出入蚁洞的100多道大门全部封锁了。它们爬到蚁洞最深处，彼此紧紧地挨着，就这么一动不动地睡了。

要挨饿了！要挨饿了！

像飞禽走兽这样的热血动物倒是不怎么怕冷，只要它们吃饱了，身子就暖和了。可是严冬将至，食物越来越难找了，它们免不了要挨饿受冻了。

蝴蝶、苍蝇、蚊虫都藏起来了，蝙蝠也就没食物了。于是，蝙蝠也只好躲到树洞、石穴、岩缝和阁楼顶上，用后脚爪抓住点什么，头朝下倒挂着。它们用翅膀裹着自己的身体，就像披了一件斗篷，就这样进入冬眠。

青蛙、癞蛤蟆、蜥蜴、蛇和蜗牛，全都藏起来了。刺猬藏在树枝下的草窠里。獾也不怎么出洞了。

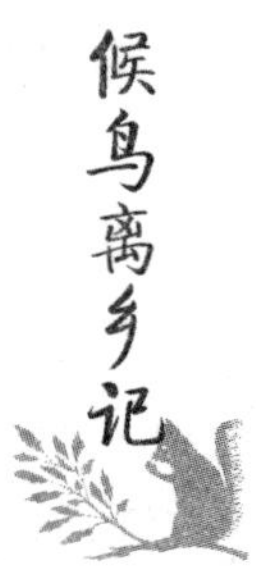

从天上看秋天的风景

从天上看看我们这广阔无垠的祖国的秋景，该有多么美妙！秋天的时候，乘气球飞上高空，那里比屹立不动的森林高得多，甚至比浮动的白云还高——离地面约有30公里吧！即便在那么高的地方，也不能将我们的领土尽收眼底。不过只要天空晴朗，就没有云彩能将大地遮蔽，我们的视野是非常开阔的。

从那么高的地方俯视下面，会觉得我们的大地在移动：其实是什么东西在森林、草原、山丘和海洋的上空移动给我们造成的错觉……

原来是鸟儿，是数不清的鸟儿。

我们故乡的鸟儿正离开故乡，飞向过冬的地方。

当然，也有一部分鸟儿留了下来，比如麻雀、鸽子、寒鸦、灰雀、黄雀、山雀、啄木鸟等小鸟，都会留下来的。除了鹌鹑之外的其他野雉也不飞走。老鹰和大猫头鹰也留下了，而大多数冬天没什么事儿干的猛禽们基本上都飞走了。候鸟的迁徙从夏末就开始了——最先飞走的，是春天最晚归来的那批。这场迁徙持续整整一个秋天，直到河面结冰为止。最后飞走的，是春天最先归来的秃鼻乌鸦、云雀、椋鸟、野鸭和鸥等……

各奔远方

你们以为所有鸟儿都是从北往南飞？不是这样的。

不同的鸟儿，出发的时间也不同。为了安全起见，多数鸟儿夜间飞行。并非所有鸟都从北方飞往南方过冬。有些鸟是从东向西飞的。有些鸟恰恰相反，是从西向东飞。我们这儿还有一些鸟，竟然是飞到北方去过冬的！

我们的特约通讯员，或是给我们拍来无线电报，或是用无线电广播向我们报道：什么鸟往什么地方飞，飞行者们在路上的身体状况怎么样。

从西往东飞的鸟儿

“嘁，咦！嘁，咦！”朱雀在鸟群中是用这种声音交谈的。这种鸟儿早在8月的时候就从波罗的海边的海崖上、列宁格勒州和诺夫戈罗德州开始了它们的旅行。它们不紧不慢地飞着，反正路上到处有食物，有什么好忙的呢？又不是急着赶回故乡去筑窠、养育幼鸟！

我们曾看到它们飞过伏尔加河、乌拉尔山脉的一座不高的山岭的情景，现在又看到它们飞越西伯利亚西部的巴拉巴草原的情景。它们日复一日地向东飞着，向着日出的方向飞。它们掠过巴拉巴草原上一片又一片桦树林的上空。

朱雀尽可能在夜间飞行。白天休息、进食。虽然它们结队而行，而且每一只小鸟都会留神观察周围，以防不测，可是意外之灾还是时有发生——稍有疏忽，小鸟就会被老鹰叼走一两只。西伯利亚的猛禽，比如雀鹰、燕隼、灰背隼等，实在太多了。它们飞得太快了！当朱雀飞过桦树林的时候，不知有多少在这些猛禽爪下丧命！夜里毕竟好一点，那时猛禽来得少点。

朱雀在西伯利亚拐弯，飞过阿尔泰山脉和蒙古沙漠，去炎热的印度过冬。在这艰难的旅程里，不知有多少可怜的小鸟儿要丧命啊！

Ф–197 357号脚环的简史

我们这里有一位青年科学家，在一只腰身纤细的北极燕鸥幼鸟脚上，套了一只轻巧的铝环，号码是Φ–197 357。上环时间是1955年7月5日，上环地点是北极圈外白海边上的坎达拉克沙禁猎区。

同年7月底，幼鸟刚学会飞行，北极燕鸥就成群结队地迁徙了。它们先是往北飞，飞往白海海域，再往西飞，沿着科拉半岛的北岸飞，随后飞越波罗的海往南飞，沿着挪威、英国、葡萄牙和非洲的海岸飞，绕过好望角，向东飞，从大西洋向印度洋飞，直到南极。

1956年5月16日，有一位澳大利亚科学家在大洋洲西岸的弗里曼特尔城附近，捉到了这只戴着Φ–197 357号脚环的小北极燕鸥。这里与坎达拉克沙禁猎区的直线距离是24000公里。

现在，这只鸟的标本连同脚环一起，由澳大利亚珀斯市动物园的陈列馆留存。

从东往西飞的鸟儿

每年夏天，奥涅加湖上都会诞生一大群乌云般的野鸭和白云般的鸥。秋天一到，这些野鸭和鸥就要向西，也就是日落的方向飞去。它们去过冬了，让我们乘飞机追踪它们吧！

你们听到一阵刺耳的啸声了吗？紧接着是水的泼溅声、翅膀的扑腾声和鸟儿的嘶叫声……

这些鸟儿本打算在林中湖泊上小憩的，谁知此时遇到一只也在迁徙路上的游隼的袭击。这猛禽发出像牧人甩长鞭般的尖啸声，在飞着的野鸭后背上一闪而过，它那锋利得像一柄弯弯的小尖刀的利爪，抓伤了一只野鸭，这只野鸭的长脖子像鞭子似的耷拉下来，在掉入湖水之前，被动作神速的急转身的游隼一把抓住，游隼用钢铁般的硬嘴朝它后脑一啄，就是一顿美味的午餐。

这只游隼是野鸭群的天敌。它从奥涅加湖与它们一块起飞，一同飞过了列宁格勒、芬兰湾、拉脱维亚等地。要是它吃饱了，就在岩石上或树上蹲着，无动于衷地望着在水面上飞翔的鸥和头朝下扎猛子的野鸭，望着它们再次从水面上升起，继续向西结队而行，朝着那黄球似的太阳向波罗的海的灰色海面降落的地方飞去。但只要游隼的肚子一饿，它会立马赶到野鸭群中逮出一只来充饥。

它就这样一直跟着野鸭群，沿波罗的海海岸、北海海岸飞行着，飞过不列颠岛，到了不列颠岛后，这只恶棍就不再继续纠缠它们了。野鸭和鸥就留在那儿过冬了。如果游隼愿意的话，它就会跟随别的野鸭群往南飞，经过法国、意大利，越过地中海，最后到达炎热的非洲。

飞向长夜漫漫的北方地区的鸟儿

多毛绵鸭的又轻又暖的鸭绒是我们做冬衣的好材料。它们在白海边上的坎达拉克沙禁猎区平平安安地孵出了幼鸟。那个禁猎区多年以来一直在进行着保护绵鸭的工作。大学生和科学工作者们给绵鸭戴上有编号的、很轻的脚环，这是为了搞清楚这些鸟儿从禁猎区飞到哪儿去过冬，有多少绵鸭能重返禁猎区的老窠，还为了搞清楚这些珍贵的鸟儿的各种生活细节。

现在已经查清，绵鸭从禁猎区起飞后，差不多是一路向北飞往长夜漫漫的北方，飞到有格陵兰海豹和总爱长吁短叹的白鲸的北冰洋。

再过不久，整个白海就要被厚厚的一层冰覆盖了，冬天一到，绵鸭在白海里找不到东西吃，但在北冰洋就好了，那里的水面常年不结冰，海豹和巨大的白鲸都能在那里捉到鱼吃。

绵鸭去岩石和水藻上啄食水里的软体动物。这些鸟儿只要能吃饱就心满意足了。它们不怕酷寒的天气，不怕四周是一片汪洋，不怕漫长的黑夜。它们有御寒的冬大衣，那就是它们最暖和的绒毛！更何况空中还常会出现北极光呢，有大月亮，也有亮星星。尽管太阳一连几个月都不从海洋里探出头来，那有什么关系呢？反正野鸭在北极很舒服，不愁吃喝，就这样自由自在地度过漫长的冬夜了。

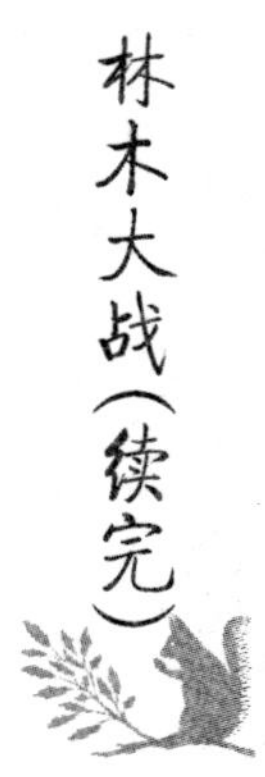

林木大战（续完）

我们的通讯员终于找到了一块旧战场，林木种族之间的战争已经结束了。

那地方就是他们最初观察的云杉国度。

关于这场残酷战争的结局，他们得到这样的结论。

大批云杉在与白桦、白杨的肉搏战之中死去。最终还是云杉赢了。

云杉比敌人年轻。白桦和白杨的寿命比云杉短。白桦和白杨都年老体衰了，无法再像它们的敌人那样迅速地生长了。云杉的个头高过它们，用可怕的毛茸茸的大手掌死死按住敌人的头，于是这两种喜光的阔叶树就渐渐枯萎了。

云杉不停地生长着，树荫越来越浓，树下的地窖也更加深邃、黑暗。地窖里生长着诸多凶恶的苔藓、地衣和小蠹虫等，在等待着分享云杉胜利的果实。战败者将变成它们的美餐。

就这样，一年又一年过去了。

自从那片茂密的老云杉林被人伐光之后，100 年的时间弹指而过。抢夺那片空地的林木大战，也持续了 100 年。此时在那里，又耸立着一片同样茂密阴郁的老云杉林。

在这片老云杉林里，听不见鸟儿歌唱的声音，也听不见小野兽的欢叫声音。甚至连各种各样偶然生出的绿色小植物也会逐渐枯萎，然后很快就死在阴森的云杉国度里。

冬天即将来临。每年冬天，林木种族都会休战。林木都入睡了，睡得比洞中的狗熊还要沉，就像死了一样。它们体内的树液不再流动了，它们不进食，也停止生长了，只是保持着昏昏沉沉的呼吸。

侧耳倾听，这是一个万籁俱寂的世界。

定睛一看，这是一片尸骨遍地的战场。

我们的通讯员接到消息：今年冬天，按照计划，这片云杉林又将被砍伐。

明年，这里又将变成一片新空地。林木大战又要拉开帷幕了。

不过，这次我们可不能让云杉再胜利了。我们将对这场持续的、惨烈的战争进行干预，将这里从未有过的新的林木种族移过来。我们会关注它们的生长，在必要的时候，我们会修剪林木的枝条，让明媚的阳光有机会射进来。

到那时候，我们一年四季都能听到鸟儿在这儿为我们欢快地歌唱。

和平树

最近，我们学校的同学们，呼吁莫斯科州拉明斯基区的每一位低年级同学在植树周时栽一棵象征和平的树，并把这棵和平树养大。让小朋友们的和平树在校园里和他们共同成长！

莫斯科州茹克夫斯基市第四小学全体学生

田野上空荡荡的。今年是个大丰收年，粮食已经收割完毕。人们已经吃上由新粮制成的馅饼和面包了。

该收割梯田中的亚麻了。它们经受了一年的风吹、日晒和雨淋。现在该把它们搬到打谷场上揉搓去皮了。

孩子们开学有一个月了。现在他们不能参加田里的劳动了。庄员们快要收完马铃薯了，然后就把马铃薯运到车站，或是放在干燥的沙坑里贮藏。

菜园也空荡荡的。人们从田垄里运走最后一批叶子卷得极紧的卷心菜。

田里秋播的庄稼已经有了绿油油的小苗。这是庄员们为祖国准备的新礼物。

灰山鹑出现在麦田里了，它们已经不是一家一家地分开住在秋麦田里了，而是结成一个很大的群，每群有一百多只呢！

打灰山鹑的季节就要结束了。

沟壑的征服者

我们的田里出现了一些沟壑。这些沟壑越来越大，快要吞没集体农庄的田地了。大家都很担心这件事，孩子们也跟着我们着急。有一次这些少先队员们开队会，就专门讨论如何更好地解决这件事，怎样不让这些沟壑继续扩大。

我们知道，在沟壑边种树是个好办法。树根可以牢牢攀住土壤，这样就

能巩固沟壑的边缘和斜坡了。

这次队会是在春天的时候开的，此时已是秋天了。在我们家乡的苗圃里，成千棵白杨树苗、许多藤蔓灌木幼苗和槐树苗都被培育起来了。我们现在已开始把这些小苗栽到田里了。

几年之后，乔木和灌木就能征服沟壑的斜坡。至于沟壑本身呢，就败在我们手里，没有翻身的可能了。

少先队大队委员会主席

柯里雅•阿加法洛夫

采集种子

9 月间，很多乔木和灌木的种子和果实都成熟了。此时最要紧的事就是多多采集种子，日后把它们种在苗圃里，种在河渠边，种在池塘边。

要采集大量乔木和灌木种子，最好在它们完全成熟之前，或是在它们刚刚成熟之时，要在很短的时间内摘完。尤其是尖叶槭树、橡树和西伯利亚落叶松的种子，一定要及时采集。

9 月里可以采集的树木种子有：苹果树种、野梨树种、西伯利亚苹果树种、红接骨木树种、皂荚树种、雪球花树种、马栗树种和欧洲板栗树种、榛树种、狭叶胡秃子树种、沙棘树种。同时我们也能收集到丁香、乌荆子、野蔷薇以及在克里木地区和高加索地区常见的山茱萸的种子。

我们的主意

全国人民此时都在进行着一个规模宏大的美好事业，那就是植树造林。

我们在春天的时候过了植树节。这一天是一个隆重的造林的节日。我们在池塘周围栽下了树苗，免得它日后被太阳晒干。我们在高高的河岸上栽下了树苗，使其日后发挥巩固河堤的作用。我们在学校的运动场四周也栽下了树苗，以绿化校园。这些树苗都活了，一个夏天之后长高了很多。

现在，我们又有了这样一个主意。

冬天的时候，我们的田野上的所有道路都被埋在雪下。每年冬天，我们都不得不砍掉一整片小云杉林，用云杉的枝条把道路围挡起来；有些地方还得立路标，以免行人在风雪中迷路，陷进雪堆里。

我们何必每年都要砍这么多棵小云杉呢？倒不如一劳永逸地在道路两侧栽上小云杉呢！小云杉长大后，就能保护道路不被雪掩埋，还能当路标使呢！

我们说干就干了起来。

我们从森林边缘上挖了许多小云杉，用筐抬到道路两侧种上。

我们及时给小云杉浇水，那些小树在新家茁壮生长起来了。

《森林报》通讯员　万尼亚·扎米亚青

集体农庄新闻

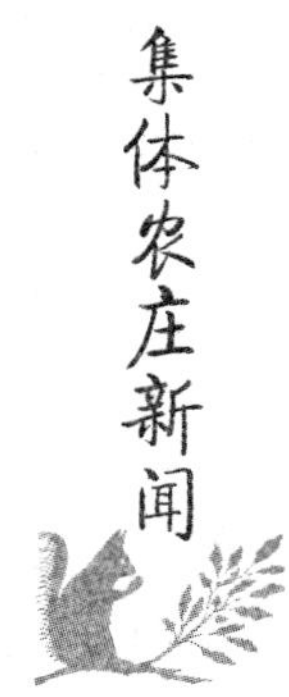

精选母鸡

昨天，饲养员在养禽场选出最好的母鸡，用一块木板小心地把这些母鸡赶到一个角落里，然后一只一只地捉住，交给专家鉴定。

专家捉起一只母鸡，嘴巴长长的，身子瘦瘦的，冠子小小的，颜色淡淡的，眨着两只惺忪的睡眼，显得傻乎乎的，那眼神似乎在问：“你干吗打扰我？”

专家把这只母鸡送了回去，说：“我们不需要这种母鸡。”

后来，专家又捉起一只短嘴大眼的小母鸡，脑袋宽宽的，鲜红的冠子歪到一边，睁着两只亮晶晶的眼睛。这只母鸡一边拼命挣扎着，一边嚷嚷，好像在说：“撒手！快点撒手！干吗抓我，打扰我？你们不挖蚯蚓吃，难道也不许别人挖？”

“这只挺好！”专家说，“这只将来产蛋多。”

原来母鸡也要选精力充沛的，才能多产蛋。

乔迁之喜

春天的时候，小鲤鱼的妈妈在一个小池塘里产了卵，孵出了 70 万尾鱼苗。这个池塘里没有其他鱼，就住着这 70 万个兄弟姐妹。过了一个半星期后，它们就觉得住处拥挤了，于是就在夏天的时候搬进大池塘里。它们就在这个大池塘里长大了，秋天之前就不再是鱼苗，而是鲤鱼了。

小鲤鱼现在正准备搬到新家去过冬。过了这个冬天，它们就是一周岁的鲤鱼了。

星期日

这个星期日，小学生们去帮助朝霞集体农庄的村民们挖甜菜、冬油菜、芜菁、胡萝卜和香芹菜。这些孩子们发现，芜菁比他们中年龄最大的瓦吉克同学的头还大。可最令他们惊奇的，是大块头的饲用胡萝卜。

葛娜将一根胡萝卜立在她脚边，这根胡萝卜竟与她的膝盖一般高！胡萝卜的上半截也有一巴掌宽！

“古代人一定用这东西打仗，”葛娜说，“把芜菁当手榴弹用，肉搏的时候，就用大胡萝卜敲敌人的脑袋！”

“古代人根本培育不出这么大的胡萝卜啊！”瓦吉克反驳道。

“把小偷关在瓶子里”

这句话是红十月集体农庄的一个严厉的养蜂员说的。

那天的天气很冷，人们没有将蜜蜂放出蜂房。盗蜜的黄蜂们正等这个机会呢！它们飞到养蜂场去偷蜜了。它们还没飞到蜂房，就先闻到蜂蜜味了，接着看到养蜂场里摆着一些装着蜂蜜水的瓶子。这时，黄蜂们改变了主意，大概它们觉得从瓶子里偷蜂蜜更快更安全吧！

它们试探着钻进瓶子里，不料中计了，人们封上瓶盖，它们就淹死在蜂蜜水里了。

猎事记

被骗的琴鸡

快要入秋的时候，一大群琴鸡集合在一起，群里有长着硬翅膀的黑色雄琴鸡；有浅棕黄色的带斑点的雌琴鸡；也有小琴鸡。

一群琴鸡闹哄哄地落到浆果树丛中了。它们散开了，有的去啄坚硬的红越橘果；有的用爪子刨开草皮，去吞碎石和细沙——这些沙石能磨碎它们的嗉囊和胃里比较硬的食物，有助于消化。

不知是谁在疾步行走，踏得干枯的落叶发出了沙沙的响声。

琴鸡们都抬起头，一脸警觉。

那东西向这边跑过来了！一只北极犬的脑袋在树丛间一闪而过，竖起两只尖尖的耳朵。

有琴鸡非常不情愿地飞上树枝，也有躲在草丛里的。

北极犬在浆果树丛里乱窜，把琴鸡都吓跑了。

后来，它蹲在一棵树下，对准一只琴鸡汪汪地叫了起来。

琴鸡也直勾勾地瞅着它。过了一段时间，琴鸡在树枝上待烦了，就边在树枝上溜达，边盯着北极犬。

它心想："这只狗真讨厌！干吗蹲在这儿不走了！我肚子好饿！但愿它快点离开吧！等它走了，我就能飞下去啄浆果吃了……"

突然"砰"的一声枪响，一只死琴鸡掉到地上了。原来猎人趁它只顾盯着北极犬的时候，偷偷地走了过来，出其不意地给了它一枪。这群琴鸡扑腾着飞到森林的上空，飞到离猎人比较远的地方去。它们掠过一片片林中空地和小树的上空。它们能到什么地方歇脚呢？那里是不是也埋伏着猎人？

白桦林边上几棵树的光秃秃的树顶上，蹲着3只黑琴鸡。它们显得非常泰然。看来白桦林中没有人，否则那3只黑琴鸡决不会在这里安心地待着不动的。

受惊了的琴鸡群越飞越低，最后散落在这几棵树的树顶上。原来蹲在此地的3只黑琴鸡，依然像树墩子似的一动不动站在原地，都没有转过头来看它们一眼。新来的琴鸡正仔细打量这3个同类。只见它们浑身乌黑，眉毛鲜红，翅膀上长着白斑，尾巴分叉，小眼睛又黑又亮。

没有一点异常。

“砰！砰！”

发生什么事了？枪声是从哪儿来的？怎么会有两只新来的琴鸡从树枝上掉下去了？

树顶上空有一阵轻飘飘的烟雾升起，不一会儿烟雾就消散了。可是原来的那3只琴鸡居然还待在原地。新来的琴鸡群也眼巴巴地望着它们，没动弹。下面一个人也没有，何必要飞走呢？

新来的那群琴鸡把脑袋一转，四周打量了一下，又安心了。

“砰！砰……”

又一只雄琴鸡，像一团泥似的叭嗒掉在地上；另一只向树顶的上空蹿了出去，之后也跌下来了。这群琴鸡惊慌失措地飞了起来，在那只被打死的同类从高空中跌到地上之前，就逃得不见踪影了。只有那3只黑琴鸡依然一动不动地待在原地。

有一个带枪的人从树下的一间隐蔽的棚子里走了出来。他拾起死琴鸡，然后把枪靠在树上，爬上了白桦树。

白桦树顶上的那3只黑琴鸡还在深沉地凝视着森林上空。它们一动也不动的眼睛，原来都是些黑色的小玻璃珠子。它们的身躯是用黑绒布做的。只有嘴，是用真正的琴鸡嘴做的，还有分叉的尾巴，是用真正的琴鸡羽毛做的。

猎人取下一只琴鸡道具，从这棵树上爬下来，又爬到另一棵树上取另外两个琴鸡道具。

那些被骗的琴鸡正心惊胆战地在森林上空飞行。它们不时仔细看着每一棵树，每一丛灌木，生怕再碰到新的危险。如何躲避这些诡计多端的猎人呢？你真的难以预料这些人会用什么方法来暗算你……

好奇的雁

猎人们都知道，雁是一种充满好奇心的动物。猎人们也知道，雁比任何鸟儿都谨慎。

有一大群雁落在离河岸 1 公里远的浅沙滩上。那里人迹罕至，甚至都很少见到动物的影子。雁把头藏在翅膀下，将一只爪子缩起来，安稳地睡大觉。

它们可以这么安心，是因为有放哨的！这群雁的四面都站着一只老雁。老雁瞪着眼睛，全神贯注地观察四周的动静，一点也不打瞌睡。在这样的情况下，我们可以看看它们是如何应付意外情况的。

有一只小狗在岸边出现了。放哨的老雁马上伸长脖子，全神贯注地盯着这只狗。

小狗在岸上东跑西颠，不知在沙滩上捡什么。它根本不理会这些雁。

看来没什么可疑的地方。可是好奇的雁总想知道这只狗在干什么，还是得走到跟前去看看……

一只老雁蹒跚地走到水边，跳进水里，轻轻的划水声又吵醒了三四只雁。它们也看到了小狗，于是也尾随着向岸边游去了。

它们游近一看，原来是有许多面包团儿从岸上的一块大石头后面飞出来，一会飞到东面，一会飞到西面，小狗就摇着尾巴，扑到沙滩上去捡这些面包团儿。

面包团儿是从哪来的呢？

是谁躲在石头后面？

这几只雁游到岸边，伸长脖子想看个清楚。可是，好奇的它们却被从石头后面跳出的一个猎人，用很棒的枪法全都打到水里去了。

6 条腿的马

有一群雁在田里尽情地享受美食。它们在四周都布下放哨的，警惕着人或狗的靠近。

远处有几匹马儿在田野里走来走去的。雁是不怕这些马儿的。众所周知，马性情温和，又是食草动物，不会侵犯飞禽的。

其中有一匹马，一面吃着又短又硬的残穗，一面向雁群这边走来了，而且越走越近。这倒没什么，即便它走到跟前，也还是来得及飞起来。

这匹马可真怪，它怎么有 6 条腿呢！真是个怪物……它有 4 条普通的腿，还有两条穿着裤子的腿。

放哨的老雁咯咯咯地叫起来，发出警报。那群雁都抬起头来。

怪马慢慢地走近了。

放哨的老雁张开翅膀，飞到空中去侦察。

它从空中看见：马后面还藏着一个人呢，那个人手中拿着枪！

"咯咯咯！咯咯咯！"前去侦察的雁发出逃走的信号。整群雁立刻张开翅膀飞离了地面。

沮丧的猎人在它们后面一连放了两枪。可惜它们早就飞远了，霰弹也打不着它们了。

雁群死里逃生了。

应 战

森林里每晚都能传出麋鹿大战的叫嚣声："不要命的就出来厮杀吧！"这声音听起来真的很像战场上的号角声。

一只老麋鹿从它那长着青苔的洞穴里走了起来。只见它宽阔的犄角分为 13 个叉，身长约 2 米，体重约 400 多千克。

谁敢挑战这林中头号壮士呢？

老麋鹿迈着它笨重的蹄子，深深的蹄印都留在了湿漉漉的青苔上。它气势汹汹地前去应战，挡路的小树都被它踩得七零八落。

敌手的叫嚣声又传来了。

老麋鹿用可怕的吼声做了回应。这声音真的很吓人，琴鸡群都扑扇着翅膀从白桦树上飞走了，胆小的兔子在地上蹦了个高，拼命冲进了密林。

“是谁胆子这么大？”

老麋鹿的双眼布满血丝，它全力冲向敌手。只见树木逐渐稀疏，它冲到一片林中空地上……原来战场在这里呀！

它从树后发起冲锋——它想先用犄角撞倒对手，再用沉重的身体压住敌手，最后用锐利的蹄子把敌人踩成肉泥。

直到枪声响起，老麋鹿才看见树后站着一个拿枪的人，他的腰间还挂着一个大喇叭。

老麋鹿慌忙逃向密林，它身上的伤口不断地淌着血，它虚弱得直打晃。

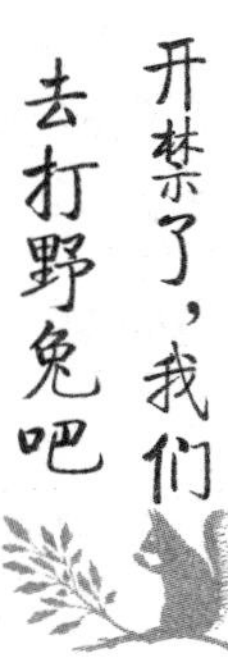

出发了

像往年一样，报纸上在 10 月 15 日登载了猎兔开禁的通知。

像 8 月初那时一样，大批猎人挤满了整个车站。有的人带着猎犬，有的人牵着两只，甚至还有不止两只的。可是，这回带的猎犬已经不是猎人们夏天打猎时带的那些长鬈毛的猎犬了。这回都是一些又大又健壮的猎犬，腿又长又直，头沉甸甸的，嘴巴很大，一身短粗毛：有黑色的，有灰色的，有褐色的，有黄色的，还有火红色的；身上的斑纹颜色也不同，有黑斑纹，有火红斑纹，有褐色斑纹，有黄斑纹，还有火红色中带黑的斑纹。

这是一些特种的猎犬，有公的也有母的。它们的任务就是跟踪猎物，把猎物从洞穴里轰出来，然后追着它们跑，边跑边叫，好让猎人知道猎物走的什么路线，兜着怎样的圈。如此一来，猎人就能拦截猎物，并迎面射击。

在城市里养活这种大型猎犬是一件非常困难的事。因此许多人根本没有狗。我们这一伙人就是这种情况。

我们到了塞苏伊奇那儿，跟他一起围猎兔子。

我们一行 12 个人，占了车厢的 3 个小间。旅客们都惊奇地盯着我们这些人中的一个同伴看，然后微笑着交头接耳。也难怪这同伴如此引人注目：他是个大胖子，胖得连门都不好进。他的体重有 150 千克。

他不是猎人，是遵医嘱出来散散步的。他倒是个射击能手，我们都不如

他打靶准。他跟我们一起去打猎，是为了在活动筋骨时更有乐趣。

围 猎

晚上，塞苏伊奇去林区的一个小车站上接我们去他家。我们在他家住了一晚。第二天一大早，我们这闹哄哄的一大伙人就出发去打猎了。塞苏伊奇又找来12个集体农庄庄员做围猎喊场人。

我们停在森林边。我将写了号码的小纸片折成卷儿，扔到帽子里，我们12个射击手依次抓阄，抓到第几号，就站在第几号的位置。

喊场人都在森林外了。塞苏伊奇根据各人的号码，排列了各自在宽阔的林间道路上站的位置。

我抓到了6号，我们的胖子抓到了7号。塞苏伊奇把我带到我的位置后，就过去安顿这位新手，告诉他猎场的规矩：不能沿着狙击线开枪，否则可能会打到旁边的人；围猎喊场人的声音越来越近时，要停止射击；禁止打雌鹿；要根据信号行动。

大胖子的位置距离我60步远。围猎兔子可不像猎熊。围猎狗熊时，射手之间的距离可以隔150步远。塞苏伊奇在狙击线上对人不留情面，我听到他正在教训大胖子："你怎么能往灌木丛里钻呢？这样开枪非常不方便的。你要与灌木丛并排站着，就站这儿吧。兔子是向下面看的。不客气地跟你说，你的腿就像两根大木头，请把腿叉开点，不然兔子会把您的腿当成树墩子的。"

塞苏伊奇安排好所有射击手后，就跳上马，到林子外面去布置围猎的喊场人了。

还得再过好久围猎才能开始呢。我打量着四周的环境。

前面距离我40步远的地方，有一些光秃秃的赤杨和白杨，有叶子已经落了一半的白桦，还夹杂着不少黑黝黝、毛蓬蓬的云杉，这些树就像一堵墙似的。可能再过一会儿，兔子就会从森林深处，穿过这道混合林墙，向我这儿跑来，也可能有琴鸡飞出来。如果我运气好的话，也许还会有林中巨禽——松鸡光临。不知我是否能打中它们。

时间好慢，就像蜗牛爬似的。不知道此时大胖子有什么感觉？

只见大胖子倒腾着双腿，也许他不想让兔子把他的腿当成树墩……

突然之间，有两声又长又响亮的打猎的号角声从寂静的森林外传来，这是塞苏伊奇催促围猎喊场人向我们推进的信号。

大胖子举起他滚圆的胳膊;端起双筒枪,枪杆子在他手里好像变成了一根手杖。他立定了,就这样一动也不动了。

他可真是个怪人!预备姿势准备得也太早了,这样胳膊会发酸的。

还没听见呐喊的声音。

可有人已经开枪了,狙击线的右面先有一声枪响,接着左面又有两声枪响。其他人都开始行动了,我却没有。

大胖子也打了两枪,他在打琴鸡,可是琴鸡还是飞走了,他白瞎了两颗子弹。

现在我们隐隐约约能听见围猎喊场人低低的呼应声和用手杖敲击树干的声音,两侧也传来了赶鸟器的声音,可还是没有什么猎物朝我这边跑过来!

好不容易有一个白里带灰的东西过来了!它闪现在树干后面,我一看,原来是一只还没有换完毛的小白兔。

好啊,这是送上门来了!嘿,这小鬼拐弯了!朝大胖子冲过去了……哎,大胖子,你还磨蹭什么?快开枪啊!开枪啊!

“砰!”

没打中。小白兔径直冲向大胖子。

“砰,砰!”

小兔子的身上腾起了一团灰白的烟雾。惊慌失措的小兔子,竟要从大胖子那树墩子似的双腿之间钻过去。大胖子赶紧把双腿一夹……

难道有人用腿夹兔子吗?

小白兔当然钻了过去。而大胖子庞大的身躯却倒在了地上。

我笑得都喘不过气来了,眼泪都笑出来了。正在这时我看到又有两只白兔,一块从林子里蹿到了我的面前,可我却不能开枪,因为这两只兔子是沿着狙击线跑的。

大胖子先是慢慢地跪起身,随后站了起来。他的大手里抓着的一小团白毛,伸给我看。

我冲他喊道:“你没摔伤吗?”

“没有,我好歹还把小兔子的尾巴尖给夹下来了。这真的是兔子的尾巴尖！”

他可真是个怪人！

第一次围猎结束了。喊场人从森林里跑了出来，都向大胖子奔了过去。

“叔叔，你是个神父吧！”

“肯定是个神父！瞧他那个大肚子啊！”

“胖得都让人有点不能相信啦！一定是他把打到的野味儿都塞进衣服里了，所以才这么胖的。”

这位可怜的射手呀！这要是在我们城里的打靶场上，谁会相信他能出这种洋相！

这时候，塞苏伊奇又在催着我们去田野上进行第二次围猎了。

我们这闹哄哄的一大群人，又沿着林中道路往回走。一辆载着猎物的大车跟在我们后面走，也载着大胖子。他太累了，不停呼哧呼哧的喘气。

猎人们并不同情这可怜虫，不停对他冷嘲热讽。

道路拐角处的森林上空，这时突然出现了一只大黑鸟，个头足有两只琴鸡那么大。它沿着道路，从我们头顶飞了过去。

所有人急忙端起枪，顿时枪声大作，响彻了森林：每一个人都急匆匆地开枪，想要得到这只难得的猎物。

黑鸟飞着，飞着，已经飞到大车的上空了。

大胖子也把枪端了起来，不过他还是稳稳地在车上坐着。双筒枪在他粗粗的胳膊的衬托下，显得像一根小手杖。

他开枪了。

所有人都看见大黑鸟就像断了线的风筝一样，在空中戛然停止了飞行，然后像块木头似的掉到了道路上。

“嘿，真棒！”一个集体农庄庄员赞叹道，“真是神枪手啊！”

我们这些猎人都难为情地不吭声了：有目共睹，大家不是都放枪了吗！只有人家打中了……

大胖子拾起猎物，那是有胡子的老雄松鸡，它比兔子还沉呢！这只野禽很值钱，我们每一个人都情愿用自己今天全部的猎物来交换它。

没有谁再嘲笑大胖子了。大家甚至都忘了他用腿夹兔子这件事了。

《森林报》特约通讯员

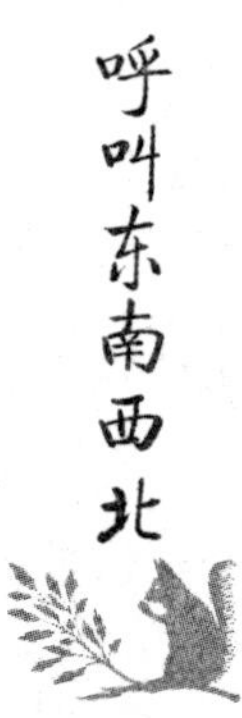

注意！注意！

我们是《森林报》编辑部。

今天是9月22日，秋分。今天我们继续全国无线电通报活动。

请注意，请苔原、原始森林、草原和海洋都来参加！

请讲一讲你们那里的秋天是什么情况？

回应！回应！

来自亚马尔半岛苔原的回应

我们这儿是一片荒凉的景色。鸟儿在夏天的时候曾在岩石上聚集，可是此时在岩石上再也听不到鸟儿的叫声了。小巧玲珑的鸣禽都飞走了，雁、野鸭、鸥、乌鸦等也都飞走了。我们这里四周一片静寂，只偶尔有一阵骨头相撞的可怕声音，那是雄鹿在争斗时犄角碰撞的声音。

8月的早晨已经很冷了。此时有多处水面都被冰封住了。人们早就把捕鱼的帆船和机动船开走了。有几条轮船耽搁了几天行程，结果就被封在海面上了。有一条笨重的破冰船正在冻实了的冰原上为它们开路呢。

白昼越来越短了。长夜漫漫，寒气逼人。只有一些白色的苍蝇仍在空中飞舞着。

来自乌拉尔原始森林的回应

我们这里正忙着迎来送往。我们迎接的是从北方的苔原来我们这儿的鸣禽、野鸭和雁。它们只是过客，停留的时间不长：今天来一群歇歇脚，吃点东西，明天你再去看它们时，它们已经不在了。原来它们在半夜的时候就从从容容地飞往远方了；我们欢送的是在我们这儿过夏的鸟儿，我们这里的大部分候鸟已经踏上了遥远的旅程，去温暖的地方过冬了。

一阵阵风把白桦、白杨和花楸树上枯黄的或是发红的叶子扯了下来。落叶松的针叶变成金黄色，柔软的针叶也变粗硬了。一到晚上，一些笨重的、长着胡子的雄松鸡，就会飞到落叶松枝上来，这些浑身乌黑的鸟儿蹲在柔和的金黄色针叶间觅食松果。榛鸡在黑黢黢的云杉间鸣叫着。还有很多红胸脯的雄灰雀与浅灰色的雌灰雀、深红色的松雀、朱顶雀和角百灵。这些鸟儿也来自北方，它们飞到我们这儿就停了下来，可能它们觉得待在这里也不错吧！

田野越来越荒凉了，细长的蜘蛛丝在晴朗的白日里，被微风吹拂着，飘荡在田野的上空，最后一批三色堇还在某处盛开着。桃叶卫矛灌木丛上也悬着许多好看的鲜红的小果实，长得很像中国的小灯笼。

我们就要挖完最后一批马铃薯了，正在收最后一批蔬菜——卷心菜，然后把蔬菜和水果装满整个地窖，还要去原始森林里采集坚果。

小野兽们也不甘落后。长着一条细细的小尾巴、背上有五道显眼的黑条纹的地鼠——金花鼠，把好多坚果都拖到树墩子下了，它们还从菜园里偷出了不少葵花籽，它们的仓库被装得满满的。棕红色的松鼠把蘑菇放在树枝上晒。它们穿上了换季的衣服——淡蓝色的“皮大衣”。森林里的长尾、短尾野鼠和水鼠都在把各种谷粒搬到它们的仓库里。带斑点的乌鸦、星鸦也在往树洞或是树根底下搬运坚果，以备不时之需。

熊也给自己找好了窝，它此时正在用脚爪撕云杉树皮做床垫呢。

一切生物都在准备过冬，个个都在辛勤地忙碌着。

来自沙漠的回应

我们这儿正处于节日的欢乐气氛之中，对于沙漠来说，这个季节是生气勃勃的春天。

难忍的酷暑消退了，我们迎来了一场又一场的喜雨。这里空气清新，远处的景物轮廓分明。草又变绿了，以前躲避炎炎夏日的动物也回来了。

甲虫、蚂蚁和蜘蛛都从地下爬了上来；细爪子的金花鼠也从深深的洞里钻了出来；拖着一根长尾巴的跳鼠，像小袋鼠似的在地上蹦跶着，沉睡了一个夏天的巨蟒醒过来后，就盯上这些跳鼠了；沙漠中忽然出现了猫头鹰、草原狐、沙漠猫等动物；体态轻盈、善于奔跑的黑尾羚羊、弯鼻羚羊在草原上跳跃着；鸟儿也飞来了。

沙漠有了一副新模样，这里此时像春天一样，绿意盎然，生机勃勃。

我们继续在沙地中漫游。

我们营造了巨大的防护林带，绿化了成百上千公顷的土地。这一大片森林将保护田野，使其免受沙漠热风的侵袭，并将沙漠变成绿洲。

来自“世界屋脊”帕米尔山脉的回应

我们这儿的帕米尔山脉真高啊，因此被人们称为“世界屋脊”。有些山峰的高度在7公里以上，直入云霄。

我们这儿的秋天既有夏天的景色，也有冬天的景色——山下是夏天，山上却是冬天。

不过随着天气变凉，冬天开始往山下转移，从云端往下降，动物们也往下搬迁了。

有一种野山羊夏天时住在凉爽的悬崖峭壁之上，现在它们率先搬家了，山上所有的植物都埋在雪里了，它们没有食物了。

绵羊也离开了它们在山上的牧场，下山来了。

夏天时生活在高山草场上的一大群肥肥的土拨鼠，此时都消失了。原来它们躲到地底下了。它们把自己养得膘肥体胖的，又备好了过冬的食物，所以现在就躲进了地洞，还用草团堵住了地洞入口。

鹿也沿着山坡走下来了。野猪躲进胡桃树、黄连木树和野杏树丛林里度日。

山下的溪谷和深谷里，突然来了一批夏天时从未在这儿出现过的鸟儿，比如角百灵、烟灰色草地鹀、红胸鸲和一种神秘的蓝鸟——山鸫。

此时有鸟儿成群结队地从遥远的北方飞到我们这一带温暖的地方来了，这儿有的是食物。

我们山下常会下雨。随着一场又一场的秋雨，冬天离我们越来越近了，山上已经在落雪了！

人们正在田里采棉花，在果园里采各种水果，在山坡上采胡桃。

白雪已经将山顶上的道路覆盖了，众人难以通行。

来自乌克兰草原的回应

我们这儿有好多活泼的小球，此时正在被灼热的太阳晒焦的平坦草原上跳跃着。它们飞到人的面前，把人团团围住，还往人的脚上扑，可人们并没有感觉到痛，因为它们真的很轻。其实它们不是什么球儿，而是一团团圆圆的枯草茎，草茎的尖向四边翘着。这些小草团儿飞过了土堆和石头，飞到了小丘的后面。

这是风把一丛丛成熟的草儿连根拔了起来，然后把它们卷成小球，像推车轮似的，满草原推着它们跑，草儿们就趁着这个机会，一路撒播自己的种子。

热风很快就无法肆意游荡在草原上了。我们造的森林带已经开始发挥保护庄稼的作用了，这样庄稼就不会被旱灾毁掉了。连通伏尔加河和顿河的列宁通航运河的河水被引进了这里的灌溉渠。

现在正是打猎的好时候。草原湖的芦苇丛里聚集着大量沼泽野鸟和水鸟，有本地的，也有路过的。小峡谷里的荒草地里有很多胖胖的小鹌鹑。草原上有好多兔子呢——是清一色带着棕红色斑点的大灰兔，我们这里没有白兔。狐狸和狼也有好多呢！你想用枪打，就打吧！你想放猎犬去捉，就放吧！

西瓜啊，香瓜啊，苹果啊，梨啊，李子什么的，在城里的市场上都堆成了小山。

来自太平洋的回应

穿过北冰洋的冰原，我们渡过亚洲和美洲之间的海峡，然后就进入太平洋的广阔水域了。在白令海峡和鄂霍次克海里，我们常能碰到鲸。

想不到这世上竟有如此令人惊奇的野兽！它们的块头、重量和力气简直令人难以想象！

我们亲眼目睹了一头被人拖到一艘大轮船（捕鲸船）的甲板上的鲸，它不是露脊鲸，就是鲱鲸。这头鲸有 21 米那么长，相当于 6 头大象头尾相连的长度！它的嘴里可以放得下连同荡桨人一起的一艘木船。光是它的心脏，就重达 148 千克，能抵得上两个成年男子的体重。它总重 55000 千克，相当于 55 吨重！

如果我们能做一架巨大的天平，将这头鲸放到其中一个盘里，那么就得在另一个盘里装 1000 个人才能维持平衡，也许那么多的人也抵不过鲸的重量呢！更何况这头鲸并不是最大的，还有一种蓝鲸，长度达 33 米，重量达 100 多吨……

鲸的力气非常大，有时被带绳索的标叉叉住的鲸，竟然能拖着轮船走上一天一夜，更糟糕的是，万一它潜进水里，轮船也会被它拖下水。

过去轮船被鲸拖下去的情况时有发生，现在就很少了。我们还很难相信，但这就是真的，差不多一眨眼的工夫，在我们面前横着的这个怪物（恰似一座力大无穷的肉山）就被捕鲸人杀死了。

原来不久之前，捕鲸人还从小船上往下投短标枪，也就是用短一点的标叉打鲸。先是水手在小船头上站着，往鲸身上投鱼叉。后来，捕鲸人开始在轮船上，用特制的炮去打鲸，炮筒里装的倒也不是炮弹，而是带绳索的标叉。我们看到的这只鲸就是被这样的标叉击中的，不过打死它的并不是铁叉，而是电流，这种标叉上装着两根电线，电线的另一头与船上的发电机相连。在标叉像针似的戳进这个巨大动物的身体的一瞬间，那两根电线就连上了，于是鲸就被强大的电流给电死了。

它抖了几下，两分钟后就死了。

我们在白令海峡附近还见到了海狗；在铜岛附近见到了一些大海獭，它们正带着小海獭在玩耍。这些野兽的毛皮非常贵重，过去它曾一度被滥杀，以至于差一点灭绝。后来在政府制定的法律的严格保护下，海獭的数目很快就上升了；我们在堪察加河岸边，还看到了一些巨大的几乎有海象那么大的海驴。

但当我们看到鲸之后，就会觉得那些海兽都很小了。

鲸在秋季时离开我们，去热带水域里生小鲸了。明年鲸妈妈就会带着小鲸重返我们这儿——太平洋和北冰洋。至于那些仍在吃奶的小鲸，个头也比两头牛还要大呢！

我们这里的人是不打小鲸的。

我们与全国各地的无线电通报活动就到此结束了。

下一次通报，也就是最后一次通报活动，将在 12 月 22 日举行。

贮存粮食月(秋季第二个月)
一年——分为12个章节的太阳诗篇

10月是落叶的月份,泥泞满地,天气初寒。

瑟瑟西风从森林里扯下了最后一批残叶。此时阴雨连绵,一只湿漉漉的乌鸦,无限落寞地蹲在篱笆上,它也快上路了。在本地度夏的灰色乌鸦,此时已经无声无息地飞向南方了,而它们生活在北方的同类却悄悄地向我们这儿飞来了。其实乌鸦也是候鸟。生活在遥远北方的乌鸦跟我们本地的秃鼻乌鸦一样,是那种春天最先飞来而秋天最后飞走的候鸟。

秋天完成了它的第一件事——给森林脱掉衣裳,现在就开始做第二件事了:让池塘里的水越来越凉。到了早上,水洼会被一层松脆的冰碴覆盖。与空气中的相同,水里的动物也越来越少。夏天时曾在水上大放异彩的花儿,早就把种子丢进水底,把长长的已伸出水面的花梗缩回水下。鱼儿则去深坑里定居了,因为深坑里不会结冰,是过冬的好地方。在池塘里住了一夏的长尾巴的、身子软绵绵的蝾螈,此时从水里钻了出来,爬到树根下,在一个有青苔的地方住了下来。我们这儿的死水都被冰封住了。

有些陆生动物的血本来就是冷的,现在则变得更冷了。昆虫、老鼠、蜘蛛、蜈蚣等动物都不知躲到哪儿去了;蛇爬到干燥的洞里盘作一团就冬眠了;蛤蟆钻到了烂泥里;蜥蜴趴在树墩子脱落的树皮下,就在那儿冬眠了……有的野兽穿上了保暖的皮外套;有的正往自己仓库里搬运粮食;有的在为自己打洞盖窝,都在为过冬做准备呢……

在肃杀的秋季户外,有7种天气:有时细雨蒙蒙;有时微风习习;有时风雨交加;有时泥泞满地;有时狂风怒号;有时大雨倾盆;有时还有旋风。

准备过冬的林中居民

尽管现在天气不太冷，但也不能麻痹大意啊！眼看着周围就要变成冰天雪地，那时去哪儿找食物呢？又该去哪儿躲着呢？

林中居民们都在照着自己的方式做好过冬的准备。

长着翅膀的，都飞到别处过冬了；留下来的，都忙着往自己的仓库里储存过冬的粮食。

短尾野鼠干得特别起劲。许多野鼠直接在柴垛里或是粮食堆里掘个洞，每天夜里都偷运粮食。

它们的每一个洞里都有五六个通道，每一个通道都有洞口，此外还有一间卧室、几间仓库。

野鼠要等到冬季非常寒冷的时候才会睡觉，因此它们储藏了好多粮食，有些野鼠洞里居然有多达四五斤的。

这些小型啮齿类动物常去庄稼地里偷粮食。所以我们得提防它们。

过冬的小苗

树木和那些多年生的野草种族，都做好了过冬的准备。一年生的野草已经播下了种子，不过并不是所有的一年生的草种都这么过冬。有的草种当年就发了芽，长成了小苗。还有很多一年生的杂草，就在翻过土的菜园里长了起来。我们可以在荒芜的黑土地上，看到荠菜的一簇簇锯齿状小叶子；还有与荨麻叶相仿的，长着毛茸茸的紫红色小叶子的野芝麻苗；还有小巧的香母草、三色堇、犁头菜的小苗，当然还有惹人厌的紫缕苗儿。

这些小植物都要在雪下熬过整个寒冬。

准备好过冬的植物

多枝杈的椵树上那些棕红色的斑点，在雪地上非常显眼。树上的棕红色斑点并不是叶子，而是坚果上带着的那种长得像小舌头似的小翅膀。椵树的枝杈上结满了这种小坚果。

不仅是椵树身上有这种装饰。像梣树这种高大的树，上面挂着多少干果啊！那些又细又长的干果，长得很像豆荚，一簇一簇、密密麻麻地在树上挂着。

身上的装饰最漂亮的要数花楸树吧！花楸树上直到现在还挂着一串串鲜亮、沉甸甸的浆果呢！小蘖(niè)丛上也有浆果。

桃叶卫矛的枝头也点缀着奇妙的果实，长得很像带黄色雄蕊的玫瑰花。

有些乔木没来得及在入冬前播下种子。

白桦树上东一串西一串的树枝上，挂着干枯的葇荑花序，里面藏着翅果。

赤杨的黑色小球果也没落呢！不过，白桦和赤杨的葇荑花序，都在等着春天一到就把身子伸直，把鳞片张开，这样就能把种子播撒出去了。

榛树也长着粗大的暗红色的葇荑花序，它的每根树枝上都长着两对。不过，榛树上早就没有榛子了。榛树把什么事都安排得很好，它已经安顿好了自己的后代，也做好入冬前的准备了。

尼娜•巴甫洛娃

水老鼠储藏蔬菜

短耳朵的水老鼠夏天的时候就在小河边的别墅的地下住着。它在那儿打了个洞，洞里有一个通道斜着向下直通到河里。

现在，水老鼠又搬到离水较远的一个有很多草墩子的草场上了，在那儿为自己盖好了一间又舒服又暖和的冬季住宅，那里有好几条通道，每条都有100米长或是更长。

它把卧室设在一个极大的草墩子下，窝里垫着柔软、暖和的草。

它还打了几条专用通道将储藏室和卧室连起来。

它把储藏室打理得井井有条——将从地里和菜园里偷来的粮食、豌豆、蚕豆、葱头、马铃薯等，有条理地分门别类摆着。

松鼠的晾物台

松鼠在树上做了几个圆窠，它将其中一个圆窠当成仓库，里面储藏着它从林中收集的小坚果和球果。

此外，松鼠还采集了一些像油蕈和白桦蕈这类蘑菇。它把蘑菇穿到折断了的松枝上晾干。冬天一到，它就去树枝上吃那些干蘑菇。

寄生式储藏室

姬蜂为它的幼虫找到一个奇怪的储藏室。姬蜂不但有一双能飞得很快的翅膀，在它那朝上卷曲的触角下还长着一双敏锐的眼睛。它有一个极细的腰，将它的胸部和腹部分成了两截；与腹部连着的尾巴尖上，有一根像针似的细长、挺直的尾针。

夏天的时候，姬蜂需要找到一条肥大的蝴蝶幼虫。它得扑到幼虫身上，用它的尾针去刺幼虫的皮肤，这样幼虫身上就被它钻出了一个小洞，它会在小洞里产卵。

姬蜂飞走后，受惊吓的蝴蝶幼虫很快就能恢复常态，又继续吃树叶了。一到秋天，蝴蝶幼虫就会结成茧，化成蛹。

此时在蛹里面的姬蜂的幼虫也被孵出来了。它们待在这又暖和又平安的茧里面。而蝴蝶幼虫的蛹就成了姬蜂幼虫的食物，足够吃上一年的。

等下一个夏天到来的时候，从裂开的茧里飞出来的不是蝴蝶，而是身子细长笔直、黑红黄三色相间的姬蜂。姬蜂是人类的朋友，因为它帮助我们消灭了害虫的幼虫。

自携式储藏室

有不少野兽并不专门给自己造储藏室，它们用自己的身体作储藏室。

它们在秋天时大吃大喝几个月，把自己吃得肥肥胖胖的，在皮下积累一层厚厚的脂肪。脂肪就是它们储藏的食物。等到它们找不到食物的时候，脂肪就会渗到血液里，就像养料透过肠壁似的，血液会把脂肪中的养料输送到全身。

冬眠的熊啊，獾啊，蝙蝠啊和其他大大小小的野兽，都是这么熬过寒冬的。它们先吃得饱饱的，然后就倒头大睡。脂肪还可以保暖，不让寒气渗进身体里。

贼被贼偷

森林里的长耳鸮是一种狡猾又爱偷东西的动物。可像它这样的贼竟然也被贼偷了。

光从外表上看，长耳鸮长得极像雕鸮，只是个头小了一些。长耳鸮的嘴巴像个钩子，头上的毛竖着，眼睛又大又圆。无论夜有多黑，它什么东西都能看清，什么动静都能听见。

只要老鼠在枯叶堆里发出窸窸窣窣的响声，长耳鸮马上就能飞到那里。只听“笃”一声，老鼠就被它抓到半空中去了。只要有小兔子跑在林中空地上，这个强盗立刻就飞到它的上空。“笃”一声，兔子就只剩在它的利爪下挣扎的份儿了。

长耳鸮把被它啄死的老鼠叼回自己的树洞。它吃饱后，自己不吃，也不留给别人吃——它会存起来，等到冬天没有食物时再吃。

长耳鸮白天时待在树洞里，看守着它储存的猎物，夜里就飞出去打猎，但也会不时回树洞里看看存粮还在不在。

长耳鸮有一天忽然发觉：它的存粮好像变少了。这位主人虽然不会数数，但是它眼睛很尖的，会用眼睛盘算。

又到黑夜了，长耳鸮也饿了，就飞出去打食。等它回来一看，洞里储存的老鼠一只也没有了，只见树洞下有一只和老鼠的个头差不多的灰色小野兽

在那儿动弹。

它想把那只小野兽抓住，可是那个小偷早蹿过一个小树坑，逃掉了，嘴里还叼着一只小老鼠呢！

长耳鸮跟了过去，差不多就要追上了，这时它定睛一看，原来小偷是凶猛的伶鼬，它只好放弃那只小老鼠了。

伶鼬专干抢劫偷窃的勾当。它个子虽小，但是既勇敢又敏捷，敢抢长耳鸮的食物。若是长耳鸮被伶鼬咬住胸脯，就休想活命了。

夏天回来了吗

天气忽冷忽热的。刺骨的寒风刮来的时候，就要冷上几天；可是太阳一出来，就又是风和日丽的好天气。这时人们就会觉得夏天回来了。

蒲公英和樱草的小黄花把小脑袋伸出草丛；蝴蝶在空中飞舞；蚊虫集聚在一起，在空中盘旋着，就像一根漂浮在空中的轻飘飘的柱子似的；不知从哪儿跳出一只小巧玲珑的鹪鹩，它翘起尾巴唱起了歌，歌声是那么激扬，那么嘹亮！

高高的云杉上传来了柳莺的姗姗来迟的如怨如诉的缠绵歌声，那歌声那么轻巧、那么忧郁，就像雨点轻轻地打在水面上。

这时你会忘记冬日已近这个事实。

小鱼和青蛙受惊了

池塘结冰了，池塘里的动物也被冰封在池塘里了。可是后来在一个暖和天里，冰又突然融化了。集体农庄的庄员们决定把池塘底部清理一下。他们从池底挖出了一堆淤泥，然后就走开了。

太阳暖洋洋的。有一股蒸气从泥堆里冒了出来。忽然之间，有一团淤泥在动弹，原来是一小团淤泥离开了泥堆儿，正满地打滚呢！这是怎么回事儿呢？

有一条小尾巴从一个小泥团里露了出来，不断在地上抽动着。扑通一声就跳回池塘了！紧接着，第二个小团儿，第三个小团儿也跳下去了。

可是还有一些小团儿却伸出小爪儿，跳到池塘边。真是怪事啊！

其实这不是什么小泥团儿，而是浑身裹满了泥巴的活鲫鱼和活青蛙。

它们为了过冬，就钻到池塘底部了。人们把它们连同淤泥一块挖了出来。太阳把烂泥堆晒热了，于是小鱼和青蛙就都醒了。它们一醒就跳起来了，鲫鱼回池塘了；青蛙则去寻觅一个清静的地方，免得再被人们吵醒。

几十只青蛙好像是商量好了，不约而同地奔着大路后面的打麦场那边去了，那里有一个更大、更深的池塘。青蛙们已经跳到大路上去了。

但是，秋天里的太阳送来的温暖是不可靠的。

乌云不一会儿就把太阳遮住了。一阵阵寒冷的北风来侵袭人间了。这些赤身露体的小青蛙们冷得要命，它们用力跳了几下，但还是没撑住，腿脚冻得麻痹了，血液也凝固了，身体变得直僵僵的，就动弹不了了。

青蛙再也跳不动了。

所有青蛙都冻死了。它们死的时候，脑袋都朝着大路那边的大池塘的那个方向。那里有的是能救命的暖和淤泥。

红胸脯小鸟

夏天的某一天里，我在森林里走着，听到茂密的草丛里有响声，起初我有点害怕，后来我仔细观察，原来是一只小鸟被青草绊住，出不来了。这只小鸟个头小，浑身上下都是灰色，只有胸脯那一块是红色。我很喜欢它，把它带回家了，这只小鸟给我带来了很多欢乐。

一到家里，我就喂了一点面包渣给它吃。它吃了点东西后就开始活泼了。我为它做了个笼子，捉了些小虫。就这样，它在我家里住了整整一个秋天。

后来有一天我出去玩，忘记关好笼子了，结果我家的猫把这只小鸟吃掉了。

我非常喜欢这只小鸟，为此甚至还大哭了一场。可除了后悔，一切都不能挽回了！

《森林报》通讯员　奥斯丹宁

捉到一只松鼠

松鼠夏天的时候总是忙着采集存粮，好留着冬天吃。我曾亲眼看到一只松鼠，从云杉上摘下了一个球果，然后拖到自己的洞里。后来我就在这棵树上做了一个记号。过了一段时间，我们砍倒了这棵树，把树洞里的松鼠掏出来，发现树洞里已经积攒了很多球果了。我们把这只松鼠带回家，养在笼子里。有个淘气的小男孩把一个手指头伸进笼子里，结果松鼠一口就咬穿了那个手指头，它可真够狠的！我们喂它很多云杉球果吃，它挺喜欢吃云杉球果的，不过最爱吃的还是榛子、胡桃。

《森林报》通讯员　斯米尔洛夫

我的小鸭

我妈妈在我家一只母吐绶鸡的身子下放了3个鸭蛋。

到第四个星期，有好几只小吐绶鸡和3只小鸭孵了出来。在这些小家伙还没长壮实的时候，我们一直把它们放温暖的地方养着，没敢让它们出门。过了一段时间，我们让母吐绶鸡带着小鸡和小鸭第一次出门了。

我家旁边有一条水沟。小鸭一到这里就摇摇摆摆地想要去沟里游水，母吐绶鸡连忙跑过来，着急地大声喊着："哦！哦！"后来它看见小鸭在水里游得很自在，就放心地带着小鸡走开了。

小鸭子游了一小会儿，就觉得冷了，它们从水里爬出来，唧唧地哭叫着，浑身瑟瑟发抖，可这里没有地方取暖啊！我捧起它们，把手帕盖在它们身上，送它们回屋子里了。一到温暖的家后，它们就安静了。我一直这样静心呵护它们。

在大清早的时候，我会把3只小鸭放出来，它们会立刻跳进水里玩。只要它们觉得冷了，就立马往家跑。小鸭的翅膀还没长齐，所以飞不上台阶，于是就在外面叫唤起来。这时我家里人会把它们捉到台阶上，这3个小家伙就会进屋径直朝我的床跑过来，然后站在床边伸长脖子叫唤着。而我那时正睡觉呢。妈妈会把它们捉到床上，它们一上床就钻进我的被窝里睡着了。

入秋的时候它们已经长大了。我也进城去上学了。我的小鸭子还常常会想念我，总是叫唤。我听说后也很难过，哭过很多次。

《森林报》通讯员　薇拉•米赫伊娃

星鸦之谜

我们这儿的森林里，有一种比普通的灰色乌鸦个头小一点，浑身布满斑点的乌鸦。我们都叫它星鸦，西伯利亚人却叫它星鸟。

星鸦采集松子，并将其储藏在树洞里或是树根底下的窝里，用来做过冬的食物。

一到冬天，星鸦就到处游荡，饿的时候就去树洞里或窝里吃松子。

它们吃的是自己的存粮吗？不是的。每一只星鸦都会吃它们的同族储藏的粮食。若是它们飞到一片从未去过的小树林，马上就会去寻找其他星鸦的存粮。它们会查看所有树洞，它们总能找到吃的。

藏在树洞里的松子当然不难发现。可是其他星鸦藏在树根下或是灌木丛下的松子可怎么找呢？冬天的大地都被白雪覆盖了呀！不过星鸦自有办法，它们会飞到灌木丛边，将灌木丛下的雪刨开，反正总能够找到同类们藏在那儿的松子。奇怪了，这里有上千棵乔木和灌木，它怎么就知道松子藏在这棵树下呢？难道是凭着什么记号找到的？

这一点还有待我们想出一些试验来查一查，弄清楚星鸦究竟是怎样在白茫茫一片的雪下，找到其他星鸦的存粮的。

好可怕

树叶都掉光了，森林显得稀稀落落的。

林子里有一只小白兔，伏在灌木丛下的地上东张西望。它心里非常害怕，因为总能听到周围有窸窸窣窣的响声……是老鹰在树枝间扑扇翅膀吗？还是狐狸踩着落叶沙沙地响？这只小兔正在换毛，浑身有好多斑点，但越来越白了。就盼着头一场雪了！这样的话，它就不容易被其他野兽发现了。可现在四周那么明亮，森林里五彩斑斓的，大地上铺满了黄色、红色以及棕色的落叶，它是多么显眼啊！

还有，万一猎人来了怎么办？

跳起来逃跑？可是该往哪儿跑？一跑的话，就会踩得枯叶沙沙乱响。这脚步声也能把自己给吓晕呀！

小白兔趴在灌木丛下，用青苔遮蔽着自己的身体，紧贴着一个白桦树墩子，气都不敢出，一动也不动，光是惊恐地东张西望着。

真的好可怕呀……

"女巫的笤帚"

此时的叶子都落了，所以树木都光溜溜的，我们能看到它们上面有一团团黑糊糊的东西，这些东西在夏天的时候根本看不到。瞧，远处有一棵白桦树，树上好像全是秃鼻乌鸦搭的窠。可是走近一看，就会发现那才不是鸟窠呢，而是一束束散向四方的干枯树枝。人们都把它们叫做"女巫的笤帚"。

我们回想一下关于老妖婆和女巫的民间故事吧！老妖婆们乘着飞臼在空中飞行，然后用笤帚一路上把自己的痕迹扫掉。女巫则骑着笤帚从烟囱里飞出来。无论是老巫婆还是女妖，似乎都离不开笤帚这个法宝。于是她们用妖术把药涂在几种不同的树木上，所以树枝上会长出像笤帚似的难看的细条。讲故事的人就是这么编的。

当然，这种解释是不科学的。科学的解释是：其实这树枝得了丛枝病。这种病是由一种特别的扁虱，或是一种特别的菌类引起的。这扁虱又小又轻，一阵风就能把它刮得满森林里飞。扁虱要是落在树枝上，就会钻进叶芽里寄生了。树的生长芽其实是一根带有叶胚的芽，将来会发育成嫩枝的。扁虱并不去伤害它们，但它却吸食芽的汁液。不过，由于芽被它们咬伤，受其分泌物的感染，芽就患病了。等到病芽开始发育时，嫩枝就会以神奇的速度疯狂地生长，其生长速度是普通枝条的6倍。

当病芽发育成一根小枝时，小枝又立刻长出侧枝。扁虱的下一代爬到侧枝上，让侧枝又长出侧枝。就这样不断地分枝，于是原来只长一个芽的地方，现在生出了一把奇怪的"女巫的笤帚"。

只要有一个寄生菌的孢子进入芽，树就会患上丛枝病。

这是树的一种常见病。桦树、赤杨、山毛榉、千金榆、槭树、松树、云杉、冷杉和其他乔木、灌木上，都可能长出"女巫的笤帚"。

活着的纪念碑

此时，植树活动正进行得热火朝天。

在这项欢乐的公益活动中，孩子们比大人还积极。他们小心地挖出冬眠中的小树苗，尽量不伤害树根，然后把树苗移植到新的地方。春天的时候，小树从冬眠中醒过来，就会茁壮成长，给人们带来无尽的喜悦。每一个参与了这项活动的孩子，哪怕只栽种过或是照料过一棵小树，都是在生前为自己立一座美好的绿色纪念碑——这是一座活着的纪念碑，永垂不朽。

孩子们想出了非常好的主意：他们在花园、菜园和学校的园地里，弄了一些活篱笆。这篱笆里都是灌木和小树，栽得密密麻麻的，它们不仅能阻挡尘土和飞雪的侵袭，还能招来许多鸟儿来这藏身。夏天一到，人类的好朋友——鹡鸰、知更鸟、黄莺等鸣禽，将在这些活篱笆里筑窠，孵出幼鸟，它们会热心地守护这里，不让害虫来侵犯。它们还会为我们唱一些欢乐的歌儿。

有些少年自然科学家夏天时曾去克里木考察，从那儿带回了一种有趣的灌木(列娃树)种子。春天的时候，我们可以播下这些种子，以后就能长成很好的活篱笆。不过，我们需要在这种篱笆上挂个“请勿触碰”的牌子，这种活篱笆就像勇敢的武士，它不放任何人穿过它那密实的屏障。列娃树像刺猬那样戳人，像猫那样挠人，像荨麻那样灼人。让我们拭目以待，看什么鸟会选中这位严厉的看守来当自己的保卫者。

候鸟离乡记（续完）

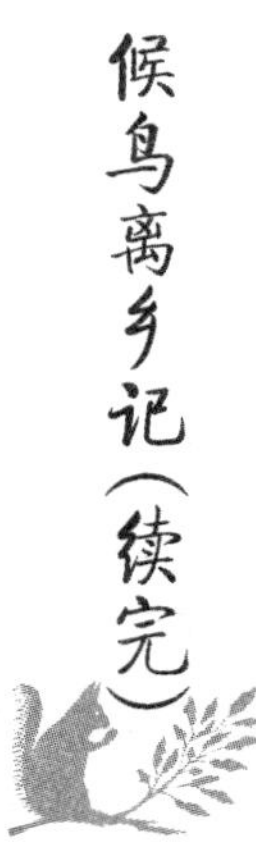

候鸟搬家之谜

为什么候鸟飞行的方向各不相同呢？有的向南飞；有的向北飞；有的向西飞；有的向东飞。

为什么有的鸟一直等到结冰、落雪、找不到食物的时候，才会离开我们，而有的鸟（比如雨燕）尽管它飞走的那天周围还有充足的食物，却依然严格按照固定的时间表离开我们？

关键问题就在于：它们是怎么知道自己的飞行方向、越冬地点以及飞行路线的？

这件事真是令人捉摸不透，比如，在莫斯科或是列宁格勒附近一带生长起来的鸟。却要飞到南非洲或是印度过冬。我们这儿还有一种飞行速度很快的小游隼，它居然从西伯利亚一直飞到远在天涯海角的澳大利亚去过冬。可在澳大利亚住不了多久，它就又飞回西伯利亚来过春天了。

原因并没有那么简单

这个问题好像很简单：既然它们长着翅膀，那么它乐意往哪儿飞，就飞到哪里去呗！这儿天气变冷了，没有吃的了，那就扑扇着翅膀往南边暖和点的地方飞。要是那儿天气也变冷了，就飞得再远点，遇到一个气候适宜、食物充足的地方，就留在那里过冬吧。

事实并非如此。我们本地的朱雀一直飞到印度；而西伯利亚的游隼途经印度和几十个适合过冬的热带地区都不落脚，却非要每年都飞到澳大利亚去，这是为什么呢？

这就表明，候鸟翻山越岭，千里迢迢地飞往遥远的地方去过冬，并不仅仅出于饥饿与寒冷这么简单的原因，也有鸟类本身的一种莫名的、比较复杂的、强烈的、无法克制的感觉。

众所周知，在远古时期，苏联大部分地区曾屡次遭到冰河的侵袭。冰河以排山倒海之势，吞噬了大片平原，之后几次退去又卷土重来，每个过程都持续了上百年，所以地上的一切生物都惨遭灭绝。

鸟类靠着它们的翅膀得以保全性命。最早飞走的那批鸟，占据了冰河边缘的土地；下一批鸟儿飞得更远一些；再下一批鸟儿就飞得更远一些，这情景就像玩跳马游戏似的。等到冰河退去的时候，被冰河逼走的鸟儿又重返故土。而那些离故乡不远的就最先回来；飞得远的就下一批回来；飞得更远，再下一批回来，又是一场跳马游戏。只是速度可真是慢极了，要几千年才能跳完一次！鸟类很可能就在这段漫长的时间里养成了一种习惯：在天气转冷的秋天就离开自己的故乡；而在阳光和煦的春天就再返回故乡。这种习惯就这样被长期保留了下来。所以一到秋天，候鸟就会从北往南飞。地球上未曾出现过冰河的地方，就没有候鸟迁徙的现象出现——这个事实可以印证上述推想。

其他原因

可是在秋天的时候，并不是所有鸟类都向着温暖的南方飞，也有向其他方向飞的，甚至有的鸟儿会向着很冷的北方飞。

有些鸟离开故乡，只因为故乡变成了冰天雪地，水面都被冰封了，它找不到东西吃。只要大地一化冻，我们本地的秃鼻乌鸦、椋鸟、云雀等等鸣禽，马上就回故乡了！只要江河湖泊的冰一融化，鸥鸟和野鸭也立马回来了。

绵鸭无论如何也不肯留在坎达拉克沙禁猎区过冬，因为那儿附近的白海水域表面覆盖着厚厚的冰层。它们只好向北飞，因为再往北一点的水域有墨西哥湾暖流经过，那里的海水终年不结冰。

如果在隆冬时节从莫斯科往南走，那么一走到乌克兰，很快就能看到秃鼻乌鸦、云雀和椋鸟。我们将山雀、灰雀、黄雀等视为留鸟，而秃鼻乌鸦、云雀和椋鸟等只不过是飞到比这些留鸟稍远一点的地方过冬而已。有许多留鸟也不是总居住在一个固定的地方，它们也会进行短距离的迁移。只有城里的麻雀、寒鸦、鸽子和森林里、田野里的野鸡一年四季都住在一个固定的地方，其他鸟都会迁徙的，只是有的飞到近一点的地方，有的飞到远一点的地方。怎样断定哪种鸟是真正的候鸟，哪种鸟不过是行迹不定的鸟呢？

比如，我们就很难将朱雀定义为行迹不定的鸟儿。比如，黄雀，它的同类灰雀飞到印度去过冬，它却飞到非洲去过冬。因此它们成为候鸟的原因似乎与众不同。它们并非由于冰河的侵袭和退去而变成了候鸟，而是有其他原因。

你看那只雌灰雀，它长得很像一只普通的麻雀，但是它的头和胸脯非常红。更令人惊奇的鸟儿是黄雀，它浑身上下都金灿灿的，长着两只乌黑发亮的翅膀。你不由的会有疑问：“这些身穿华丽衣服的鸟儿是我们本地的鸟儿吗？难道它们是来自遥远的热带地区的小客人吗？”

你的猜测的确非常有道理。黄雀本来是典型的非洲鸟，灰雀是典型的印度鸟。也许事情是这样的：这些鸟类繁殖得太多了，所以年轻的鸟儿不得不去寻找新的栖息地。于是，它们就转移到了鸟类比较稀少的北方。夏天的时候在北方并不冷。就连新出生的光溜溜的幼鸟，也不会感冒。等到天气一冷，食物也变少了，它们就再回故乡。故乡这个时候也有幼鸟出世，两群同类会和睦共处的，它们是不会被当地的同类赶走的！春天一到，它们就再飞到北方来。于是它们就这样飞来飞去的过了成千上万年。于是它们养成了迁徙的习惯：黄雀向北飞，经过地中海飞到欧洲去过冬；灰雀从印度向北飞，经过阿尔泰山脉飞到西伯利亚，然后再接着向西飞，经过乌拉尔向前飞。

还有一种推断，认为迁徙习惯的形成，是由于某些鸟类对新栖息地的需求。比如灰雀吧，我们在最近几十年里，亲眼目睹了这种鸟的栖息地越来越向西扩展，一直扩展到了波罗的海边。但冬天它们还是照旧飞回故乡印度过冬。

这些关于鸟儿迁徙习惯的假定，有一定道理，也能说明一些问题。不过这里依然有很多尚未破解的谜。

一只小杜鹃的简史

在泽列戈尔斯克的一座花园里，有一只小杜鹃诞生在一个红胸鸲的家庭里。

你们不必问，小杜鹃怎么会独自出现在一棵老云杉树根旁边的一个舒服的窠里。你们也不必问，它给它的养父母带来了多少的麻烦。它们好不容易才把这只个头比自己大3倍的馋鬼喂大。有一天，这座花园的主人走到红胸鸲的窠旁，把已经生出羽毛的小杜鹃掏出来，仔细地打量了一番，然后又放了回去。这个举动差点把红胸鸲夫妇吓个半死。这时小杜鹃的左翅上多了一片白羽毛。

最后，小个子红胸鸲夫妇终于喂大了它们的养子。但是这只小杜鹃飞出窠后，每次一见到它们，还是会张开红黄色的大嘴，扯着嗓子喊着要东西吃。

到了10月初，园里的树木大都光秃秃的了，只有一棵橡树和两棵老槭树的树叶还绿着。此时小杜鹃消失了。至于那些成年杜鹃，早在一个月前就离开我们这一带的森林了。

这只小杜鹃和我们这一带其他杜鹃一样，这年是在南非过冬的。它们要到夏天时，才能飞回故乡。

就在今年夏天，也就是不久前的一天，花园的主人看到有一只雌杜鹃落在一棵老云杉上。他担心这只杜鹃会破坏红胸鸲的窠，就用气枪把杜鹃打死了。

他在这只杜鹃的左翅上找到了一片白羽毛。

破解了好几个谜，但依旧有未解的谜

也许我们关于候鸟迁徙原因的推断是正确的，但下面这些问题又该如何解答呢？

一、候鸟的迁徙路程，有时能达到几千公里长。它们是如何认路的呢？

过去人们以为，每一个在秋季时迁徙的鸟群里，至少有一只识路的老鸟带领着大家。但现在有人千真万确地证实：在当年夏天刚从我们这儿孵出的鸟群里没有一只老鸟。再说有些鸟，是年轻的比年老的先飞走；有些鸟，是年老的比年轻的先飞走。不过，不管谁先谁后，年轻的鸟都能如期飞抵越冬地。

这真的很奇怪。即便是老鸟，它的脑子也就是那么大一点儿，怎么能记住那么长的路程？即便老鸟是认识路的，可是那些两三个月前才出世的幼鸟，都没见过世面，它们是靠什么认路的呢？真叫人百思不得其解！

比如，上文提到的泽列戈尔斯克的那只小杜鹃，它又是如何找到杜鹃在南非的越冬地的？所有老杜鹃几乎都在一个月前飞走了，没有老鸟给它带路啊！杜鹃是一种独来独往的鸟，从来都不集体行动，甚至在迁徙的时候也不例外。小杜鹃是红胸鸲养大的，而红胸鸲是飞往高加索过冬的鸟。那这只小杜鹃是如何飞到杜鹃世世代代的固定越冬地——南非去的？它又是如何重返红胸鸲将它孵出来、养大的那个鸟窠的？

二、年轻的鸟儿是怎么知道自己的越冬地在哪的？

亲爱的《森林报》读者们，我想你们需要好好研究一下这个谜。也说不准这个谜还得留给你们的后代去研究。

要解答这些谜题，首先得放弃类似“本能”这类模棱两可的观点。我们需要设计许多巧妙的试验，以彻底弄清楚鸟类的智慧和人类的智慧究竟有什么区别。

拖拉机不再“轰轰”地响了。集体农庄的亚麻分类工作已经结束，最后几批装着亚麻的货车也开向城市了。

现在，集体农庄的庄员们已在考虑下一年种什么的问题了，人们在考虑是否该种那些由选种站培育出来的黑麦和小麦的优良新品种。

此时田里活儿比较少了，家里的活儿变多了。人们现在把注意力都集中在家畜圈上了。牛羊都被赶进了畜栏，马也都被赶进了马厩。

庄稼收完了，田野也就空了。一群群灰山鹑，开始向农舍靠拢了。它们有时在粮仓附近过夜，有时甚至还会飞到村庄里。

打山鹑的季节已经过去了。有枪的人们现在都开始打兔子了。

集体农庄新闻

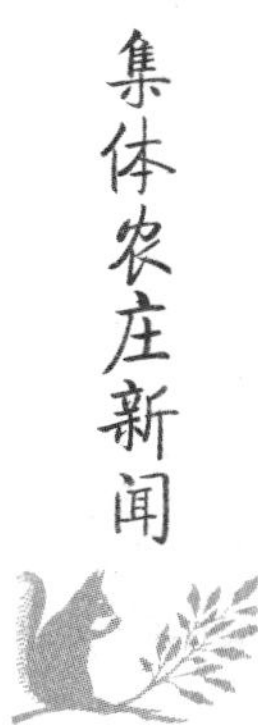

昨　天

胜利集体农庄的养鸡场灯火通明。如今白昼短了，所以人们决定每晚用灯光照明的方法延长鸡群的散步时间和进食时间。

这些鸡高兴极了。灯光一亮，它们马上就扑到炉灰里洗“干浴”。一只特别喜欢寻衅闹事的大公鸡，歪着脑袋瞅着电灯泡说：“咯！咯！如果你要是挂得再低点，我一定要啄你一口！”

既有营养又好吃的调料

干草末是一切饲料中最棒的调味料。干草末是用上好的干草磨制的。

你要是想让吃奶的小猪快点长大的话，那就让它吃干草末吧！你要是想让鸡天天下蛋的话，也喂它干草末吧！这样它就会“咯咯哒！咯咯哒”地向你邀功的。

来自果园的报道

果农们正忙着修整苹果树呢。先要把苹果树收拾干净，打扮得漂漂亮亮的。它们身上现在除了苔藓这个灰绿色的胸饰以外，什么都没有了。果农从苹果树上取下苔藓，因为那里是害虫的藏身地。果农们还要给树干和靠近地面的树枝刷上石灰，免得苹果树再遇到虫害，夏天防晒，冬天还保温。现在苹果树穿上这身朴素的衣裳，显得特别漂亮。难怪工作队的队长开玩笑说："我们打扮好苹果树，让它好好过节！我还要带上这些好看的苹果树去游行呢！"

百岁老人也能采的蘑菇

我们的记者去黎明集体农庄采访一位名叫艾库丽娜的百岁老婆婆，但她不在家。艾库丽娜老婆婆的家人说，老人去采蘑菇了。老婆婆回来的时候，带回了满满一口袋蜜环口蘑。她说："人们本来就很难发现那些单个生长的小蘑菇。我人老眼花，更是看不见了。可是我采回来的蜜环口蘑，只要看见一个，在那一个周围就有一大片。我就愿意采这种蘑菇。它们总喜欢往树墩子上爬，这样就更显眼了。这种蘑菇最适合我这样的老人采！"

冬前播种

在劳动者集体农庄，菜农们正在播种莴苣、葱、胡萝卜和香芹菜。

种子被人们撒在冰冷的土里。工作队长的孙女儿说自己听见种子的唠叨声："你们播种也没有用，天气这么冷，反正我们发不了芽！你们爱发芽，就自己去发吧！"

其实，人们之所以选择在这个时候播种，就是因为种子在秋天的时候是不能发芽的。

可是到了春天，这批种子就会早早发芽，早早成熟。人们也就能早点收获莴苣、葱、胡萝卜和香芹菜了，这可是一件好事啊！

尼娜•巴甫洛娃

集体农庄的植树周

全国各地都进入植树周了。苗圃里有大批已经预备好的树苗。全国各地的集体农庄都在开辟面积约有几千公顷的新果园和新浆果园。人们将要把成千上万棵苹果树、梨树和其他果树栽在院子旁。

列宁格勒 塔斯社

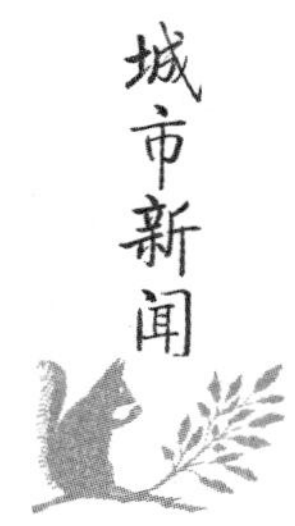

城市新闻

在动物园里

动物园里的鸟兽们从夏天的露天住宅搬到冬季住宅里了。它们那带着栅栏的笼子非常暖和。因此，任何野兽都不打算用漫长的冬眠来熬过寒冬了。

鸟儿也没有飞到笼子外。它们在一天之内就体会到，人们将它们从寒冷之处搬到暖和之处了。

没有螺旋桨的飞机

最近这段日子，城市上空总会盘旋着一些奇怪的小飞机。

行人常会在街心停住脚步，抬起头惊讶地望着这些缓慢盘旋的小东西。他们互相问：

“你看到了吗……”

“看到了，看到了。”

“真奇怪，为什么我们听不到螺旋桨的声音？”

“也许是因为它飞得太高了？您看，它们显得多么小啊！”

“它们降下来了，怎么还是听不见螺旋桨的声音呢？”

“那是为什么？”

“可能是因为它们根本就没有螺旋桨。”

"怎么能没有螺旋桨！莫非这是一种新型飞机？这是什么型号？"

"啊，原来是雕！"

"您开什么玩笑！列宁格勒怎么会有雕出现！"

"有的。这种雕叫做金雕。它们此时正在向南迁徙。"

"原来这样啊！我也看清楚了，的确是鸟在盘旋。如果你不说，我还会以为那是飞机呢。它们也不扇一下翅膀，真是太像飞机了！"

快去看野鸭

最近这几个星期以来，涅瓦河上的思密特中尉桥边，以及彼得罗巴甫洛夫斯克要塞附近的一些地方，常出现许多颜色和形状都非常怪异的野鸭。

有像乌鸦那么黑的黑海番鸭，有钩嘴、翅膀上带着白斑点的斑脸海番鸭，有杂色的、尾巴像小棒似的长尾鸭，还有黑白两色相间的鹊鸭。

它们一点都不怕城市的喧闹声。

即便乘风破浪的黑色蒸汽拖轮迎面向它们驶来，它们也没有感到害怕，只是往水里一钻，然后又从几十米外的地方钻出水面。

这些野鸭都是沿着海上飞行线迁移的候鸟。它们每年路过列宁格勒两次——一次是春天，一次是秋天。

当拉多日湖的冰块漂流到涅瓦河里的时候，它们就会飞走的。

老鳗鱼的最后一次旅行

秋天到了，地面和水底都有了寒意。

河水变凉了。老鳗鱼开始了最后一次旅行。

它们从涅瓦河动身，途经芬兰湾、波罗的海和北海，一直游到大西洋。

它们就这样告别了生活了一辈子的涅瓦河，奔向几千米深的海洋——它们的葬身之处。

不过，在死前，它们要在海洋深处产卵。海洋深处并没有我们想象中那么冷，那里的水温约有 7 摄氏度。不久后鱼子在那里就会长成像玻璃一样透明的小鳗鱼。几十亿条小鳗鱼将会踏上漫长的旅程，用 3 年的时间游进涅瓦河口。

它们将会在涅瓦河里成长为大鳗鱼。

给风打个分数

分　数	风的名称	时速和秒速	风都做了些什么事
7	疾风	时速=50~61 公里 秒速=13.9~17.1 米	迎风行走很费力气，水面上有轻度大浪，浪峰上的水沫被风刮得四处乱溅。
8	大风	时速=62~74 公里 秒速=17.2~20.7 米	小树枝被风吹断，迎风行走极为困难。水面上有中度大浪，渔船靠港不出行。
9	烈风	时速=75~88 公里 秒速=20.8~24.4 米	建筑物有小损伤，房顶的瓦片有可能会被风吹掉。
10	狂风	时速=89~102 公里 秒速=24.5~28.4 米	破坏性很大。
11	暴风	（和信鸽的速度相同）	破坏性极大。
12	飓风	秒速=32.7~36.9 米 （和隼鹰的速度相同）	破坏性巨大。

我们已经算幸运了，暴风和飓风极少出现在我们国家，好多年才会有一次。

秋 猎

在一个清新的秋天早晨，有个猎人扛着枪去郊外打猎。他牵着两只猎犬，这两只猎犬是用短皮带紧紧拴在一起的，这两只猎犬很壮实，前胸很宽，黑色的皮毛里夹着棕黄色斑点。

猎人走到小树林边，解开拴着猎犬的皮带，放它去小树林里寻找猎物。两只猎犬都蹿向了灌木丛。

猎人悄悄地沿着树林边向前走，走野兽经常走的小路。

他在灌木丛对面的一个树墩子后面停住了，那儿有一条隐隐约约的小路，直通向林子下面的小山谷。

他还没站稳，就听见了猎犬的叫声。

这说明它们已经发现野兽的踪迹了。先叫的是老猎犬多贝瓦依，它的叫声低沉、喑哑。年轻的猎犬札利瓦依也跟着汪汪地叫了起来。

猎人一听狗的叫声就明白了，这两只狗在轰兔子出来。秋天的地面，被雨水淋得全是烂泥。现在这两只猎犬正在这黑糊糊的烂泥地上，嗅着兔子的足迹，跟踪追赶着兔子。

它们与猎人的距离忽远忽近的，因为兔子不停地兜圈子。叫声近了，猎狗正把兔子往猎人这边赶。

傻瓜！别发呆了，兔子不就在那里嘛！它那棕红色的皮毛不是正在山谷

里一闪一闪的嘛！

但猎人没抓住机会……

可你瞧那两只猎犬！多贝瓦依在前面，札利瓦依伸着舌头跟在它后面。它们俩在山谷里紧紧地追着兔子。

哼，没关系，兔崽子，我的狗还会把你追回树林里来的。多贝瓦依是一只好胜心强的猎犬，只要它发现了兽迹，就会一追到底，不达目的誓不罢休。它是一条训练有素的好猎犬啊！

两只狗追啊追！只见兔子兜着圈子跑，又被追到树林里来了。

猎人心想："反正兔子还会跑回这条小路上来的。这回我一定要抓住机会！"

突然间周围没了动静……后来……只听见两只猎犬一只在向东叫，一只在向西叫。

咦！这是怎么回事呀？

不一会儿，带头的老猎犬不叫了。

只有札利瓦依自个儿在叫。

又过了一会儿，札利瓦依也不叫了。

猎人正在暗自疑惑，带头的猎犬多贝瓦依又开始叫了，不过这回它的叫声跟刚才不太一样，比刚才要激烈，而且有些喑哑。札利瓦依也尖着嗓子，上气不接下气地叫了起来。

莫非它们发现了另外一只野兽的踪迹？

是哪种野兽的呢？反正肯定不是兔子的。

可能是红色的……

猎人赶快换上了子弹，装上了最大号的霰弹。

一只兔子蹿过小路，跑到田野里了。

猎人看见它了，却没有举枪。

猎犬的叫声越来越近了。它们不停地叫着，一只发出嘶哑的怒号，一只发出激烈的尖叫……突然间，灌木丛里闪过一个有着火红的脊背、白胸脯的动物，冲到刚才兔子蹿过的那条小路上来了，它径直向猎人冲了过来。

猎人把枪举了起来。

那野兽发觉了猎人，它急得直甩自己那蓬松的尾巴。

可惜太晚了！

“砰！”被子弹打中的狐狸向上一蹿，然后又直挺挺地摔到地上了。

猎犬从树林里跑了出来，疯狂地向狐狸扑了过去。它们咬住狐狸火红色的毛皮，使劲地撕扯着，眼看着就要把这张皮撕破了！

“放下！”猎人厉声制止它们，奔过去赶紧从猎犬嘴里夺回了宝贵的猎物。

地下的搏斗

离我们村不远的森林里有一个很有名的獾洞。这个洞的年代很久远了。虽然它被人们称为“洞”，但其实不算是洞，而是被世世代代的獾族掘通了的一座山冈。这里面布满了纵横交错的地下通道。

塞苏伊奇带着我去观察那里的地形。我仔细地考察了这座山冈，发现了63个洞口，这还不算隐藏在山冈下灌木丛里的那些洞口呢。

不难想象，在这宽敞的地洞里住着的，不仅有獾。在几个洞口处，蠕动着一堆堆的甲虫——有埋葬虫、蟑螂和食尸虫。它们在啃鸡骨头、山鸡骨头、松鸡骨头，还有兔子那长长的脊椎骨。獾才不吃这些东西呢！它连鸡肉和兔子肉都不吃。而且獾非常爱干净，它从不把吃剩的食物残渣或别的脏东西丢在洞里或是洞附近的什么地方。

这些骨头说明这里住着狐狸家族，它们是獾的邻居。

有些洞都被掘坏了，简直成了真正的巷道。

塞苏伊奇说：“我们这儿的猎人费了九牛二虎之力，想要把狐狸和獾都挖出来，可是都是瞎忙，那些家伙都溜到地下了，根本挖不出来。”

他沉默了一会儿，又说：“我们试一试用烟能不能把它们熏出来！”

第二天早晨，我、塞苏伊奇还有一位小伙子，我们3个人走到山冈前。一路上，塞苏伊奇总跟那小伙子开玩笑，一会儿叫人家烧炉工，一会儿又叫人家火夫。

我们仨忙了半天才把所有洞口都堵住，只留了山冈下面的一个和上面的两个洞口没堵。我们把一大堆松树和云杉的枯树枝搬到下面那个洞口旁。我和塞苏伊奇两个人分别守住上面那两个洞口，然后躲在小灌木丛后面。

“烧炉工”在下面的洞口点了火。火变旺的时候，又在洞口上堆了许多云杉枝。火堆上顿时冒着刺鼻的浓烟。不一会儿，烟就像进了烟囱似的钻进洞里了。

我和塞苏伊奇负责射击，我们边埋伏着，边急不可耐地等待着浓烟从上面的洞口冒出。也许机灵的狐狸会比獾先蹿出来？不然的话，也许会有一只又笨又懒的肥獾从洞中钻出来？也许此时它们都在那地洞里被烟熏迷了眼睛吧？

洞里的野兽可真能忍耐啊！

我看到烟飘到塞苏伊奇埋伏的灌木丛后面了，也飘到我身边了。

不用再等多大会儿了：马上就要有野兽打着喷嚏跳出来了。它们会一只接一只的跳出来，估计能有好几只吧。我把枪端在肩膀上，决不能让那狡猾敏捷的狐狸逃走！

烟越来越浓了。一团团浓烟往外冒，在灌木丛翻滚着，熏得我都睁不开眼了，眼泪也流下来了。说不定在我眨眼睛、擦眼泪的时候，野兽就溜了呢！

可是野兽还是不出来。

我托着肩上的枪，真累啊！我就把枪放下了。

我们一等再等。那个小伙子不断往火堆上添着枯树枝，却还是没有一只野兽出来。

“你觉得它们被烟熏死了吗？”塞苏伊奇在回家的路上跟我说，“没有，老弟啊，它们没死！烟在洞里是向上飘的，而它们肯定是钻到地底下了。谁知道它们的洞有多深啊！”

这次失败令长着小胡子的塞苏伊奇非常沮丧。为了安慰他，我跟他提到凫猩(tí)[1]和粗毛狐㹴(géng)[2]。这两种大型猎犬都很凶猛，能钻到地洞里捉獾和狐狸。塞苏伊奇听后，忽然来了精神。他让我给他弄一条这样的猎犬，去哪弄他不管，反正必须得给他弄一条这样的猎犬！

我只好答应尽力去给他找一条。

不久之后，我就进城了。我的运气还真不错：一位熟识的猎人把他心爱

---

[1] 凫猩是一种身长腿短、叫声洪亮的德国猎犬，能将躲在洞中野兽吓唬出来。

[2] 狐㹴是一种特别会抓狐狸的猎犬。

的㹴提借给了我。

我回到村里，把小狗交给塞苏伊奇，不料他大发脾气，说道："怎么？你是来取笑我的吗？就这只像小老鼠似的东西，别说老狐狸了，就是小狐狸，也能把它吃了再吐出来的。"

塞苏伊奇个子不高，所以一直对自己的身高耿耿于怀，也就见不得其他小个子，甚至包括小个子的狗在内。

㹴提的外表确实很滑稽，它长得又矮又小，身子却是个长条儿，四条小短腿歪歪扭扭的。可是当塞苏伊奇不经意地向它伸过手去时，这只丑陋的小狗居然呲着尖利的牙齿，恶狠狠地咆哮着，朝他猛扑过去。塞苏伊奇连忙闪开，说了句："好家伙！还挺凶的！"然后就没再说什么了。

我们带着这只小狗又走到山冈前，一到那里小狗就暴跳如雷地冲向兽洞，差点儿把我牵着它的那只胳膊拽得脱臼。我刚把拴着它的皮带解开，它就钻进黑黑的地洞不见了。

人类为了满足自己的需要，总能培育出一些奇怪的犬种，这种个儿不大的善于去地下抓捕猎物的猎犬㹴提大概就是最奇怪的一种了。它的体型像貂那样细瘦，非常适于钻洞；它那弯弯的脚爪是挖土的绝佳工具；它那窄长的嘴脸，能死死地咬住猎物。即便如此，我还是忐忑不安地站在上面等着，在那黑暗的地下，干瘪的家犬和森林中的野兽的一场恶战会有怎样的结局呢？我一想到这个就不免提心吊胆。万一小狗战死在洞中可如何是好？我怎么跟它的主人交代呢？

地下的围猎活动正在进行之中。尽管脚下有一层厚厚的泥土挡着，我们还是能听到地下响亮的狗叫声。猎犬的叫声似乎是从远方传来的，而不是从我们脚底下传来的。

叫声越来越近，也越来越清晰了。这是嘶哑的怒号。叫声更近了……可是，又远去了。

我和塞苏伊奇站在山冈上，手里紧端着猎枪，握得手指头生疼。只听到狗叫声一会儿从这里传出来，一会儿从那里传出来，一会儿从另一个地方传出来。

突然狗叫声戛然而止。

凭着经验，我能感觉到：小猎犬一定在黑暗的地道里追上了野兽，此时正在与野兽厮杀呢！

这时我才想到，我本应在放小猎犬进洞之前就想到，采用这种办法打猎的时候，猎人通常应该带上铁锹，等猎犬在地下跟野兽交战时，就赶快去挖它们上面的土，一旦猎犬在搏斗中失利，还能帮助它逃走。这样做的前提条件是：搏斗在距离地面约一米深的地方进行。可是对于这个深洞，连烟都没能把野兽熏出来，还能怎么救助猎犬呢？

我该怎么办才好！凫猅一定会被野兽们杀死在深洞里的。说不定此时它正在跟好几只野兽搏斗呢！

忽然又传来了嘶哑的狗叫声。

不过，我还没放宽心呢，狗叫声又停止了。这回彻底完了！

我和塞苏伊奇认定这只英勇的小狗已经死了，这沉寂的山冈已成了他的坟墓，于是我们就在这里默默地站了很久。

我还不忍离开。塞苏伊奇打破了沉默："老弟啊，咱俩把小狗害了！看来它是遇上老狐狸或是"瘟胖子"獾子了。"

他迟疑了一下，又说："要不咱们走吧！还是再等一会儿？"

出人意料的是，此时从地下传来了一阵窸窸窣窣的声音。

地洞里先有一条尖尖的黑尾巴露出来，紧接着又有两条弯曲的后腿和一个长长的身子伸出来，那身子满是泥污和血迹，凫猅显然在很吃力地往外拱。我高兴地奔上前去，一把抓住它的身子往外拖。

小狗的后面有一只肥胖的老獾，我们把老獾从地洞里拖出来时，它就一动不动了。凫猅拼命咬住了它的脖子，还狠狠地甩着，过了很久都不肯松口，好像怕它的对手再活过来似的。

《森林报》特约通讯员

冬日渐临月（秋季第三个月）
一年——分为12个章节的太阳诗篇

11月一半像秋天，一半像冬天。11月是9月之孙，是10月之子，也是12月的亲哥哥。11月在大地上钉满了寒冬的钉子；12月在大地上铺上了寒冬大桥。11月骑着斑驳的骏马出巡：地上是一片泥泞、一片雪，一片雪、一片泥泞。11月这个铁工场虽然不太大，但它铸造的枷锁却够整个俄罗斯用的：它能冻住池塘与湖沼。

秋天开始做它该做的第三件事了：脱下森林最后那层衣服，给水面穿上铁甲，再用雪把大地刷白。森林此时显得非常凄凉：树木都光秃秃、黑糊糊的，被冷雨浇得从头湿到脚。河面上的冰闪着微光。你若是踩上一脚，它就会喀嚓一声裂开了，让你掉进冰水里。大地盖上一层雪被，所有的翻耕田里的苗此时都停止生长了。

不过，现在毕竟还不是冬天，只是冬天的序幕罢了。几个阴天过后，难得一见的太阳偶尔会出来和大家见个面。当阳光普照大地时，万物都欢腾起来！看这里，树根下钻出了一群黑色的蚊虫，它们飞上了天空；看那边，我们脚下开出了朵朵金黄色的小花，像蒲公英、款冬花本来都是到春天时才开花呢！雪也融化了……但是太阳没有唤醒沉睡的树木，它们要毫无知觉地睡到来年春天才醒了。

伐木的季节开始了。

莫名其妙的现象

我今天扒开了雪，查看了我的那些一年生的植物。它们的生命期就只是一个春天、一个夏天和一个冬天。

可是今年秋天我才发现，它们并不是全都枯死了。现在已经是 11 月了，可还有许多草是绿色的呢！雀稗也还顽强地活着。这是乡村里常见的一种生长在房前的草。它的小茎交织在一起，铺在地上（人们常会毫不留情地用它来蹭鞋底），它的小叶子长长的，它那粉红色的小花不是很醒目。

矮矮的、能把人刺伤的荨麻也还活着。夏天的时候荨麻很烦人，当人们在田里除草的时候，双手会被它刺出水疱来。可是在 11 月里看到它会令人觉得很愉快。

蓝堇也还活着呢。还记得蓝堇吗？它是一种好看的小植物，生着微微散开的小叶子，开着细长的粉红色小花，花尖儿的颜色很深。人们常能在菜园里看到它。

上述这些一年生的草都还好好地活着呢。不过一到春天它们就会枯死了。那它们何必非要在雪下生活呢？该如何解释这种现象呢？这个问题有待考察。

尼娜•巴甫洛娃

森林里并不是死气沉沉的

寒风在森林里肆虐。光溜溜的白桦树、白杨树和赤杨树在风中摇摇晃晃，沙沙作响。最后一批候鸟急匆匆地离开了故乡。

我们这里的夏鸟还没走完，冬天的客人就已经来了。

鸟儿们各有各的习性和趣味：有的把高加索、外高加索、意大利、埃及和印度当作越冬地；有的鸟儿宁愿留在本地过冬，可能它们觉得我们这儿的冬天也很暖和，也能吃得很饱。

会飞的花

赤杨那黑糊糊的枝条就那么惨兮兮地戳在树干上，显得好凄凉啊！光溜溜的枝条上没有一片叶子，地上的青草也都变黄了。懒洋洋的太阳也很少从灰色的云团后露出脸来。

但是，生在沼泽地上的赤杨枝条也有美滋滋的时候，因为忽然有许多五彩缤纷的花儿，在日光的照耀下翩翩起舞。这些花儿大得出奇，白的、红的、绿的，还有金黄的。有的落在赤杨枝条上；有的粘在白桦树的树皮上；有的掉在地上；有的飘在空中。落在树上时就像一些炫目的斑点；飘在空中时就像颤抖着艳丽翅膀的小精灵。

它们发出芦笛般的声音，彼此呼应，一唱一和。它们从地面飞向树枝，又在树木之间穿行。它们是什么？是从哪儿来的？

来自北方的鸟儿

这些来自遥远的北方的小鸣禽，是来我们这里过冬的客人。有红胸脯的朱顶雀、烟灰色的太平鸟，它们的翅膀上长着5道红羽毛，就像5个手指头似的，它们的头上也有一撮冠毛；有深红色的松雀；有绿色的雌交喙鸟和红色的雄交喙鸟；还有黄绿色相间的黄雀，有着黄羽毛的小金翅雀，胖胖的灰雀。而我们当地的黄雀、金翅雀和灰雀都去较暖的南方过冬了。上述这些鸟，都是来自寒冷北方的鸟。现在的北方特别冷，所以到了我们这儿，它们就觉

得挺暖和的了！

黄雀和朱顶雀都吃赤杨的籽和白桦的籽；太平鸟和灰雀吃花楸果和其他浆果；交喙鸟吃松子和云杉子。到我们这儿过冬的客人都能吃得饱饱的。

来自东方的鸟儿

矮小的柳树上突然出现了一些小精灵，从远处看，就像柳丛里开出了华丽的白玫瑰花似的。这些“白玫瑰”在灌木丛中飞来飞去，转来转去，伸出它那黑钩般的细长脚爪，东抓抓，西挠挠，在空中扑扇着花瓣似的小白翅膀，于是空中荡漾着娇柔的啼啭声。

它们就是白山雀。

这种鸟儿不是从北方飞来的，而是从东方飞来的，它们的故乡是风雪肆虐的西伯利亚，此时早已进入寒冬，深雪早已把矮小的柳丛埋起来了。这些鸟儿越过连绵不断的乌拉尔山脉，来到我们这里过冬。

该睡觉了

大片的云团把太阳遮了个严严实实。湿漉漉的灰色雪花从天上飘落下来。

一只胖胖的獾气咻咻地哼着，一跛一拐地走向自己的洞口。它很不高兴：森林里满地泥泞，潮湿的土地让它浑身不舒服。现在该钻到它在地下的那个干燥、整洁的沙洞里了。也该躺下来睡个懒觉了。

羽毛蓬松的小型乌鸦——噪鸦此时正在林子里打架斗殴呢。它咖啡色的羽毛湿淋淋的，在打斗的时候竖了起来，它们正厉声尖叫着。

一只老乌鸦突然在树顶上大叫一声。原来它看到远处有一具不知是什么野兽的尸体。它扑扇着发亮的蓝黑色翅膀，飞向它的美食。

林子静悄悄的。灰色雪片落在黑糊糊的树枝和褐色的土地上。大地上的落叶渐渐腐烂了。

雪越来越大，鹅毛大雪倾泻下来，将黑色的树枝和褐色的大地都掩盖了……

我们列宁格勒州的伏尔霍夫河、斯维尔河和涅瓦河被严寒侵袭后，水面都已结冰了。芬兰湾也封冻了。

最后的飞行

在11月的最后几天里，被风吹成堆的雪突然有了融化的迹象，天气变暖和了。不过雪还是没有融化。

早晨，我外出散步时看见积雪上空（无论是在道路上、灌木丛里还是在树木之间的空隙里），到处都有黑色的小蚊虫在飞舞。它们有气无力地扇动着翅膀，好像从下面的某处升了起来，也好像被风裹着似的（虽然一丝风都没有），它们在空中绕一个半圆圈，然后就侧着身子摇摇晃晃地落在了雪上。

一到午后，雪就开始融化了，树上的雪掉下来了；人们走在户外一抬头，高处的融雪水就会滴到眼睛里，或是有一团冰凉的雪洒到脸上。此时不知从哪儿冒出来好多黑色的小蝇子。夏天的时候，我从未见过这种小蚊虫和小蝇子，它们兴高采烈地在空中飞着，只不过飞得很低，而且紧贴着雪地飞。

到傍晚时分，天气又转凉了，小蚊虫和小蝇子又不知躲到哪里去了。

《森林报》通讯员　维立卡

貂是如何追松鼠的

有不少松鼠到这一带的森林里来做客了。

它们北方的老家今年遇到饥荒了，球果不够吃了。

松鼠分散地坐在一棵棵松树上，用后爪抓着树枝，用前爪捧着球果啃。

一只松鼠没抱住球果，球果就滑落到雪地上了。松鼠舍不得把它丢弃，就气冲冲地叫着，从一根树枝跳到了另一根树枝上，然后跳到树下了。

它在地上蹦跶着，后腿一蹬，前脚撑地，一直往前奔去。

它突然发现一个枯枝堆里露出了一团黑糊糊的毛皮和一双锐利的小眼睛……松鼠顾不得那球果了。它慌不择路，急忙蹿到眼前的一棵树上，沿着树干就往上爬。原来枯枝堆里埋伏着一只貂，它紧追着这只松鼠。貂也飞快地爬上树干。此时松鼠已经爬到了树梢。

松鼠一跳，就到了另一棵树上。

貂缩起它那蛇一般的细长的身子，背脊一弯，也跟着纵身一跳。

松鼠沿着树干向上飞奔。貂就紧跟在它后面。松鼠的动作非常灵敏，但貂的动作更灵敏。

松鼠逃到这棵树的树顶上，没法再往上跑了，而附近也没有其他树了，它真的走投无路了。

貂马上就要追上它了……

松鼠只好往下跳，跳到另一根树枝上。但貂依然紧追着它不放。

松鼠在树梢上来回地跳，而貂就在粗一些的树枝上追。松鼠不停地跳，终于无处可逃了。

下边是地，上边是貂。

它没有选择的余地了，只好跳到地上，然后赶紧奔向另一棵树。

但是松鼠在地上可斗不过貂。貂三蹦两跳地就追上了松鼠，并扑倒了它。松鼠就这样完蛋了……

兔子耍花招

一只灰兔在半夜时偷偷地钻进了果园。它喜欢啃小苹果树那甜甜的树皮，快天亮的时候，它已经啃光了两棵小苹果树的树皮。雪一直往灰兔的头上落，但它一点也不理会，依然在那儿嚼着、啃着。

村里的公鸡已经叫了 3 遍。狗也在汪汪地叫。

兔子这时才清醒了，得在人们还没起床的时候跑回森林里。由于周围是一片雪地，所以它的毛皮非常显眼。它真羡慕白兔，白兔是多么安全啊！

昨天夜里下的那场雪还没有冻实，所以会留下脚印。灰兔一路上在雪地上留下了一串脚印。它长长的后腿踩下的是长条状的脚印；短短的前腿踩下的是一个个小圆圈。它的每一个脚印和每一个爪痕，都能被人看得清清楚楚的。

灰兔穿过了田野，跑进森林里，身后留下一连串清楚的脚印。灰兔想在饱餐之后在灌木丛中打个盹儿。可糟糕的是：无论它藏到哪儿，都会被脚印暴露出行踪。

于是灰兔只好耍点花招了：它得把自己的脚印弄乱。

天亮了，村里的人也醒了。果园主人走进自己的果园一看——哎哟，天啊！两棵好端端的小苹果树都没有树皮了！他看了一眼雪地上留下的痕迹，就什么都明白了：小兔子的脚印留在了苹果树下。他愤愤地举起拳头，心想：小兔子，等着瞧吧！我得用你的皮来抵我的树皮！

这人回到屋里，往枪里装了点弹药，带着枪沿着雪地上留下的足迹追去了。

瞧，兔子就是从这里跳过篱笆的，跳过篱笆后就穿过田野直奔向森林了。可他一进森林，就发现兔子的脚印在围着灌木兜圈圈了。哼！你这花招可骗不过我！我会抓到你的！

这是你的第一个圈套——绕灌木丛跑了一圈。然后就是第二个圈套——横穿过自己的脚印。

果园主人一直追随着脚印，兔子的两个圈套都被他识破了。他一直端着枪，随时都准备放枪。

他站住不动了。这是怎么回事呀？兔子的脚印中断了，四周都是平坦的雪地，就算是兔子蹿了过去，也该留下一点痕迹啊！

果园主人弯下腰仔细查看那些脚印。啊！原来这是它的新花招：兔子踩着自己原来的脚印走回去了。它的每一步都和自己原来的脚印准确重合了。不仔细看，还真看不出那“重合的”脚印。

果园主人沿着脚印往回走。走啊走，又走回田野上了。看来他看走眼了。也就是说，他中了兔子的诡计。

他转过身，再次顺着“重合的”脚印向前走。原来如此！原来那“重合的”脚印很快就变成单层的脚印了。如此说来，兔子就是从这儿跳到一边去的。

他果然猜对了：兔子留在这的脚印表明，它一直蹿过了灌木丛，然后就拐弯了。现在它的脚印又变得均匀了。不久后突然又中断了。又有一行新的“重合的”脚印越过灌木丛。过了灌木丛，再往前，又是跳着走了。

现在可一定得非常细心地查看……这不，它又往旁边跳了一次。此时，兔子肯定是在一个灌木丛下躲着呢。你耍花招啊，我就不信你能骗得过我！

兔子还真的就躲在这附近。不过并不是像猎人想象中的那样躲在灌木下，而是躲在一大堆枯枝下面。

灰兔睡得迷迷糊糊的，隐约听见沙沙的脚步声。脚步声越来越近了……

它一抬头，就看见两只穿毡靴的脚和伸向地面的一根黑色枪杆子。

灰兔小心地从枯枝堆里钻了出来，一溜烟儿蹿到枯枝堆后面。猎人只看到一个短短的小白尾巴闪过灌木丛，然后就看不到兔子的影儿了！

果园主人只好空手而归了。

不速之客

有一个夜间强盗来到我们这一带的森林里了。想要看到它可不是件容易的事儿，夜间太黑，没法看见它；白天时它又跟雪的颜色差不多，也很难分辨。它从北极来，所以身上的衣服跟北方那常年不化的白雪颜色差不多。我说的这种动物就是北极雪鸮。

雪鸮的个头儿跟猫头鹰差不多，但力气不如猫头鹰。大大小小的飞禽、老鼠、松鼠和兔子都是它的食物。

苔原是它的故乡，那里天气冷得很，苔原上的小野兽几乎都躲到洞里去了，鸟儿也基本都飞走了。

雪鸮被饥饿逼得只好离家出走，来我们这儿过冬了。这位不速之客打算入春时再回家。

啄木鸟的工作场

我们菜园后面，长着一大片老白杨树和老白桦树，还有一棵更老的云杉树。云杉树上残留着几个球果。这几个球果招来了一只五彩的啄木鸟。啄木鸟落到树枝上，用它的长嘴啄下一个球果后，就衔着它沿着树干往上跳去。它把球果塞进一个树缝里，然后用嘴啄球果里的籽，把籽叼出来后，就把球果壳往下一扔，再接着去采另一个球果。采来后还是照旧法塞在那个树缝里；然后去采第三个球果……就这样反复工作，一直忙到天黑。

《森林报》通讯员　勒·库波立尔

向熊请教

熊为了躲避寒风，就将自己的冬季住宅——熊洞安在低凹之处，甚至有可能将其安置在沼泽地上或是茂密的小云杉林里。奇怪的是，如果这年冬天不冷，会出现融雪天气，那熊就会把熊洞安在像小山丘这类的高地方。世世代代的猎人都证实了，熊就是有这种习惯。

这个道理其实很简单：熊就害怕融雪天气。怎么会不怕呢？如果冬天里有一股雪水流到熊的肚皮底下，当天气又忽然转冷时，雪水又会结冰，熊那毛蓬蓬的皮袄就会冻成铁板了，到那时可如何是好呢？那就不能冬眠了，只能满森林里乱逛，靠活动筋骨来取暖了！

可是如果熊不睡觉，还得不停地活动，就会消耗尽身上储藏的热量，就不得不靠进食来维持体力。但是一到冬天，熊就找不到食物吃了。所以，预料到暖冬的熊会挑个高处做窝。免得在融雪天里受罪。

可它究竟是怎么预测到这年冬天是暖还是冷的呢？为什么它早在秋天的时候就能准确地作出判断呢？这其中的原因我们就不知道了。

只得钻到熊洞里向熊请教了！

严格遵守采伐计划

俄罗斯古时候有个谚语："森林如恶魔，不要对它下手，否则死期就不远了。"

古时候，伐木是一项非常艰苦的劳动。伐木工要与绿色的朋友为敌，可他们的武器只是一把斧头。直到不久前的18世纪，他们才有了锯子。

一个人一定要有充沛的体力，才能一天到晚挥动斧头砍树；一定要拥有钢铁般的身板，才能在天寒地冻的风雪天气里，白天只穿着单薄的衬衫干活儿，夜里裹着皮袄在小火炉旁或小草棚里睡觉。

在春天的时候工作是最艰苦的。

一冬采伐的树木，此时都得被搬运到河边，等到河水解冻后，伐木工要把一根根沉重的圆木推到河里去，请流水将木材运走。

河水将木材运到什么地方，什么地方就得福了。

于是河水两岸就有了一座座城市。

现在的情况是怎么样的呢？

"伐木工"的工作性质已经发生了根本的变化。我们砍伐树木和削去树枝的工具，已不再是斧头了。这些工作都可以交给机器去做。甚至连森林里的道路，也都是由机器开辟、铺平的，然后机器就可以沿着这条林间道路把木材运走了。

用来伐木的履带式拖拉机就是非常好用！这个由钢铁制成的庞然大物，听从人类的指挥，它们闯入无法通行的密林，它们放倒百年的大树就像刈草一样轻松。它们能将老树连根拔出，放到一边，然后推开横躺在地上的其他树，铲平地面，开辟出一条条运输道路。

行驶在运输道路上的汽车还载着“流动发电站”。工人们手拿电锯，走到树前，身后有一根根像长蛇般包着橡胶的电线。电锯那尖利的钢齿能毫不费力地锯入坚固的树身里，就像刀子割黄油似的。也就半分钟的工夫，直径有半米粗的树干就被锯断了。这可是一棵100多岁的巨树啊！

方圆100米之内的树木都被锯倒后，汽车又把“流动发电站”送到前面去。这时有一辆强大的运树拖拉机开到这个位置来干活。运树拖拉机一把抓起几十棵原木，然后将其拖到木材运输线上了。

在运输线上工作的巨大的运树牵引车，将木材拖到窄轨铁路上。铁路上有一个司机驾驶着长长的一大串敞篷车，每一节车厢上都装着几千立方米的原木，开向铁路车站或是河码头的木材场。人们在木材场里修整、加工原木、将其变成圆木、木板或是纸浆用料。

在现代，借机器采伐的木材，会被运到远方草原上的村庄、城市和工厂里，会被运到一切需要木材的用户那里。

众所周知，在这么先进的技术条件下，我们必须严格按照全国统一的计划来采伐木材，否则，我们这个森林大国会渐渐失去森林资源，靠现代技术手段消灭森林，是再容易不过的事了。但是树木的生长速度却一点没变，还是像从前那么慢，需要几十年的时间才能形成森林！

在我国，人们会立刻在采伐森林的地方营造新林，并栽上名贵的树木。

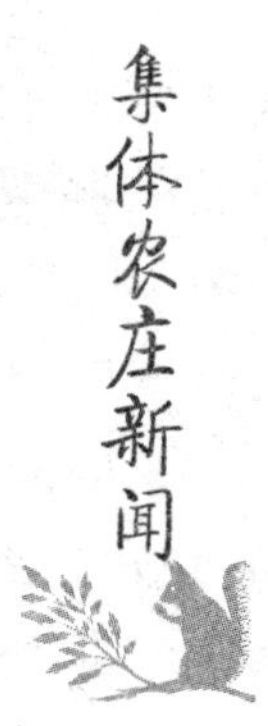

冬天真的来了。

集体农庄田里的活儿都干完了。

妇女们在牛棚里工作，男人们去运饲料了。

有猎犬的村民出去打灰鼠了。还有不少人去林子里采伐木材了。

灰山鹑群离农舍越来越近了。

孩子们每天高高兴兴上学去。白天，他们还会抽空布网捉鸟儿，去小山上滑雪，或是滑小雪橇。晚上，他们就做作业、读书。

尼娜·巴甫洛娃

我们的心眼比它们多

下过一场大雪后，我们发现，老鼠居然在雪下挖了一条直通我们苗圃的地道。可是，我们的心眼比它们多，我们把苗圃里的每棵小树四周的雪都踩实。这样，老鼠就钻不到小树跟前了。有些老鼠一钻到雪层外面，就会被冻死。

祸害果树的兔子也常会跑到我们的果园里。我们也有对付这些兔子的办法，那就是用稻草和云杉树枝将所有小果树都包扎起来。

吉玛·布勒多夫

在细丝上吊着的房子

我见过一种在细丝上吊着的小房子，风一吹，它就晃晃悠悠的。这房子没有任何防寒设备，墙壁顶多有一张纸那么厚。谁能在这种小房子里过冬呢？

你可能想不到吧，这种小房子也是可以用来过冬的！我们见过好多设备简陋的小房子。它们是被一根根像蜘蛛丝那么细的丝吊在苹果树枝上的。这种小房子是用枯叶做成的。人们见到它，就会把它们取下来，然后烧掉。原来小房子的主人都是害虫——苹果粉蝶的幼虫。如果不消灭它们，那等到春天，它们一定会去啃苹果树的芽和花的。

有不少野兽是危害人们的利益的，人们可以用林间的材料修理它们。

昨天晚上，光明之路集体农庄差点失窃：一只大兔子趁着深夜偷偷钻进了果园，它是来啃小苹果树的树皮的，可是它发现苹果树皮像云杉树皮一样扎嘴。这只兔子啃了好多次都失败了。于是它只好离开果园，回附近的森林了。

果农们早就预料到会有林中小偷来侵犯果园，于是砍了一些云杉树枝，把自家的苹果树干包了起来。

棕黑色的狐狸

郊区的红旗集体农庄建了一个养兽场。昨天，有一批棕黑色的狐狸被运到这里。一大群热情的人（其中还包括刚会跑的学龄前儿童）跑来欢迎这些集体农庄的新居民。

狐狸怯怯地用怀疑的眼光，打量着每一个欢迎它们的人。只有一只狐狸淡定地打了个哈欠。

“妈妈！”一个围着白头巾、戴了一顶无边帽的小男孩叫道，“可不要把这只狐狸围在脖子上，它会咬人的！”

栽在温室里

劳动者集体农庄的人们正在挑选小葱和小芹菜根。

工作队长的孙女儿问道:“爷爷！我们是在给牲口准备饲料吗？”

工作队长笑了,他告诉孙女儿:“不是,小孙女儿啊,这回你没猜对。我们现在要做的是,把这些小葱和芹菜根栽在温室里。”

“为什么要栽在温室里呢？让它们长高吗？”

“孩子,不是的。咱们是想常年吃到葱和芹菜。这样冬天我们在吃马铃薯的时候,就有葱花往马铃薯上撒了,冬天的时候我们也有芹菜汤吃了。”

用不着盖厚被子

有一个外号叫米克的九年级学生,上周日去曙光集体农庄玩。他在一片树莓丛旁遇到了工作队长费多西奇。

“老爷爷！您不怕您的树莓被冻坏吗？”米克用内行的口吻问着问题,其实他根本不懂。

“不会冻坏的。”费多西奇答道,“它们能在雪下平平安安地度过这个冬天。”

“在雪下过冬？老爷爷,您是不是糊涂了？”米克接着说道,“这些树莓长得比我还高呀！您觉得冬天的时候能下这么深的雪吗？”

“下普通的雪就行。”老爷爷答道,“聪明的孩子,现在请你告诉我:你在冬天时盖的被子,比你的身高厚呢？还是比你的身高薄呢？”

“这与我的身高有什么关系？”米克笑道,“我是躺着盖被的呀！老爷爷,您明白吗？人们都是躺着盖被的呀！”

“我的树莓也是躺着盖雪被的呀！不过,聪明的孩子,你自己躺到床上就行了;树莓要由我这个老爷爷把它们弯到地上,然后绑起来,它们就算是躺在地上了。”

“老爷爷,您比我想象的要聪明得多啊！”米克说。

“孩子,可惜你没有比我想象的聪明。”费多西奇回答道。

尼娜•巴甫洛娃

助 手

现在我们可以每天在集体农庄的粮仓里碰到孩子们了。有的孩子在帮

着大人挑选准备春播的种子；有的孩子在菜窖里精选最好的马铃薯种子。

有的男孩子还去马厩和铁工厂里帮忙呢！

好多孩子常去牛栏、猪圈、养兔场和家禽窝里干活。

我们边在学校里读书，边在家里帮大人干活儿。

尼古拉·立和诺夫

城市新闻

瓦西里岛区的乌鸦和寒鸦

涅瓦河封冻了。在这个季节里，每天下午 4 点，瓦西里岛区的乌鸦和寒鸦都会在思密特中尉桥（第八条街对面）下游的冰面上聚集着。

鸟儿吵闹一阵后，就又分作好几群，各自飞回瓦西里岛上的花园过夜了。每一群鸟都住在它们热爱的家园里。

侦察员

人们应该保护城市花园和墓地里的灌木、乔木。但是人类很难对付花木的天敌。那些敌人生性狡猾，个头又小，本来就不容易被人发现。园丁们只好找一批侦察员专门来找它们。

我们可以在城市花园和墓地上，发现这些侦察员的身影。

它们的首领是一只戴着“红帽圈”的五彩啄木鸟。啄木鸟的嘴很像一根长枪。它的嘴能啄到树皮里面。它不时地大声发号施令。

跟着它一块飞来的是各种山雀：有戴着尖顶高帽的凤头山雀；有戴着厚帽子的胖山雀；有浅黑色的莫斯科山雀；还有穿着浅褐色外套，嘴巴像锥子似的旋木雀；还有穿着天蓝色制服，有白胸脯，嘴巴尖利得像匕首的䴓。

啄木鸟一发令，䴓就跟着回应，山雀们也跟着回应，于是整个队伍就开始行动了。

侦察员们迅速地将树干和树枝占领了。啄木鸟将树皮啄开，用它那尖利的钩针似的舌头，将蛀皮虫从树皮中钩出来。鳾则头朝下，围着树干转，看到哪个树缝里有昆虫或是昆虫幼虫，就将它那把锋利的“匕首”刺进去。旋木雀主要负责下面的树干，它用自己弯弯的“小锥子”戳树皮。灰山雀则成群结队地在上部的树枝处兴高采烈地兜圈子。它们密切注视着每一个小洞和每一个树缝，没有一只害虫能逃得过它们那锐利的眼睛和灵巧的小嘴。

小 屋

我们那些可爱的小朋友——鸣禽就要挨饿受冻了。让我们多给它们一点关心吧！

如果你家有花园或是小院，就很容易把一些鸟儿招来，可以在它们找不到食物的时候喂喂它们。在严寒天气、有狂风暴雨的时候，给它们一个可以栖身的地方。如果你能招来一两只可爱的鸟儿到你为它们准备好的住处安身，那你就有机会当场抓住它了。你只需造一个小小的鸟屋就行了。

让小客人们到鸟屋的露台上吃大麻子、大麦、小米、面包屑、碎肉、生猪油、奶酪和葵花子等！如果你采用这种招待方式，即使你家住在大城市里，也会引来那些有趣的小客人到鸟屋住下的。

你可以用一根细铁丝，或是细绳子，将其中一头拴在鸟屋的小门上，让另一头穿过鸟屋的小窗户通到你的房间。需要给鸟儿关门保暖的时候，你只要一拉细铁丝或是绳子，那扇小门就能关上了。

还有一个更好的办法！就是给鸟屋通上电流。

不过请记住，夏天的时候千万别捕鸟——万一捉走了大鸟，幼鸟就会被饿死的。

秋天是猎捕小毛皮兽的季节。快到11月时，这些小兽的毛就长好了，它们已经脱掉了夏天时薄薄的那层毛，换上了抵御寒冬的蓬松的、暖和的厚厚的毛。

去打灰鼠吧

一只灰鼠有什么了不起的？

可是，灰鼠在我们国家的狩猎事业里比其他任何野兽都重要。我们全国每年光是灰鼠的尾巴就要消耗几千捆。它那华丽的尾巴，可用来做帽子、衣领、耳套及其他保暖用品。

尾巴之外的毛皮也大有用途。人们用这种毛皮做大衣和披肩，尤其是淡蓝色灰鼠皮做的女式大衣，样式好看，穿起来既轻便又暖和。

灰鼠一换完毛，猎人们就出去打灰鼠了。在灰鼠长期出没而且容易打到的地方，甚至能看到老头儿和十二三岁的少年打猎的身影。

猎人们在狩猎期间，或是集体行动，或是单独行动，常常在森林里一待就是好几个星期。他们踏上又短又宽的滑雪板，从早到晚在雪地上奔波，有时直接用枪打灰鼠，有时还要布置和检查捕捉器、陷阱等工具。

猎人们在土窖里，或是在很矮的小房子里（这种小房子常被埋在雪里）过夜。用一种像壁炉似的土炉子烧饭吃。

猎人打灰鼠的最佳伙伴就是北极犬。北极犬是猎人不可缺少的“眼睛”。

北极犬是来自我国北方的一种特别的猎犬。它在冬季时协助猎人在森林里打猎的本事当属世界第一。

北极犬能帮你找到白鼬、鸡貂和水獭的洞，会替你咬死它们。夏季时，它还能帮你从芦苇丛里把野鸭赶出来，从密林里把琴鸡赶出来。这种猎犬还不怕水，连冰冷的河水都不怕，它能跳到冰冷的河水里，帮主人把射杀的野鸭叼上来。到了秋季和冬季时。它又成了帮助主人打松鸡和黑琴鸡的好帮手。在秋冬两个季节时，靠普通猎犬的伺伏是抓不到松鸡和黑琴鸡的。可是北极犬会往树下一蹲，对着野禽汪汪地叫，使它们的注意力都集中在北极犬身上，这样主人就可以趁机开枪了。

在下雪前后，你都可以带着北极犬去打猎，它可以帮你找到麋鹿和熊。

当你被可怕的野兽攻击时，这个忠实的朋友北极犬是决不会抛弃你的。它会绕到野兽的身后咬住它们，让你有时间装上弹药，射杀野兽；或者，它会以死相拼，用自己的性命保全你的性命。最令人称奇的是，北极犬能帮你找到灰鼠、黑貂、猞猁等生活在树上的野兽。其他种类的猎犬就没有这等本事。

在冬季，或是深秋时节打猎时，你走在云杉林、松树林或混合林里，四周一片死寂。没有走兽晃动的身影，也没有飞禽鸣叫的声音。这里就像一片荒漠。

可如果你去森林的时候带上一只北极犬，就不会感到寂寞了。北极犬一会在树根下找出一只白鼬，一会从树洞里撵出一只白兔，一会又顺便叼起一只林鼷鼠，它还能找到躲在浓密的松枝间不露面的灰鼠。

可是，猎犬既不会飞，也不会爬树，如果灰鼠不到地上来，那北极犬是如何找到灰鼠的？

捕捉野禽的波形长毛猎犬和追踪兽迹的兔猩，需要灵敏的鼻子。鼻子就是这两种猎犬最重要的“工具”。这些猎犬，即使眼睛和耳朵都不太好使，也能照样干活儿。

可是北极犬却需要有三种“工具”——灵敏的鼻子、锐利的眼睛和机灵的耳朵。这三样“工具”是并用的。甚至可以说它们就是北极犬的三个仆人。

只要灰鼠在树上用爪子挠了一下树干，北极犬就会竖起它那时刻警惕着的耳朵，悄悄地提示主人：“这里有灰鼠！”只要灰鼠的小脚爪在针叶间一闪，北极犬的就会给主人使眼色：“这里有灰鼠！”只要一阵小风将灰鼠的气味吹到树下，北极犬的鼻子就会报告主人："上面有灰鼠！"

北极犬靠这三个"工具"发现树上的灰鼠后，就用它的第四个"工具"——叫声将信息传达给主人了。

一只好的北极犬，在发现了猎物后绝不会往猎物所在的那棵树上扑，也不会去挠树干，因为这种做法只会把猎物吓跑。这时北极犬会蹲在树下，目不转睛地盯着灰鼠藏身之处，竖着耳朵，不时叫几声。要是主人还没来，或是没把它带走，它是不会离开树下的。

打灰鼠很容易：灰鼠被北极犬发现后，灰鼠的注意力就全都集中在北极犬身上了。这时猎人只须悄悄地走过来，不要发出声响，不要有剧烈的动作，好好瞄准再开枪就行了。

用霰弹不容易打到灰鼠。猎人通常用小铅弹去打这种动物，而且尽可能去打它的头部，这样就能避免损坏灰鼠皮。灰鼠在冬天受伤后不大容易死掉，因此，要力争一枪打中要害才好。要不然等它躲进浓密的针叶丛时，就再也找不到了。

猎人们还用捕鼠器等工具捉灰鼠。

制作并装置捕鼠器的方法如下：把两块短的厚木板，平行放在两棵树干之间。在两块木板之间支一根细棒，细棒上拴着美味的诱饵（如干蘑菇或是干鱼片），灰鼠一拉诱饵，上面的木板就会落下来，把灰鼠夹在两块木板之间。

只要雪不是特别深，猎人们整个冬天都会一直打灰鼠。灰鼠一到春天就要脱毛了。在深秋之前，在它们还没有长成准备过冬的那身华丽的淡蓝色毛皮之前，猎人是决不打它们的。

带斧头打猎

猎人们在打凶悍的小毛皮兽时，用枪的时候可没有用斧头的时候多。

北极犬靠着灵敏的嗅觉找到躲在洞中的鸡貂、白鼬、伶鼬、水貉还有水獭。至于如何把这些小兽撵出洞，就是猎人的事情了。这件事可不太容易做到。

这些凶悍的小兽把洞穴筑到地下、乱石堆里或是树根下。当它们察觉到危险时，不到万不得已，它们是不肯离开自己的遮蔽所的。于是猎人只好把探针或是铁棍伸进洞里搅动着；或是用手搬开乱石堆上的石头；或是用斧头将粗大的树根劈开，将冻结的泥土敲碎；或是用烟把小兽熏出来。

不过，只要它一跳出洞，就无处可逃了，北极犬绝不会放走它的，会活活咬死它。或者，猎人也会开枪打死它。

猎貂记

想打森林里的貂就比较困难了。要找出它捕食其他鸟兽的地方并不算难，因为这里的雪地常会被它踩得一塌糊涂，而且还留着血迹。可是，要找出它在饱餐之后藏身的地方，就需要有好眼力了。

貂能从这根树枝上跳到那根树枝上，从这棵树上跳到那棵树上，跟松鼠一样灵活。只不过它一路这么跳下去，会在身后留下行迹，比如被它的爪折断后落在雪地上的小树枝、球果、小树皮、它身上被树皮等蹭下来的绒毛等，有经验的猎人能根据这些痕迹来判断貂的行迹。有时这条行迹能绵延好几公里长。我们得加倍注意才能毫无差错地一路跟踪下去，根据这些线索找到它。

塞苏伊奇第一次追踪貂的行迹时，没有带猎犬，因此他只有凭着自己的本事了。

那天他踏着滑雪板走了很长一段路。有时蛮有把握地往前冲一二十米，因为他在那里发现了貂曾经从树上跳到雪地上，奔跑后留下了脚印，有时又缓慢地往前挪着，仔细地察看貂一路留下的模糊痕迹。那天他不停地唉声叹气，后悔没有把忠实的朋友北极犬带来。

夜幕降临时，塞苏伊奇还在森林里转悠着。

这个小胡子猎人生起一堆篝火，从怀里掏出了一块面包吃了，好歹先熬过这漫长的冬夜再说别的。

早晨，塞苏伊奇沿着貂的行迹，走到一棵非常粗的枯云杉树前。真走运啊！塞苏伊奇发现树干上有个树洞。貂一定在这儿过夜了，而且极有可能还没出洞呢。

塞苏伊奇扳好扳机，右手拿着枪，左手拿着一根树枝敲一下树干，然后把树枝扔掉，双手端枪，等貂一蹿出来就开枪。

貂却没有跳出来。

塞苏伊奇又拿起树枝重重地敲了一下树干，又更重地敲了一下。

貂还是没出来。

“哎，它睡得太沉了！”塞苏伊奇懊恼地说，“快醒吧！瞌睡虫！”

说着说着，他又举起树枝狠狠敲了一下，满林子的生物都能听到那声音。

看来貂没在树洞里。

这时，塞苏伊奇才想起来应该仔细瞧瞧这棵云杉的周边情况。

这棵枯树是空心的，树干另一面的一根枯树枝下面，还有一个洞口。枯树枝上的雪都已经被碰掉了。显然貂已经从这一头溜出了树洞，然后逃到周围其他树上了。由于粗树干挡住了猎人的视线，所以猎人没能看见。

塞苏伊奇没有办法，只好赶紧去追貂。

猎人又把一整天的工夫花在分辨那些模糊的痕迹上。

后来，塞苏伊奇终于找到一个痕迹，它确确实实能表明貂就在人们附近。但那时天已经黑了。猎人在树上找到一个松鼠窝，种种迹象表明：貂把松鼠赶跑了，这强盗在松树后面追了好久，最后还是在地面上追到它的。大概是因为那只精疲力竭的松鼠没有正确估计自己的体力，从树上失足落到了地上，于是貂一连蹿了几步，抓住了它。也就在这片雪地上，貂把松鼠吃了。

是的，塞苏伊奇追踪的路线并没错。不过，他不能再继续追了，因为从昨天起到现在，他一点东西都没吃，身上连面包屑也没有了，天气又变冷了。要是今晚也在森林里过夜的话，一定会冻死的。

塞苏伊奇非常沮丧地痛骂着，只好沿着来时的路往回走。

“只要让我追上这只貂，”他心想，“只要放一枪，就能把它打死了。”

塞苏伊奇再一次路过那个松鼠洞时，怒气冲冲地拿下肩上的枪，也没瞄准，就冲着松鼠洞放了一枪。他不过是想发泄一下心头之恨罢了。

树上的一些枯树枝和苔藓被枪声震到了地上，令塞苏伊奇大吃一惊的是，在那些东西落地之前，竟有一只细长的、毛茸茸的貂掉到他的脚旁。这只貂临死前还在抽搐呢！

后来塞苏伊奇才知道，这是常有的事儿：貂捉住松鼠吃掉后，常会钻到被它吃掉的松鼠的窝里，在那温暖舒服的地方蜷成一团，安安心心地睡大觉。

白天放枪，黑夜布网

12 月中旬之前，松软的积雪已经没到膝盖了。

日落时分，黑琴鸡蹲在光秃秃的白桦树上一动不动，为玫瑰色的天空点缀了一些黑色的斑点。后来，它们突然一只跟着一只地向雪地冲去，然后就不见了。

漆黑的夜来了，今晚没有月亮。

塞苏伊奇走到那片林中空地上。黑琴鸡就是在这片空地上消失的。他手中拿着捕鸟的网和火把。浸过树脂的亚麻秆在熊熊燃烧着，明亮的火光照亮着黑黑的夜幕，沉沉的夜色被推到一边去了。

塞苏伊奇一面仔细听着周围的动静，一面机警地挪着步子。

忽然，在离他只有两步远的前方，有一只黑琴鸡从雪下钻出来。明亮的火光晃得它睁不开眼睛，它像只巨大的黑甲虫似的在原地瞎打转。猎人乘机用网罩住了它。

塞苏伊奇用这个办法，在夜间活捉了许多只黑琴鸡。

而在白天，他却乘着雪橇用枪打黑琴鸡。

奇怪的是：落在树枝上的黑琴鸡，绝不会被一个步行的猎人打中，即便那个猎人隐藏得很好。但如果同一个猎人乘雪橇过来（哪怕雪橇上满载着集体农庄的大批货物），那么那些黑琴鸡可就难免会死在猎人的枪下了！

《森林报》特约通讯员

冬之卷

雪路初现月(冬季第一个月)
一年——分为12个章节的太阳诗篇

12月是天寒地冻的月份。12月铺冰板,钉银钉,将大地封住。12月是一年的尾声,却是冬季的开始。

水没什么活动了,汹涌奔腾的河流都被冰封了。大地和森林都盖上了雪被。太阳躲在乌云后头。白昼越来越短了,黑夜在渐渐变长。

无数尸体被埋葬在积雪之下。一年生的植物按期发芽、开花、结果,而如今,它们已枯败,化作尘埃,重新融入生养它的泥土里。那些一年生动物——无脊椎小动物,也都按期过完一生,离开世界了。

但是,植物把种子留下了,动物也产下了卵。等到一定的时候,太阳就会像童话《睡美人》中的那个英俊王子似的,用热吻来唤醒这些已逝的生命。一年生的动植物的后代会延续它们的生命,重新活跃在大地上。至于多年生的动植物,它们有能力保护自己的生命,平安度过北方漫长的冬季——一直熬到明年新春。此时冬季的威风还没完全得到发挥,我们却很快就能迎来太阳的诞辰——12月23日!

太阳还会回到人间。等到太阳回来时,生命将复活。

但无论怎样,我们先要把漫长严冬熬过。

冬天就像一本书

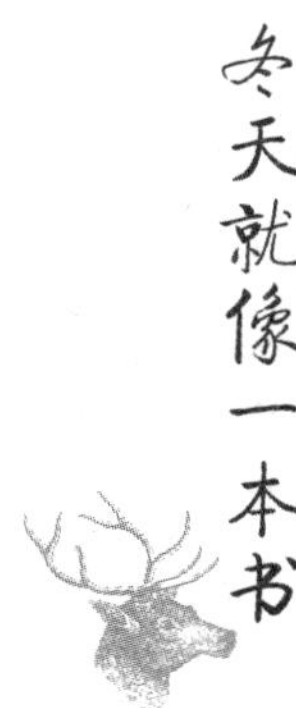

大地一片银装素裹。无论田野还是林中空地，现在都像一本巨书摊开的书页：平平整整的，没有一条皱褶；干干净净的，没有一点痕迹。但只要有谁在这书页上面走过，就会留下这么一行："某某曾路过此地。"

白天下了一整天雪。到晚上雪停的时候，这书页重新变成干干净净的白纸了。

第二天一早你来看看，就能发现洁白的书页上印满了很多神秘的符号：条条、句点、逗点。这就说明了夜间有不少林中居民光顾过，它们奔走于此，蹦蹦跳跳，各施所能。

是哪些居民到过这里？它们都干了什么事？

得尽快破解这些神秘的符号，阅读这些难解的字句。否则，再下过一场雪，你眼前又会出现一张干净、光滑的白纸，好像有谁把书翻到下一页似的。

各有各的读法

每一位林中居民都会在这本书里签个字，留下自己的笔迹、自己的符号。人类往往是用眼睛来分辨这些符号的。不过除了用眼睛读，还有什么读法呢？

动物就会用鼻子读。比如，狗用鼻子闻一闻"冬书"上的字，就判断出"这里有狼来过"，或是"刚才有一只兔子从这儿跑过"。

动物的鼻子可神奇啦！它们的读法既快捷，又准确。

林中居民用什么写字

大多数动物都是用爪子写字的，有的5爪并用，有的4爪同挥，有的则用蹄子挥舞而就。有时候，也有用尾巴、鼻子、肚子等写字的。

飞禽一般是用尾巴写字的，也有用翅膀的。

辨别不同的“字迹”

本报通讯员就学会了怎么去阅读这本“冬书”，他们读到了各种林中大事。但是他们掌握这门学问的过程可真是很艰辛，原来并不是所有林中居民的“字迹”都非常清楚，有的动物喜欢耍耍花招。

松鼠的“字迹”既容易辨认，又容易记住。它在雪地上蹦蹦哒哒的，像孩子们玩的跳背戏似的。它跳跃的时候，用两个短短的前腿支着地，长长的后腿向前跳跃，一下跳出老远，所以前脚印和后脚印的距离就很远。前脚印比较小，像两个并排的圆点。后脚印拖得很长，像小孩细细的手指头在雪地里划出来的痕迹。

超级田鼠的爪印虽然小，可也是很简单，容易辨认出来。它从雪地里爬出来的时候，往往先就地兜个圈子，然后一直跑向它要去的地方，或是回到自己的窝里。就这样雪地上留下了一长串的冒号——冒号与冒号之间的距离都是相等的。

飞禽的笔迹也非常容易辨认。比如喜鹊，它会在雪地里留下小十字形：3个脚爪在前，一个尖爪在后，后面那一个爪留下的印迹很长，拖在雪地里就像一个破折号。在这个小十字的两旁，有双翅的羽毛留下的划痕，也像是人类的手指划过的痕迹。此外，你肯定会在有些地方，发现它那错落有致的长尾巴在雪地上留下的划痕。

这些“字迹”都是老老实实的，毫无诡谲之处。我们一眼就能看出来：有一只松鼠从树上跳下来，在雪地上蹦跶了一阵子，又回到树上了；有一只田鼠从地下钻出来，在雪地上跳了一阵子，兜了几个圈儿，又钻回雪地下面了；有一只喜鹊落下来，在冻硬的积雪壳上玩了一会儿，摇了摇尾巴，抖了抖翅膀，然后就飞走了。

可是，你再试试辨别狐狸和狼的笔迹吧！你要是没有习惯，那准会觉得力不从心的。

小狗和狐狸，大狗和狼

狐狸的足迹挺像小狗的足迹的。区别在于：狐狸是紧紧地将脚掌缩成一团。而狗的脚掌是张开的，所以它的脚印浅一些，轻巧一些。狼的足迹很像大狗的足迹。区别在于：狼的脚掌的外侧是向内缩拢的，所以狼的脚印比狗的脚印长一些，秀气一些。狼的脚爪和狼脚掌上的小肉垫，在雪里陷得更深一些。狼迈的步子比狗迈的步子更大一些。狼的前爪印留在雪地上的痕迹往往并合在一起，狗仅仅是脚趾头上的小肉垫并合在一起。

狼的笔迹特别难读，因为狼非常喜欢耍花招，让人们辨认不出来。狐狸也是如此。

狼的花招

当狼往前走或小跑的时候，右后脚总是整整齐齐地踩在自己左前脚的足迹里，而左后脚总是整整齐齐地踩在自己右前脚的足迹里。因此，它的脚印像是一根直线，也像是一条绷直的绳子。

如果你看到类似这种的足迹，也许你会觉得：有一只壮实的狼经过这里。

那可就错了！应该是：曾有 5 只狼经过这里。前头走着的是一条聪明的母狼，后面跟着的是一条老公狼和 3 条小狼。

它们的足迹准确整齐地重叠在一起，不仔细观察是想象不到这是 5 只狼的足迹的。一定要擦亮眼睛，才能成为“雪路”上的好猎人（猎人们把雪地上的足迹称为“雪路”）。

树木怎样过冬

树木会不会被冻死呢？

当然会。

如果一棵树被冻透了，也就是心脏都被严寒刺穿的话，那当然就冻死了。在寒冷无比的冬季，即便很少下雪，也会有不少树木被冻死，大多数是小树。还好树木千方百计保存自己的体温，如果寒气侵入它们的骨髓，所有树木就都死光了。

吸收营养、发育生长、繁衍后代——都需要付出巨大的精力，消耗大量的热。树木会在一个夏天里，努力储存充足的能量，一到冬天，它们就不再吸收，不再发育，也不再繁殖后代。它们无所作为，开始深眠。

叶子排出积蓄在体内的大量的热——因此，一到冬季，树叶就被抛弃了！树木扔掉树叶，是为了保持体内的热，以顺利度过寒冬。树叶落到地上就腐烂了，腐烂的过程中会散发热量，能保护柔弱的树根，使其免遭严寒之苦。

这还远远不够！每一棵树都有一具铠甲，以保护自己不被寒气侵袭。每年夏天，树木都会在自己树干和树枝的表皮下，储存疏松的软木层——树的中间层。这个软木层不透水也不透气，于是树体内的热气就不会散失。树龄越大，它的软木层就越厚，因此那些粗壮的老树的抗寒能力要比枝干细嫩的小树强。

单靠这具铠甲也是不足以抵挡严寒的，树木还有其他办法。如果连这具铠甲都难以抵挡严寒，那么植物的体内会产生一种可靠的化学保护剂。在冬季到来之前，树木会在自己的树液里储存各种盐类和淀粉。淀粉能转化成糖。含有盐类和糖的溶液具有很强大的抗寒能力。

不过，最好的防寒工具就是松软的雪被。众所皆知，有经验的园丁们在冬季到来之前，总是故意将那些畏惧严寒的小果树弯到地上，然后把雪埋到它们身上：这样的话，小果树就能暖和点了。在冬天多雪的天气里，松软的雪就像一条鸭绒被似的，覆盖着整个森林；那时，无论天气有多冷，树木都不会害怕了。

无论严冬多么残暴，它也不能摧毁我们北方的森林！

我们的“森林王子”能抵御一切暴风骤雪的袭击。

雪底下的草场

深深的积雪将四周变成了一个银色的世界。只要一想到除了积雪之外，

大地上什么都没有，花儿凋谢了，草儿也干枯多时，你就会感到闷闷不乐。

人们常会这样想，还要安慰自己："唉，就这样吧！反正我们无力抵抗大自然的安排！"

可是关于大自然，我们了解得太少了！

今天是一个晴朗暖和的日子。我不会放过这个好天气的，于是蹬上滑雪板去我的小草场，准备清扫出一块小试验场。

等积雪被清扫完了，我惊奇地发现，严寒之下的1月的草场，还是有自己独特的植被。阳光照亮了一簇簇紧紧贴在冻土上的小绿叶，照亮了冲破干燥的土层的新鲜的小尖芽，照亮了被积雪牢牢压倒在地的各种小草茎。

我在这片植被里找到一棵毛茛(gèn)。冬季来临之前，它还一直开花来着，现在它在雪下的花朵和花蕾依然保存完好，静候着开春之后重新绽放，花朵上的花瓣都没掉！

你们能猜到我这片小试验场里有多少种植物吗？62种。其中有36种直到现在都是绿的，有5种还保留着花朵。

你还说1月的草场上既没有花，也没有草吗？

尼娜·巴甫洛娃

林中大事记

下面这几件林中大事，都是本报通讯员从“银路”上看出来的。

自作聪明的小狐狸

一只小狐狸在林中空地上发现了田鼠留下的“字迹”。

“哈哈！”它想，“这回有东西吃啦！”

它也没用鼻子认真“读读”，到底刚刚是谁经过这里，只看了几眼，就草率得出结论：哦，脚印是一直通到那个灌木丛底下的。于是它悄悄地逼近灌木丛。

它看到雪地里有一个小东西在蠕动，毛皮是灰不溜秋的，小尾巴短短的。小狐狸一把抓住它，嘎吱一口咬了下去！

“呸！呸！呸！好臭啊，真恶心！”它连忙把食物吐了出来，赶紧吃了一口雪……用雪漱漱口吧。那个味儿可真是太难闻了。就这样，小狐狸没吃成早饭，却白白咬死了一只小兽。

原来那个小兽不是普通老鼠，而是土拨鼠。

远远看去，它很像一只老鼠，但近看一眼就能分辨出来——土拨鼠的嘴脸是长长的，脊背弯起。它是食虫动物，与鼹鼠、刺猬是近亲。稍微有点经验的野兽都不会去碰它的，因为它发出一股恶臭的气味——像麝的肚脐在制成麝香前的那股腐臭味儿似的。

可怕的足迹

我们的通讯员在几棵树下发现了一种可怕的足迹：爪印又长又直，就像钉子似的。脚印本身倒是不大，与狐狸脚印差不多，但是被这样的脚爪抓一把，足以划开任何动物的肚肠。

我们的通讯员小心翼翼沿着脚印前行。终于来到一个很大的洞穴前，洞口的雪地上横七竖八地散落着动物的细毛。人们经过一番仔细观察，发现这种细毛是直的，足够坚硬，弹性很好。这种细毛的颜色是白的，稍儿是黑的。这种毛最适合用来做中国毛笔了。

看到这些，他们马上就能明白了：洞里住的是獾。獾是一种孤僻的动物，但并不可怕。它可能是想在暖和的天气里出来溜达的。

雪下鸟群

兔子正在沼泽地里跳跃奔跑着，从一个草墩跳到另一个草墩上，玩得正开心，只听扑通一声——它一失足掉进雪里，雪没到了它的耳朵边。

这时兔子忽然觉得它脚底下有活的东西在蠕动着。刹那间，只见许多雷鸟从它身旁冲了出来，扑扇翅膀的声音很响。兔子吓坏了，撒腿逃回森林里了。

原来这群雷鸟就住在雪下的沼泽地里。白天，它们从雪里飞到沼泽地里漫游，挖泥里的浆果吃。啄过一阵子后，就又钻回雪底了。

它们在雪下既安全又暖和，有谁能发现躲在雪下的它们呢？

雪“爆炸”了，狍子得救了

雪地上留下很多奇怪的脚印，好像发生了一个谜一样的故事。我们的通讯员百思不得其解。

起初是一些又小又窄的蹄印，看起来步态平稳。这并不难解读：有一只狍子（鹿的一种）从林子里缓缓走过，似乎没有感觉到有某种威胁正在逼近它。

突然，有一些较大的爪印出现在这些蹄印的旁边，狍子的蹄印随之呈现跳跃状。

这倒是不难理解：狍子看到有一条狼从林子里蹿出来，直奔向它。于是狍子飞快逃走。

再往前看，狼的爪印离狍子的蹄印越来越近——眼看着狼就要追上狍子了。

两种足迹在一棵倒在地上的大树旁边完全掺在一块儿了。看来，狍子刚蹿过大树干，狼就紧跟着扑过去了。树干的另一面有一个非常深的坑，坑里坑外都有脏兮兮的积雪，就像在这雪底下，有个威力无比的大炸弹爆炸了似的。

从这里狍子的蹄印就与狼的爪印分道扬镳了，又出现一种硕大的陌生脚印，很像一个光着脚走路的人的脚印，只是前面带着可怕的、歪歪斜斜的利爪印。

雪里埋着怎样的“炸弹”？这可怕的陌生脚印是谁留下的？狼和狍子为什么分道扬镳了？这里究竟发生了什么事？

我们的通讯员为了弄清这件事，费了好大的力气。

后来大家终于查清楚这些硕大的带爪印的大脚印是谁留下的了，如此一来，一切都水落石出了。

当时狍子轻而易举地跳过了横倒在地上的大树干，继续向前飞奔。狼也跟在它身后跳了起来，只不过它身子太沉了，所以从树干上滑了下来，扑通一声四脚朝天地掉进雪里，原来这树干底下有一个熊洞。迷迷糊糊的大狗熊正在冬眠呢，被吓了一大跳，“噌”地跳了起来，于是周围的冰雪和枯枝漫天飞舞，就像被炸弹炸飞了似的。熊还以为是猎人来了，就飞一般地逃向森林深处了。当狼掉进这个雪坑后，看到熊后就只顾着自己逃命了，狍子也早就没影儿啦！

雪海深处

在少雪的初冬时节，无论对于田野里的动物，还是森林里的野兽，都是最难熬的一段日子。光秃秃的地面上冻土越来越厚，即便躲在地洞里，也会感到寒冷难耐。鼹鼠是最受罪的，尽管它们的脚爪像铁锹那样，但还是很难挖动冻土。老鼠、田鼠、伶鼬、银貂等动物的日子该怎么熬啊？

终于下大雪了。雪越下越大，下个不停。地面的积雪整个冬天都不会消融了。雪海茫茫，覆盖了整个大地。人类站在这雪海之中，雪能没到膝盖。对那些鸟类来说，榛鸡、黑琴鸡乃至松鸡等，整个身子都淹没在雪里。老鼠、田鼠、鼩鼱等不冬眠的穴居小动物——经常从自己的地下住宅里爬出来，在这无垠的雪海下尽情奔跑着。食肉的伶鼬此时不知疲倦地在这片雪海里钻来钻去，就像一只小海豹在海面上时隐时现。有时它会从雪海里探出头来，四处张望着，看有没有榛鸡出现，然后又一个猛子扎回雪海，在雪下神不知鬼不觉地向鸟类逼近。

雪海之底比雪海表面暖和得多。因为刺骨的寒气到不了那里。这厚厚的一层雪能把严寒挡在外面。很多穴居的老鼠就在雪海之下搭了自己的窝，像是来冬季别墅避寒似的。

竟发生了一件神奇的事儿！有一对短尾巴田鼠用细草和绒毛搭了一个小小的窝，这个窝就架在被雪盖住的灌木枝上。从窠里还冒出微微的一股热气。

筑在厚雪下的暖和小窝里有几只刚出生的小田鼠，身上没有毛，眼睛也没睁开呢！那时外面的天气可正冷得厉害啊——零下 20 摄氏度啊！

冬季的中午

在一个阳光明媚的 1 月中午，积雪覆盖下的树林里静寂无声。在一个隐密的洞穴里，熊主人正在酣睡。它洞上的覆盖物是被雪压得坠了下来的高大的乔木与低矮的灌木丛。这些乔木和灌木之上都盖着积雪，隐隐约约看上去，像是一座神奇、小巧的宫殿：有拱形圆顶，有空中走廊，有庭阶，有窗户。所有一切都在闪闪发光，无数小雪花像金刚钻般闪烁着。

有一只小巧玲珑的鸟儿，有着微微翘起的尾巴和锥子般的尖尖的小嘴，就像是从地下跳了出来似的。扑扇着翅膀，直奔云杉树顶，发出一串悦耳动听的声音，响彻在树林上空！

人们还能看到，有一双闪着绿光的浑浊的眼睛，常从雪下洞穴的小窗口窥探着:是不是春天已经来临了?

这是熊主人的眼睛。熊总会在自己家里开一扇朝向地面的小窗,以便在冬眠时随时窥探着林间的动静,还好这次依然没发生意外,除了白雪皑皑,什么都没有,一切都平平安安……于是,那双眼睛从小窗口消失了。

小鸟儿在树枝上胡乱蹦跶了一阵子,又钻回雪下了。它在雪下有一个用苔藓和软毛做成的冬窠,暖和舒服着呢!

农事记

在严寒冬季里，树木都休眠了。树木的血液——树液都被冻结了。一到这个季节，树林里就会传出锯声，吱咯吱咯地没完没了。人们一个冬天都在进行伐木工作。冬季采伐的木材是最珍贵的，既干燥，又结实耐用。

为了将采伐的木材运到大大小小的河边，以方便木材在春天冰雪融化的时候随水流漂走，于是人们要修几条宽阔的冰路——人们往往要在积雪上泼水，就像泼溜冰场似的。

集体农庄的人们正在为春天的工作做准备。

一群群灰山鹑，此时都飞到村子里的打谷场附近住了下来。积雪那么深，它们很难刨开积雪找食物吃；即便刨开了，积雪下面还有一层厚厚的冰，想要继续用它们那细弱的爪子去刨开冰壳，也是很难的。

在这个季节捕捉灰山鹑是相当容易的，但这是犯法的，法律禁止人们在冬天捕捉软弱无力的灰山鹑。

聪明而充满爱心的猎人们，在冬天时还会千方百计喂养这些鸟儿呢！他们为灰山鹑在田野里搭建食堂——由云杉树枝搭起的小棚子，在棚子里面撒上燕麦和大麦。

这样的话，美丽的灰山鹑即便在严寒的冬季也不会饿死了。到第二年夏天，每一对灰山鹑都会孵出20多只(至少20只)小山鹑来。

“绿带子”

沿着绵延数千里的铁路线，我们种植了一排排高大挺拔的云杉树。这条“绿带子”保护着铁路，使铁轨免遭风雪的袭击。每年春天，铁路工人们都要栽好几千棵小树，以扩大这条“绿带子”。今年我们种了 10 万多棵云杉、洋槐和白杨，还有将近 3000 棵左右的果树。

这些树苗都是铁路工人们在自己的苗圃里培育出来的。

尼娜·巴甫洛娃

集体农庄新闻

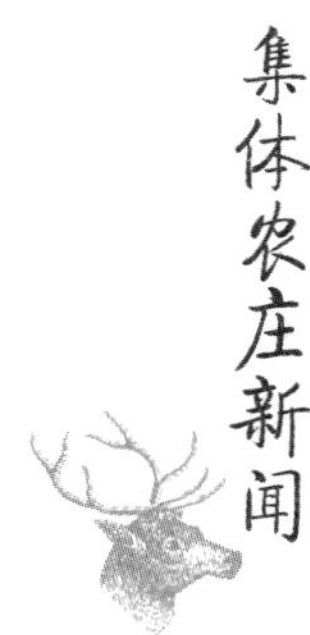

耕雪机

昨天，我们去闪光集体农庄看望我的老同学——拖拉机手米萨。

米萨的妻子开门迎接我们，她这个人特别喜欢开玩笑。

“米萨还没回来呢，”她说，“正耕地呢！”

我想她又在开玩笑。这个玩笑未免太不符合常识——幼儿园里刚会爬的孩子可能都知道，冬天怎么能耕地呢！”

于是我也开了个玩笑：“是在耕雪吧？”

“除了耕雪还能耕什么呢？当然是在耕雪咯！”米萨的妻子答道。

我去田里找米萨。不管你觉得有多奇怪——我的确是去田里找他。他在田里开着拖拉机，拖拉机拖着长木箱，长木箱将积雪拢到一起，堆砌成一堵结实的高墙。

“米萨，这个的用途是什么？”我问道。

“这是用来挡风的雪墙。要是没有一堵墙，风就会在田里乱刮，把雪全都吹走了。若是没有雪，秋播谷物会被冻死的。得保留田里的雪，所以，我正在用我的“耕雪机”耕雪呢！”

冬季作息时间

集体农庄的牲畜此时都按照冬季的作息时间生活，睡觉、吃饭、散步都有规定时间。4 岁的女庄员玛莎告诉我：“我和我的小伙伴，现在都上幼儿园了。牛和马可能也上幼儿园了吧？我们散步，它们也散步。我们回家，它们也回家。”

光脚在雪上爬

在阳光明媚的日子里，温度表的水银柱上升到零度的时候，在花园里、林荫大道上和公园里，都能发现许多没翅膀的小苍蝇从雪底下爬出来。

它们整整一天都在雪上爬来爬去的。黄昏一到，它们又躲到冰缝儿和雪缝儿里了。

它们的住处既僻静又暖和，一般是在落叶或是苔藓下面。

它们爬过的雪地并没有留下足迹。这些小爬虫又小又轻盈，只有用高倍放大镜，才能瞧清楚它们的形状：长长的嘴巴、额头上奇怪的犄角以及纤细的光脚。

国外新闻

我们的编辑部收到一些国外新闻，报道的是从我国飞去的那些候鸟在国外的生活详情。

我们这儿有名的歌唱家——夜莺——是去非洲中部过冬的；云雀现在住在埃及；椋鸟则分批去了法国南部、意大利和英国。

它们在越冬地不唱歌，只关注自己的食物和住处。它们不做窠，也不孵幼鸟。它们只静静等着春天的到来，那时它们就可以返乡了。常言道："在家千日好，出外一时难。"

埃及是鸟儿拥挤的"乐园"

埃及是鸟儿过冬时拥挤的"乐园"。埃及那汹涌澎湃的尼罗河和它那大大小小的支流，以及堆满淤泥的沙滩，造就了肥沃的牧场与农田。这里云集了各种咸水湖、淡水湖和沼泽地。温暖的地中海海岸曲曲折折，造就许多海湾——这里食物丰富，可以款待成千上万只鸟儿。本来这里夏天的时候，就已经有无数只鸟儿了，可到了冬天，候鸟也得飞到这里生活。

这里鸟类拥挤的情形简直是难以想象的，就像全世界的鸟类都在这儿聚集似的。

各种水禽密集在湖面上和尼罗河的支流上，远远望去，都看不见水面了。嘴巴下长着个大口袋的鹈鹕(tí hú)，正在与我国常见的灰鸭和小水鸭一起捕鱼。我国常见的鹬在漂亮的火烈鸟的长腿中间踱来踱去。要是看到羽毛斑斓的非洲小乌雕，或是我国的白尾金雕，这些鹬就会被吓得四散而去。

如果湖边有谁放一枪的话，那就有成千上万的形形色色的鸟儿，密密麻麻地飞上天空，那喧嚣的声响，能与同时敲响几千面鼓的声音相媲美。刹那间，一大片浓密的黑影落到湖上，那是飞起的鸟群把太阳遮住的结果。

我们的候鸟就这样在冬天的住所里生活着。

国家禁猎区

在离我们祖国不远的地方，也有一处像非洲埃及一样的鸟儿的“乐园”。我国许多水禽和沼泽地里生活的鸟儿，都会飞去过冬。和埃及一样，冬天你在那里可以看到一群群的火烈鸟和鹈鹕，它们与很多野鸭、大雁、鹬、海鸥和睦地生活在一起，但是也有猛禽出现。

虽然我们在说冬天，可是那儿恰好没有真正意义上的冬天——就是我们本地这种风雪肆虐、寒冷无比的冬天。那儿有温暖的海水，浅浅的海湾，芦苇丛生的海岸，岸边茂密的灌木丛，还有躺在草原上的风平浪静的湖泊。这里终年为鸟类提供各种各样的鸟食。

这种地方都是禁猎区，不允许猎人来这里打鸟。那些候鸟都是辛苦了一个夏天，然后飞来这里休息过冬的。

那就是我们的塔连斯基国家级禁猎区，位于里海东南岸阿塞拜疆共和国境内的里柯拉尼亚附近。

一则轰动南非的新闻

南非曾发生过一件轰动了整个国家的大事。人们在一群从天空飞落下来的白鹳群中，发现有一只白鹳的脚上套着一个白色的金属环。

人们将这只戴套环的白鹳捉住，发现那金属环上刻着字：“莫斯科。鸟类研究委员会，A 组，第 195 号。”

南非的报纸上刊载了这条消息，所以我们知道，当年被我们的通讯员捉住过的那只白鹳，今年冬天飞到什么地方居住了。

科学家就用这种“给候鸟戴脚环”的方法，了解了许多鸟类生活中鲜为人知的秘密——比如它们在哪里过冬，它们长途飞行的路线等。

为此，世界各国的鸟类研究委员会都会用铝制成各种型号不同的环，并在环上刻了放环的机构名称，还刻上组别和编号。有谁捉住或打死这种戴环的鸟儿，就应该看清楚环上刻的那个机构名称，然后通知那个机构，或是把自己发现了这只鸟的消息登在报上。

带着旌旗打狼

有几只狼出没在村庄附近。村子里小绵羊和山羊常会遭到狼的袭击。这个村子里没有猎人，只好去城里求援。

当天晚上，城里开来了一队士兵，全是狩猎能手。随队而来的还有两辆雪橇，雪橇上装着粗大的棒子，上面缠满绳子，绳子上系着一面面小红旗，每隔半米就系着一面。

察看雪路上的脚印

根据当地人提供的线索，士兵们沿着狼的足迹寻找着，而两辆雪橇就跟在他们的后面。

狼的脚印是一条直线，从村庄出去，穿过庄稼地，直通向林子。第一眼看去，好像只有一只狼从这里走过，不过那些有经验的猎手仔细一看，就能判断出来这是一窝子狼的足迹。

等进了森林，这条单线就分成了 5 股。猎手们看完后就说：走在前面的是一只母狼，脚印比较窄，步子很大，脚窝[1]是斜的——猎人们根据这些特征

[1] 野兽从雪中拔出脚掌时，它们的脚掌常会把小坑里的雪带出一点来，于是大雪上会留下它们的脚爪印，就像一个个小窝，这就是脚窝。

判断出这是母狼的脚印。

察看完后，猎人们分为两组，乘上雪橇，围着树林绕了一圈。

四处都没有从树林里出来的狼脚印。由此可知，这一窝狼还藏在树林里。得尽快围猎它们。

围猎行动

每一组猎手都拿上棒子。雪橇缓缓地前进着，棒子一路旋转着放出绳子来，猎手将绳子缠在身后的灌木丛里，树干上，或是树桩上。这样一来，长长的小旗差不多离地有 0.35 米（约半俄尺[1]）高，都舒展开了，在迎风飘扬着。

这两个组在村庄附近会合了。他们用绳子和小旗包围了整个森林。

猎人们嘱咐集体农庄的庄员们，第二天天刚蒙蒙亮就得起床。然后他们就都去睡觉了。

夜　晚

那是个寒冷的月夜。

母狼睡醒了，最先站起身来，紧接着公狼也站了起来，那 3 只今年才出世的小狼是最后起身的。

四周是一片密林。一轮满月悬挂在蓬松的云杉树梢上方，看上去真像模糊的落日。

狼饿得肚子咕噜咕噜直叫，真难受啊！

母狼扬起头，朝着月亮嗥叫起来，公狼接着深沉地叫了起来，小狼们也发出了尖细的叫声。

村子里的家畜听到狼嗥，吓得“哞哞”“咩咩”地叫成一片。

这一窝狼出发了：母狼领头，公狼断后，小狼们被父母夹在中间。

它们小心翼翼地迈着步子，后面一只狼的脚恰好不偏不倚地踩在它前面那只狼的足迹上，穿过树林，缓缓走向村庄。

母狼忽然站住了，公狼和小狼也停了下来。

---

[1] 1 俄尺 =0.711 米。

母狼瞪着那双恶狠狠的眼睛，警觉地看着周围。它灵敏的鼻子闻到了红布发出的酸涩气味儿。它看到林子边缘的灌木丛旁，挂着一些黑黑的布片儿。

母狼年纪不小了，可谓见多识广。可还没遇见过这种事儿。不过它是知道的：有布片儿的地方准有人在。也许他们就躲在田里守着呢！

必须往回走。

它转过身，大步蹿回密林。公狼和小狼跟在后面。

它们飞快地穿过整个树林，到了树林的另一边，又不得不停了下来。

又是好多布片儿！挂在那儿就像一条条伸出的舌头。

这窝狼东奔西跑，晕头转向，一次次横穿树林——可是到处都有布片儿，根本找不到出路。

母狼预感到情形不妙，连忙逃回林子深处，躺了下来，公狼和小狼也随之躺了下来。

它们走不出这里了。没办法，还是饿着吧！谁知道这批人要干什么？

这些狼饿得肚子咕咕叫。天好冷啊！

第二天一早

天刚蒙蒙亮，村子里就出动了两队人马。

第一队人数少，每个人都穿着白色的外套。他们绕着林子走，把挂在那里的绳子和小旗子悄悄地解了下来，然后在树丛外面的小山布成一字长蛇阵。这一队是真正的猎人。他们之所以穿着白衣裳，是因为别的颜色在冬季的树林里太显眼。

第二队的人数比较多，这一队是集体农庄庄员，他们手上都拿着削尖的木棒，守在田里，蓄势待发。后来，队长一声号令，大家就蜂拥而上，跑进了树林。他们在林子里一边跑，一边喊，还时不时地用木棍敲击着树干。

捕　杀

这窝狼正在密林中打盹儿，猛地听到从村庄那边传来阵阵喧嚣声。

母狼一下子蹿起来，向林子的一侧跑去。公狼和小狼跟在后面。

它们脊背上的鬃毛都竖起来了，紧夹着尾巴，竖起两只耳朵，眼睛直放凶光。

到了林子的边缘，却被一块块红布片挡住。

转身往回跑吧！

喧嚣的声音越来越近了。听得出是有一大批人来了。

干脆直接朝着与村庄相反的方向逃跑吧！

它们又跑到树林的另一边。这里倒是没有红布。

直接往前跑呀！

于是，这窝狼正好冲着布好的埋伏跑过来了。灌木丛后忽然闪起一道道火光，枪声乒乓乱响了，只见公狼蹦了个高，扑通一声摔在地上就不动了。那几只小狼则满地打滚，嗷嗷地乱叫着。

士兵们的枪法打得很准，没有一只小狼能幸免。只有老母狼神奇地消失了，至于它怎么逃走的，谁都没看见。

从这之后，村庄里再也没有丢过牲畜。

打狐狸

有经验的猎手都有着非凡的眼力。就拿打狐狸来说吧，他只要认真分析一下狐狸的脚印，就能准确判断狐狸的行踪。

塞苏伊奇有一天一大早就走出家门，那会儿夜里刚下过头一场雪，地上只有薄薄的一层积雪。他远远地就看到田里有一行清晰整齐的狐狸脚印。我们这位小个子猎人，并没有急着走到脚印旁，而是站在那儿，原地思考了一会。他将滑雪板卸了下来，膝盖跪在滑雪板上，将一个手指弯起来，伸到狐狸留下的那个坑里，横探探，竖探探。他又想了一下，然后套上那只滑雪板，沿着狐狸脚印滑去，一路上目不转睛地盯着脚印看。那足迹一会儿就隐入灌木丛中了，他也跟着钻进灌木丛，从灌木丛中出来后，就滑到一个小树林边上，他仍然从容不迫地绕着小树林滑了一圈。

可当他从林子的另一头出来后，就立刻奔回村庄了。他不需要滑雪棒的帮助，只用滑雪板就能飞一样地在雪上滑行。

冬季的白昼时间非常短，然而他光是察看脚印，就不惜用足足两个小时的时间。但是塞苏伊奇已经心里有数了,今天非要捉住这只狐狸不可。

他滑到我们这儿另一个猎人——西尔盖的家门口。西尔盖的母亲隔着小窗看见了他,就走出房间,站在门口的台阶上,先对他打招呼:“我儿子现在没在家。他也没跟我说他去哪儿了!”

塞苏伊奇知道老太太在说谎,但只是笑了笑,说道:“我知道,我想他一定在安德烈家里。”

塞苏伊奇果然在安德烈家中找到了这两位年轻的猎人。

塞苏伊奇一走进去,他俩就不说话了,都觉得很尴尬,本来这两个年轻人想要瞒着塞苏伊奇行动的。西尔盖甚至急得从板凳上站起来,想用身子遮住那些卷着小红旗的棒子。

“行啦,小子们,别偷偷摸摸的了,”塞苏伊奇一本正经地说,“我都知道。不就是昨天夜里,星火集体农庄的一只鹅被狐狸拖走了吗?我知道狐狸这会儿躲在哪儿。”

听了这几句话,这两个年轻的猎人都目瞪口呆的。半个小时前,西尔盖碰到与他们相邻的星火集体农庄的一个熟人,才听说了狐狸拖走了一只鹅的事儿。西尔盖知道后就赶紧过来告诉他的朋友安德烈。他俩刚在商量着,要在塞苏伊奇知道之前就找到那只狐狸。谁知道还没拿出方案呢,塞苏伊奇就到了,而且他还知道这个消息了。

安德烈抢先开了腔:“是哪个多嘴多舌的妇人告诉你的吧?”

塞苏伊奇冷笑了一声,说道:“妇人们怎么可能弄明白这件事。是我通过脚印判断出来的。现在我就给你们说道说道:首先,这是只老奸巨猾的公狐狸,个头很大,因为它的脚印是圆圆的,留在雪地上的痕迹也很清晰,比一般小狐狸的脚印要大。它从星火集体农庄里拖出一只鹅,来到灌木丛边把鹅吃掉了。我已经发现那里了。这只公狐狸非常狡猾,肥肥大大的,毛皮又厚,身上那张皮可值钱啦!”

西尔盖和安德烈互相使了个眼色。

“怎么?难道你说的这些都是凭脚印判断出来的?”

“当然!如果这只狐狸很瘦,成天饥一顿饱一顿的,那它的毛皮就一定很少,而且也没有光泽。不过这只老公狐狸呢,由于生性狡猾,所以才总能找到吃的,把自己养得肥肥的,它的毛皮一定又厚又密,而且漆黑有光泽。它的皮肯定值钱！饱狐狸跟饿狐狸的脚印肯定不一样啊！饱狐狸的步态轻盈，就像猫儿一样灵巧，它留在雪地里的脚印是一个连着一个的，后脚踩在前脚的脚印上，既整齐又清晰。我告诉你们：如果我们得到这样一块毛皮，列宁格勒毛皮收购站的人会花大价钱抢着买的！”

塞苏伊奇不再说了。西尔盖和安德烈又互相使了个眼色，两人走到一个角落，嘀嘀咕咕了好半天。

商量好后，安德烈就对塞苏伊奇说：“好，塞苏伊奇，直说吧，你是不是想跟我们合伙来抓这只狐狸？我们不反对！你看，我们也听说了这个消息，就连小旗子都准备好了。我们本来是想赶在你前头行动的，但没办到。那我们就合作吧，但要一言为定：谁先打到就算谁的！”

“好，如果我们第一次围攻就得手，那就归你们。”小个子猎人很大方地说，“可是如果让它跑掉了，那八成就没有第二次围攻的机会了，因为这只老狐狸不是本地的，不过是路过这里，随时都可能会走。我知道咱们本地的狐狸，没有这么大个子的。它只要一听见枪响，就会立刻逃得无影无踪，短时间内甭想找着它。最好把这种小旗子留在家吧——老狐狸可狡猾了！它也不止一次被人们围猎了，每回都让它跑掉了。”

可是小伙子们还是坚持要带小旗子。他们觉得还是带上旗子更稳妥。

“那好吧！”塞苏伊奇同意了，“你们想怎么做，就怎么做吧！走吧！”

西尔盖和安德烈立刻开始行动，先把那两个卷着小旗儿的大棒子拿了出来，绑在雪橇上。趁着这会儿，塞苏伊奇回家换了一身衣裳，又找来 5 个年轻人帮忙。

3 个猎人都在短皮袄的外面套上了白衣裳。

“我们现在要去打狐狸，可不是打兔子，”塞苏伊奇一路喋喋不休，“兔子是有点傻头傻脑的。狐狸的鼻子可比兔子的好使，眼睛也出奇地尖。只要有点风吹草动，它马上就能跑得不见踪影！”

大家很快就到了狐狸藏身的那片小树林，每个人都有明确的分工：负责赶狐狸的人就留在原地不动；西尔盖和安德烈带着棒子往左走，绕着小林子一路挂小旗儿；塞苏伊奇就带着另一根棒子向右走。

“你们可要机灵点，”行动之前，塞苏伊奇又提醒他们，“一定看清楚有没有狐狸跑出树林的足迹。另外，一定要轻手轻脚的，尽量别弄出声音。老狐狸可机灵了！它只要听到一点声音，马上就会逃走的。”

过了不久，3 个猎人就把小树林围了起来，并在林子的另一边碰了头。

“都弄好了吗？”塞苏伊奇问道。

“都弄好了，”两个小伙子回答道，“我们仔细察看了，并没有它跑出林子的脚印。”

“我也没看到。”

他们留下一段大概有 150 多步宽的通道，没在这里挂小旗子。塞苏伊奇又告诉这两个年轻的猎人，他们最好在什么地方守着才合适，然后塞苏伊奇自己就又踏上滑雪板，悄悄地滑到负责赶狐狸的人们旁边。

半个小时后，围猎行动开始了。包括塞苏伊奇在内，赶狐狸的 6 个人分散开，围成一道半圆形的狙击线，进了小树林包围圈，他们边走边低声呼应，同时还用木棒敲击着树干。塞苏伊奇走在最中间，大家并排走着。

林子里安静得很，只有被人碰过的树枝上，会无声无息地落下几团松软的积雪来。

塞苏伊奇紧张地等待着两个小伙子的枪声——尽管这两人是他的老搭档了，可他还是有点不放心。那只公狐狸是非常罕见的——关于这一点，经验丰富的老猎手是毫不怀疑的。如果错过了这个机会，那以后就很难再碰到这种狐狸了。

他们已经走到了小树林的中心地带，可还是没有听到枪声响起。

“这是怎么了呢？”塞苏伊奇一面在树干间穿行，一面禁不住提心吊胆，“按时间计算，狐狸早就蹿到通道上了。”

都走到林子边缘了。藏在云杉后面的安德烈和西尔盖走了出来。

“没有吗？”塞苏伊奇大声问道，此时已经不必压低声音了。

“没看见。”

小个子猎人没有再说一句话，转身就往回跑，他要检查一下包围线的情况。

“喂！过来！”几分钟后，人们听到他气哼哼地叫着。

大家急忙赶过去。

“你们算什么猎人！”塞苏伊奇恶狠狠地责备这两个年轻猎人，“你们说，没有看到狐狸跑出林子的脚印，可你们看看，这是什么？”

“兔子的足迹。”西尔盖和安德烈异口同声地回应，“难道我们看不出来吗？我们刚才围线的时候，就发现了。”

“那兔子足迹里头呢，兔子的足迹上面还有什么？你们这两个傻瓜，我跟你们说了多少次了：这只狐狸非常非常狡猾！”

在每一个长长的兔子的后脚印里，隐隐约约能看到还有其他野兽的脚印——是比兔子的足迹略短的圆脚印。不仔细看的话，真是发现不了。这两个年轻猎人瞅了半天才弄明白。

“狐狸为了掩饰自己的行踪，常常会踩着兔子的脚印走，难道你们不知道这一点吗？”塞苏伊奇真的很生气，“你们看，它每一步都踩在了兔子的脚印上。你们这两个傻瓜！白白浪费了大家多少时间！”

塞苏伊奇嘱咐大家把小旗子暂时留在这里，他自己先沿着这足迹往前跑了。其他人也都默默地跟紧他。

一直追到灌木丛，才发现狐狸脚印与兔子脚印分开了。狐狸脚印很清晰，只是绕来绕去的，绕出许多鬼花样，他们沿着这行脚印走了好久。

阴沉沉的冬季本来就昼短夜长，此时天边的云呈淡紫色，暗淡无光。大家白白受了一天累，都垂头丧气的。脚下的滑雪板也变得沉重起来。

塞苏伊奇突然站住了。他指着前面另一片小树林，低声对大家说：“老狐狸肯定在这儿，再往前走 5 公里就都是空旷的田野了，既没有树丛，也不见溪谷。野兽最忌讳在这样一大块空地上跑了，我敢拿脑袋跟大家打赌，它准在这片小树林里。”

两个年轻猎手一下子振作了，急忙把枪从肩头上摘了下来。

塞苏伊奇吩咐安德烈带着 3 个负责赶狐狸的人，从小树林的右侧包抄，西尔盖带着另外两个人，从小树林的左侧包抄。大家同时开始，分头行动。

等他们出发后，塞苏伊奇便自己悄悄地钻到林子的中心地带。他知道，那里有一小块林间空地。老狐狸无论如何不会去前面那片空旷的田野的。但是，无论它从哪个方向穿过小树林，都无法避免要经过这块空地的边缘。

这块空地的中心地带有一棵高大的云杉树。旁边有一棵枯死的同类倒在了它粗大茂密的树冠上。塞苏伊奇的脑中闪过了这样一个念头：顺着倒下的枯云杉树干，爬上那棵大云杉树的顶端。居高临下，就一定能看到老狐狸的藏身之处。这块林间空地四周只有一些矮小的云杉，还有几棵光溜溜的白杨和白桦。

但这位老练的猎手随即又打消了这个念头。他想：也许在爬树的工夫里，狐狸就会跑掉了。而且在树上开枪也不太方便。

塞苏伊奇站在云杉树旁的一个树墩子上，扬起双筒枪，认真观察着四周的动静。

几乎与此同时，四面八方都传来赶狐狸的人们的低低的呼应声。

塞苏伊奇对自己的判断确信不疑：这只非常值钱的野兽肯定在这儿，就在他身边，随时都有可能出现，可当一团棕红色的东西从他旁边的两个树干间闪过时，他的手还是发颤了。那只野兽居然出乎意料地径直蹿到林间空地上去了，塞苏伊奇差一点就要开枪了。

但他没有开枪，不能开枪啊——原来那不是狐狸，而是一只兔子。

这只兔子蹲在雪地上，惊惶地转动着它的双耳。

来自四面八方的喧嚣声越来越近了。

兔子蹿进密林，不知跑到哪里去了。

塞苏伊奇又重新进入了紧张的等待状态。

突然从右面传来一声枪响。

是打死了吗？或是打伤了？

从左面又传来第二声枪响。

塞苏伊奇把枪放了下来。他估计不是西尔盖，就是安德烈，大概这只狐狸已经被打死了吧。

几分钟后，赶狐狸的人们都走到了林间空地。一脸尴尬的西尔盖和他们一起走了过来。

"没打中？"塞苏伊奇阴沉着脸。

"它躲在灌木丛后头，怎么能打得中……"

"你呀……这不是嘛！"从后面传来安德烈调侃的声音，"我就说它跑不了的！"

安德烈走了过来，把一只打死的兔子扔到塞苏伊奇脚下。

塞苏伊奇张开嘴巴，想说点什么，不过没说出来，又闭上了。集体农庄的5位庄员都莫名其妙地看着这3个猎人。

"算了！"后来，塞苏伊奇平静地说，"现在，咱们回家吧！"

“那狐狸呢？”西尔盖问道。

“你看到狐狸了吗？”塞苏伊奇反问。

“没看见。我也是只看到兔子，不过也许狐狸还在某个灌木丛中藏着呢，我们……”

塞苏伊奇只把手一挥，幽默地说：“我看到狐狸被一只小山雀抓到天上去了。”

当他们从林间空地走出来的时候，小个子猎人故意放慢了脚步，落在了大家后面。此时天还没有完全黑下来，还能看清楚留在雪地上的脚印。

塞苏伊奇走走停停，绕着小树林转了一圈。

狐狸和兔子进入林间空地的足迹还清晰地印在雪地上，塞苏伊奇蹲下来，细心地察看狐狸的脚印。

没有，狐狸没有踩着自己原来的脚印一步一步地往回走，它没有这样的习惯。

可是也没有动物走出这个小树林的足迹——既没有兔子的，也不见狐狸的。

塞苏伊奇坐在小树桩上，双手支着头苦苦思索了起来。终于脑海闪过一个大家都能想到的简单念头——狐狸是会打洞的，也许它在空地上打了一个洞，然后就躲在洞里了。刚才猎人完全没有想到这一点。

但是此时天色已晚，这时候很难找到这只狡猾的动物的藏身之处了。

塞苏伊奇也只好回家了。

有时动物会给人类出一些很难猜的谜，有些人会被这些谜难住，但塞苏伊奇可不是这样的人。他不会放过任何解谜的机会，即便是那自古以来都以狡猾闻名的狐狸出的谜题。

第二天一早，小个子猎人又回到昨天狐狸失踪的那个地方。此时那里有狐狸走出林子的脚印了。

塞苏伊奇沿着足迹走去，想找到他想象中的那个狐狸洞。可是那片足迹却把他一直引向空地中央来了。有一行清晰整齐的脚印，沿着干枯云杉的树干上去，最后消失在大云杉树的高大厚密的针叶之间。他发现离地约 8 米高的地方，有一根粗大的树枝，上面没有雪迹——看来曾经有一只野兽在这里趴着，积雪都被它碰掉了。

原来昨天塞苏伊奇站在这儿严阵以待的时候，那只老狐狸就在他的头顶上躺着。如果狐狸这种动物也会讥笑人的话，那它一定会狠狠地嘲笑这个小个子猎人，甚至可能笑得前仰后合的。

不过，经过这件事后，塞苏伊奇就深信不疑：既然狐狸都会上树，那对它来说，痛痛快快地讥笑人还有什么不可能的呢！

《森林报》特约通讯员

呼叫东南西北

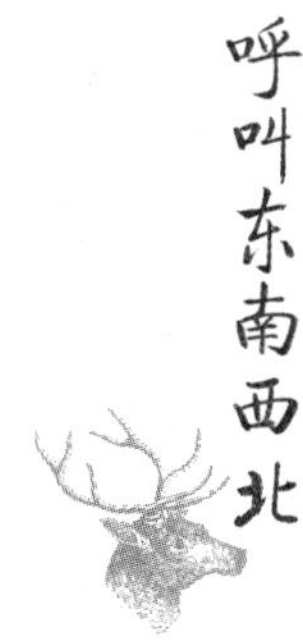

注意！注意！

我们是《森林报》编辑部。

今天是12月22日，冬至。我们举行本年度最后一次全国无线电通报活动。

请注意，请苔原、草原、原始森林、沙漠、山岳和海洋都来参加！

此时正是隆冬时节，今天是一年当中白昼最短、黑夜最长的一天。请报告一下，你们那儿现在是什么情况？

回应！回应！

来自北冰洋最北岛屿的回应

此时我们这里是漫漫无尽的长夜。太阳已经和我们告别，落进海洋了。在春天到来之前，太阳是不会出现了。

海面被冰封了。我们这儿各处岛屿的苔原上也成了冰雪的世界。

有哪些动物依然留在我们这里过冬呢？

海豹在海洋的冰层下住着。当冰层还不厚的时候，它们就在冰里给自己打了一些通气孔，并且尽力让这些通气孔保持通畅，只要通气孔的表面上结了一层薄冰，它们就会尽快用嘴将其打通。海豹经常游到这些通气孔处呼吸新鲜空气，有时也会爬出冰洞，到冰面上歇一会儿，甚至在冰面上打个盹儿。

这时公白熊会就会偷偷走近这些海豹。这些公白熊跟母白熊不同，它们不会钻到冰窟窿里睡一整个冬天的。

苔原上的雪层下活跃着一种短尾巴旅鼠，它们在雪底挖出一条条通道，通过这些通道，去寻找然后啃食那些埋在雪下的细草。此时雪白的北极狐就会来找它们，嗅出它们的气味，然后轻而易举地把它们从雪底刨出来。

北极狐还可以吃到一种野禽——苔原沙鸡。当苔原沙鸡钻进雪里睡觉之时，嗅觉灵敏的小狐狸，很容易悄悄走近并将它们捉住。

除了它们，我们这儿就没有别的鸟兽了，就连那些北极鹿，也会在冬天到来之前离开这个冰天雪地的世界，投向原始森林的怀抱。

我们这整个冬季都是夜晚，漆黑一片，没有太阳。在这种情况下，我们能看到什么东西呢？

尽管我们这儿没有太阳，但也挺亮的。首先，月亮常常悬挂在空中。其次，我们这儿的天空常闪烁着北极光——北极地带特有的光照现象。

神奇的北极光变幻着各种颜色，就像一条飘动飞舞着的彩带，沿着北极顶点方向的天空飘过去，有时像直泻而下的瀑布，有时也像一把直指苍穹的利剑。在北极光的照耀下，广袤的雪原光芒四射，几乎像白昼一样亮。

你问我天冷吗？不错，的确冷得要命，还有暴风雪。有时大风雪可以下五六天！能把我们的小屋子埋了。不过，我们是一个不怕困难的民族，年复一年地向着北冰洋的更深处深入；我们的北极探险队员，甚至早就在开展研究北极的工作了。

来自顿尼茨草原的回应

我们这儿有时也会下点小雪。但是我们这儿的冬天并不长，也不可怕，甚至有的河流冬天的时候都不封冻。

野鸭从北方的湖里飞过来，就停留在这儿了。那些秃鼻乌鸦也从北方飞过来，停在我们这儿的乡镇和城市里。它们在这儿有足够的食物，能够一直住到来年的 3 月中旬，然后再飞回故乡。

来自遥远苔原的小客人飞到我这儿过冬了，比如雪鹅、凤头百灵、极地大白鸮等。极地大白鸮习惯白天出来打食，因为它夏天生活在苔原上，整日是白昼。

辽阔的草原上白雪皑皑，到了冬天，人们在地里没有活儿，但是在地下的活儿可多了:矿工正忙着在深深的矿井里用机器挖煤,用电力升降机将挖到的煤送上地面,再用火车将煤运到全国各地大大小小的工厂里。

来自新西伯利亚原始森林的回应

原始森林里的雪层越来越厚了。猎人们在这时踏上滑雪板,成群结队地去大森林狩猎了。他们拖着一辆辆轻便雪橇,上面载着食物等必需品。跑在他们前面的是他们的猎犬,它们都是北极犬,一个个竖起尖耳朵,拖着蓬松的卷成一个圈的大尾巴。

原始森林简直就是动物的天堂。这里有无数淡蓝色的松鼠、珍贵的黑貂、毛蓬蓬的猞猁、白得耀眼的雪兔、硕大的麋鹿、棕黄色的西伯利亚鼬鼠(最上等的画笔就是用鼬鼠毛做的)、银鼠(当年沙皇的皮斗篷就是用银鼠皮做的,现在人们常用银鼠皮来给孩子们做帽子)等。这里还有好多火红色的火狐、棕黄色的玄狐等。有无数榛鸡、松鸡等,它们都是人类的美食。

熊早已在自己隐蔽的熊洞里舒舒服服地冬眠了。

猎人们常常在大森林里一待几个月不出来,晚上就在早准备好的小木房里过夜。冬天的白昼很短,他们就利用短暂的时间张网、在各处设陷阱,等着各种飞禽走兽上套。他们的猎犬则整日整夜在大森林里跑来跑去,四处寻找着松鸡、松鼠、西伯利亚鼬鼠和麋鹿等,甚至连睡得正香的熊也不放过。

这些猎人结束狩猎后满载而归。

来自卡拉库姆沙漠的回应

人们将沙漠称为荒原,但是春秋两季的沙漠并不像是荒原——那里同样生机勃勃。

夏冬两季的沙漠才真是死气沉沉。夏天的时候,除了灼热的阳光,那里一无所有,鸟兽找不到食物吃;冬天的时候,除了严寒的天气,那里一无所有,鸟兽还是找不到东西吃。

一到冬天,鸟兽都会逃离这个可怕的地方。尽管有明亮的南方太阳升到这无边无垠的雪原之上,但却是徒劳无功的,没有谁会欣赏这晴朗的天气。阳光融化了积雪又能如何——反正雪底下也只有漫漫黄沙。不过也不是什么生物都没有，乌龟、蜥蜴、蛇、昆虫，甚至一些温血动物——田鼠、黄鼠、跳鼠等，生活在沙漠的最深处，但此时都冻僵了，也就冬眠了。

狂风尽情地在旷野上肆虐着，没有谁能阻拦它。在冬天，风就是沙漠的主人。

不过，我们相信这情形一定会改变的。人类正在征服沙漠：我们已经在这里开凿灌溉渠、植树造林了。以后，即便在夏冬两季的沙漠，也会呈现一派生机勃勃的景象。

来自高加索山区的回应

我们这儿冬中有夏，夏中有冬。

即便在盛夏，灼热的阳光也融化不了高耸入云的山峰上的常年积雪和冰层，比如卡兹别克山峰和厄尔布尔士山峰。不过这些山峰能够阻挡冬天的寒气，所以我们这儿的山谷照样有鲜花盛开，站在我们这儿的海岸上照样能看到波涛汹涌。

到了冬天，羚羊、野山羊和野绵羊等从山顶走到山腰生活，可它们不会再往下走了。冬天时山顶下雪，而山麓、山谷和平地下的却是温暖的雨。

前不久我们刚在自己的果园里摘下橘子、橙子和柠檬等，上交给国家。此时我们的花园里还盛开着玫瑰，小蜜蜂嗡嗡地叫着。向阳的山坡上盛开着第一批野花，其中有种漂亮小花，是白色花瓣、绿色花蕊，与它争奇斗艳的是黄色的蒲公英。我们这儿终年鲜花盛开，终年有山鸡蹦跶。

到了冬天，生活在山顶上的飞禽走兽难免会挨饿受冻，但也用不着像候鸟那样远走高飞，只要去半山腰或是移到山脚就行了，这里食物充足，气候也适宜。

每到这个季节，我们高加索山区迎来了很多来自寒冷北方的客人，有飞禽也有走兽。我们高加索给客人们提供充足的食物和温暖的生存环境。

到这儿过冬的客人有：苍头燕雀、椋鸟、百灵鸟、野鸭，还有长嘴巴的勾嘴鹬。

尽管今天是冬至日，是一年当中白昼最短、黑夜最长的一天，但明天就是新年了，到那时，白天的阳光会更灿烂，夜晚的星空会更美丽。在我国的一端——北冰洋，朋友们都没法出门了：那儿的风雪太大，天气太冷。不过在我国的另一端，人们出门时连大衣都不用穿就会觉得挺暖和。我们可以观赏着高耸入云的群峰，可以欣赏悬挂在晴空之上的一弯新月。而在我们脚下，就是平静的大海在轻轻地拍着浪花。

来自黑海的回应

是的，黑海的微波轻轻地击打着海岸，在温柔的海浪的冲刷下，岸边沙滩上的鹅卵石懒洋洋地滚动着，好像是被催眠了一样。深蓝色的海水映出一弯细细的月牙。

暴风雨早就过去了。秋季的大海的确很不平静——波涛汹涌，浊浪排空，疯狂的海水拼命冲击着岩石，轰隆隆、哗啦啦地嘶吼着，海水也会飞溅到岸上。不过冬季一到，强风就很少骚扰我们了。

黑海没有真正意义上的冬天，只是海水比平时稍凉一点，还有就是北海岸一带会在短时期内结点薄冰。我们的黑海一年四季都在狂欢，海豚在水中嬉戏着，黑色的鸬鹚（lú cí）在海面上时隐时现，白色的海鸥在海面上空翱翔。各种船只一年四季在海上航行，有壮观的大汽船和轮船，有摩托快艇，也有轻便的帆船。

还有些鸟儿飞到我们这儿来过冬，大部分是水鸟，有各色各样的潜鸟、潜鸭，还有肥硕的浅红色鹈鹕——它的长喙下面长着一个大口袋，是用来储存食物的。我们黑海的冬天与夏天一样，并不寂寞。

来自《森林报》编辑部的总结

大家看到了，我们祖国各地的春夏秋冬各不相同。

不论你走到哪儿，不论你住在哪儿，到处都有良辰美景在等着你来欣赏，到处都有很多事业等着你来完成——你可以发现我们祖国新的美景，开发新的财富，从而建设全新的、更美好的生活。

我们今年的第四次，也是本年度最后一次全国无线电通报活动就到此结束了。

再会了！再会了！

明年再会！

饥饿难耐月（冬季第二个月）
一年——分为12个章节的太阳诗篇

关于1月，民间有这样的说法：1月是从冬到春的转折点，是新一年的开始，1月也是冬季的中点。

随着新年的来到，白昼就像兔子一样在跳跃着，猛地变长了。

大地、森林和海水都盖上了一层雪被，周围的一切仿佛都昏昏睡去，陷入长眠了。

各种生命在遇到难熬的关头时，都学会巧妙地佯装死亡。花草枯萎了，树木也停止生长了。但是它们并没有死亡。

在白雪覆盖下，它们看起来是死气沉沉的，其实蕴涵着强大的生命力，它们在积蓄生长繁衍的力量。松树和云杉等树，将自己的种子完好地保存在似紧握的小拳头般的球果里。

那些冷血动物们，躲的躲，藏的藏，都去冬眠了。不过它们都没死，就连螟蛾这样柔弱的小动物也没死，不过是钻到各种不同的避难所里了。

鸟类是温血动物，所以它们从不冬眠。同样，有很多兽类，比如纤小的老鼠，都是在整个冬天也照常活跃的，窜来窜去的。还有一件事你们说怪不怪：睡在雪下洞穴里的母熊，在1月份的严寒天气里，竟生下了一窝还没有睁开眼睛的小熊，虽然它们一整个冬天都不吃不喝的，却要喂奶给小熊吃，还一直喂到开春！

林中大事记

林子里冷啊，好冷啊

寒风游荡在旷野和林间，在光秃秃的白杨和白桦之间肆意穿行。冷风钻进飞禽缩紧的羽毛深处，也能钻进兽类厚厚的皮毛深处，这风简直能冻透鸟兽的血液。

它们在这冰天雪地里没有立足之地了，必须跑着，跳着，飞着，才能稍微暖和一点。

有些动物为自己准备了温暖舒适的洞穴或是窠，里面储存了足够多的食物。它每天都可以吃得饱饱的，把身子蜷缩成一团，蒙起头来美美地睡大觉。

吃饱的动物不怕冷

对鸟兽来讲，吃饱是最重要的。一顿饱饭能让它们体内发热，血液也变得更热，一股暖意就会由血管传至全身。它们皮下的那层脂肪，就等于给它们暖和的毛皮或是羽绒加了一层最好的里子。无论多么凛冽的寒气，即便它能透过毛皮或透过羽毛，但也绝对不会穿过那层皮下脂肪。如果食物充足的话，冬天并不可怕。可是，它们在冬天是如何找到食物的呢？

狼和狐狸都在林子里奔走徘徊着，可是林子里什么都没有，鸟兽不是藏起来了，就是飞走了。白天，有一些渡鸦飞来飞去；夜晚，有一些雕鸮在空中徘徊——它们在寻找食物，可是，食物在哪里呢？

冬天留在林子里的鸟兽，只能感觉到饥饿难忍！

一个接一个

是渡鸦最先发现那具马尸的。

“呱！呱！”飞来一大群渡鸦，准备美美地享用这一顿丰盛的晚餐。

已是黄昏时分，天渐渐黑了，月亮出来了。

忽然，不知是谁在林子里叹了几声：“呜……呜，呜，呜……”

原来是林子里飞出的一只雕鸮把乌鸦吓走了，它也是冲着马尸来的。

这回轮到雕鸮独享美食了，它用自己尖尖的喙撕着肉，头上的羽毛都竖了起来，又圆又白的眼睛里闪着凶光，刚想要饱餐一顿，忽然听到从雪地上传来一阵沙沙的脚步声。

雕鸮飞上了树。一只狐狸冲到马尸跟前。

狐狸“咔嚓咔嚓”吃了几口，它还没吃饱呢，又来了一只狼。

狐狸赶紧钻进灌木丛，这只狼扑到马尸上。看到美食，它将浑身的毛都竖起来，用像小刀子一样锋利的牙齿撕着马肉，吃得心满意足的，它的喉咙“呼噜呼噜”直响，连四周的声音都听不到。过了一会儿，它就抬起头，把牙咬得咯咯作响，好像在说：“谁都别过来！”接着，又埋头大吃起来。

忽然它觉得有点不对劲，头上传出一阵沉闷的吼声，狼差点被吓趴下，赶紧夹起大尾巴，头也不回地逃走了。

原来是森林之王——狗熊，大摇大摆地走来了。

这回其他动物都别想走近了。

黑夜将尽的时候，熊才吃饱了，心满意足地回去睡觉了。狼可一直夹着尾巴在旁边等着呢。

熊刚走，狼就来了。

狼吃饱了，狐狸再来。

狐狸吃饱了，雕鸮就飞来了。

雕鸮吃饱了，渡鸦才敢飞回来。

就这样，天也快亮了，这一顿免费的美餐早已被一个接一个的野兽吃得

一干二净，仅剩下一点残渣剩骨。

植物的芽在哪儿过冬

这个季节的一切植物都在休眠状态之中。可是它们都在做迎接春天的准备，有的植物已经开始孕育自己的芽儿了。

这些植物的芽在哪儿过冬呢？

对于高大的树木来说，它们的芽是高高地悬在地面上过冬的。而各种小草的芽则各有各的生长环境。比如，林繁缕的芽儿被包在枯茎的叶脉里。这种小草的枯茎还活着呢，而且还是绿色，可是它们的叶子却在秋天时就枯黄了。整棵植物看上去就像死了一样。但是触须草、卷耳以及许多生长在阔叶林中的其他低矮草儿，不仅将自己的芽保存在雪底，而且它们也把自己保存得完好无恙，准备穿着一身绿衣裳迎接春天。

这些小草的芽都是在地面上过冬的，尽管它们离地不算高。

其他草儿的芽的过冬方式就不同了。

蒿草、牵牛花、草藤、睡莲和立金花等，此时在地面上什么都没留下，只剩下近乎腐烂的茎儿和叶。

如果想要找到它们的芽，你就需要在紧挨地面的泥土里找。

草莓、蒲公英、苜蓿、酸模、蓍（shī）草等的芽儿，也会在地面上过冬，只不过，这些芽儿被一簇簇小小的绿叶包着。这些草儿也会在春天的时候穿着一身绿衣裳从雪底下露面。

有些草儿是把自己的芽儿保藏在地底下过冬的。比如鹅掌草、铃兰、舞鹤草、柳穿鱼、柳兰、款冬等的芽儿，是在自己的地下根状茎上过冬的；野大蒜、顶冰花等的芽儿，是在自己的地下鳞茎上过冬的；紫堇的芽儿是在自己的地下块茎上过冬的。

上述陆生植物的芽儿就是在这些地方过冬的。而那些水生植物的芽儿，是埋在池塘底或湖底的淤泥里过冬的。

小木屋里的山雀

在食物匮乏、饥饿难熬的那段日子里，各种鸟兽，都在想尽办法靠近人们的住宅。因为在这种地方比较容易获取食物，它们可以靠一些残羹剩饭来维持生活。

饥饿能让那些鸟兽战胜恐惧。那些胆小的林中居民这个时候不再怕人了。

黑琴鸡和灰山鹑都偷偷往打谷场和粮仓里钻；伶鼬总去人们的地下室抓老鼠吃；灰兔总往人们的菜园子里面跑；雪兔频频跑到村子边的干草垛里吃干草；而漂亮的小山雀，居然胆大地钻进了我们的通讯员住的小木屋里。它的羽毛是黄色的，双颊是白色的，胸脯上还有一道黑条纹。它旁若无人，只顾着飞快啄食餐桌上的食物残渣。

小屋的主人把门关上，那只山雀也就变成了人们的俘虏。

它在这间小木屋里住了整整一星期之久。没有人惊动它，也没有人喂它，可是它却一天比一天胖。它每天主要干的事儿就是找食儿吃。它抓蟋蟀，也抓睡在木板缝隙里的苍蝇，也啄食人们的食物残渣。到了夜晚，它就睡在俄国式壁炉后面的小裂缝里。

没过几天，小屋里的苍蝇、蟑螂等小昆虫都被它吃了，它就啄起面包来了，还有书啊，小盒儿啊，软木塞啊，只要被它看见，不管是什么东西它都啄。

此时小木屋的主人只好把房门打开，把这个小小的不速之客撵走。

我们如何打猎

一大清早，我就跟着爸爸出门打猎了。早晨可真冷啊！雪地上有很多动物的脚印。爸爸对我说："这是动物新踩出不久的脚印。一定有一只兔子躲在离这儿不远的地方。"

爸爸让我顺着兔子的脚印走，他自己则留在原地等。兔子有这样的一种习惯，就是如果被人从躲藏的地方赶了出来，它往往会先转个圈子，然后原地返回。

我听爸爸的话，顺着兔子的脚印走。兔子留下的这段足迹很长，我就得一直往前走。不一会儿，我发现兔子蹲在一棵柳树下面，我就去赶兔子。受到惊吓的兔子兜了个圈儿，然后顺着自己原来的脚印往回跑。我就站着不动，焦急地等待着枪声。1 分钟过去了，又 1 分钟也过去了。突然，一声枪响打破了沉寂。我赶紧朝着枪响的地方跑过去，没跑几步，我就看见了爸爸，而在离他大约10米的地方，有一只倒下的兔子。我拾起兔子，和爸爸带着这个猎物踏上了回家的路。

《森林报》通讯员　维克多•达尼连克夫

当心从树林里跑出来的野鼠

此时，林中有很多野鼠储存的粮食已经不够用了。为了躲避伶鼬、黄鼠等食肉动物，它们纷纷逃离了自己的洞穴。

然而大地和森林都被积雪覆盖着，这里找不到食物。这支饥饿的野鼠队伍就搬出了树林。它们将严重威胁到人们粮仓里的粮食，所以我们要加倍警惕。

有些伶鼬等食肉动物会沿着野鼠的足迹跟过来。可是这些动物的数量太少了，它们无力消灭所有的野鼠。

快保护好自己的粮食，不要让啮齿类动物打劫！

不必服从森林法则的林中居民

此时所有林中居民都在被严寒折磨着。森林法则是这样的：到了冬天，动物们要千方百计躲过寒冷和饥饿的侵袭，至于繁衍下一代这件事，连想都不用想就该停止了。夏天才是繁衍后代的季节，那时天气温暖，食物也充足。

可是，对于那些在冬天里依然有充足的食物的动物，就不必服从这条法则了。

本报通讯员在一棵高大的云杉树枝上，发现了一个小鸟的窠。尽管树枝上都是积雪，窠里居然还有几个小小的鸟蛋。

我们的通讯员第二天又去那儿了。那时冷得要命，人们的鼻子都冻红了。可是大家往鸟窠里一看，居然发现了几只幼鸟，正光着身子躺在雪里，眼睛还没睁开呢。

怎么会有这样的怪事呢？

其实这根本不奇怪。这是一对交喙鸟在云杉树上做的窠，并在窠里孵出了幼鸟。

交喙鸟不畏惧冬天的寒冷与饥饿。

我们终年可以在树林里看见这种鸟儿，它们总是成群结队的。兴高采烈地彼此呼应着，不停地从这棵树飞到那棵树，从这片树林飞到那片树林。它们成年累月过着流浪的生活：今天在这儿待着，明天在那儿待着。

春天的时候，大多数鸣禽都会寻找配偶，成双结对地给自己选好一个住处，以便繁衍后代。

可是交喙鸟却在此时成群结队地到处乱飞，在哪儿也不会多待。

在热闹的交喙鸟群里，我们一年到头都能看到老鸟和幼鸟在一起的现象。好像它们的幼鸟是在空中飞行的时候诞生的。

在我们列宁格勒，交喙鸟还有一个美称叫“鹦鹉”。人们之所以如此称呼它们，是因为它们的羽毛像鹦鹉一样，鲜艳多彩；也因为它们能像鹦鹉那样，在小棍子上爬上爬下，自由旋转。

雄交喙鸟的羽毛是橘红色的，但各处的深浅不同；雌交喙鸟和幼鸟的羽毛是绿色和黄色相间的。

交喙鸟的脚爪非常有力，善于抓握，嘴也非常善于啄食。它们喜欢用两个脚爪抓住上面的细树枝，用嘴衔住下面的细树枝，头朝下、脚朝上地倒挂着。

还有一件怪异的事：交喙鸟死后很久，尸体都不会腐烂。一只老交喙鸟的尸体可以保存20年左右，一根羽毛都不会掉，也不会发臭。就像木乃伊似的。

但是最有趣的，是交喙鸟的嘴。除了它，任何鸟儿都没有这样的嘴。

交喙鸟的嘴是十字交叉的：上半片向下弯，下半片往上翘。

交喙鸟全部的秘密都在它这张嘴上；有关它的一切奇迹，也都可以通过它的嘴得到解答。

交喙鸟出生的时候，它的嘴巴跟别的鸟一样，也是直溜溜的。可是等到它稍微长大一点，就开始从云杉球果和松树球果里往外掏种子了。那时，它那柔软的嘴就渐渐弯曲，变成了十字交叉的形状，以后一辈子就这样了。十字形嘴巴对交喙鸟非常有利，方便其将种子从球果里掏出来。

说到这里，我们就什么都清楚了。

为什么交喙鸟一辈子流浪呢？

因为它们需要到处寻找球果最多最好的地方。今年，我们列宁格勒州的球果大丰收，交喙鸟就飞到我们这儿来了。如果明年北方的某个地方球果结得更多，交喙鸟就飞去那儿。

为什么冬天的时候交喙鸟照样歌声嘹亮、照样孵化幼鸟呢？

因为冬季的食物像夏季时一样充足，所以它们为何不欢唱，为何不孵幼鸟呢？再说，它们的窠里那么暖和，窠里有绒毛、羽毛和兽毛，既柔软又滑溜，它们怎么能不高兴呢！雌交喙鸟从生下第一个蛋后，就不再飞出窠了。雄交喙鸟会给它从外面带回食物来的。

雌交喙鸟待在窠里，用体温孵化着自己的蛋；等到幼鸟破壳后，交喙鸟妈妈就会把自己在嗉囊里弄软了的松子或云杉子吐出来喂它们。松树和云杉树上一年四季都有球果，取之不尽用之不竭。

一对情投意合的交喙鸟如果想要单独做窠，以便生儿育女，那么它们就会离开鸟群。它们想离开的时候就会离开，不会管是在哪个季节（所以一年四季的12个月里，人们都曾在林子找到过交喙鸟的窠）。它们做好窠后就搬进去。等到幼鸟长大了，整个一家子又会重新融入鸟群。

为什么交喙鸟死后会变成木乃伊呢？

原因就在于它们以球果为食。松子和云杉子里面含有大量树脂。一只交喙鸟，一生吃掉很多松子、云杉子，全身都会渗透着树脂，就像被柏油浸透的皮靴一样。等到它们死后，能使它们的尸体不腐烂的就是树脂。

埃及人就是往死者的尸体上涂树脂，才使死尸变成木乃伊的。

狗熊觅穴记

晚秋时节，一只狗熊想在一座小云杉云集的小山坡下给自己造个洞穴来冬眠。它用脚爪剥下许多窄长条的小云杉树皮，将其送到小山坡下的那个洞穴里，然后在里面铺上软软的兽毛。它将洞穴周围的一些小云杉啃倒，盖在洞穴口上当“屋顶”，然后自己爬进去，准备安安稳稳地睡一冬天。

但是，没过一个月，它的洞穴就被一只猎犬找到了，狗熊好不容易才从猎人的枪口下逃脱。于是它只好直接睡在雪地上了。可是即便在这里，还是被猎人发现了，它再一次艰难脱险。

于是它又第三次藏起来。这次它藏的地方非常好，谁也想不到它会躲在那儿。

直到第二年春天，人们才知道：原来狗熊爬到一棵树上安安稳稳地睡了一大觉。这棵树的树干过去不知在何时被风暴吹折过，于是便倒着生长，长成了一个天然的窝。夏天的时候，曾有大雕在这里做窠，将干树枝和软草铺在里面，孵完幼鸟后就又飞走了。而这只在冬天里被猎人吓坏了的狗熊，竟在这个空中的“洞穴”里无忧无虑地度过了这段日子。

城市新闻

免费食堂

各种鸣禽在这个季节里正在挨饿受冻呢！

有爱心的城市居民们给它们设了免费食堂，在自家窗台上或是自家的院子里放点食物——有的人在窗外挂条绳子，用线把小块面包屑、牛油之类拴起来，有的人干脆把盛着谷粒和面包屑的小筐摆在院子里。

各种普通的、苍头的、斑点的小山雀、白颊鸟和其他鸟类，成群结队飞到这些免费食堂来享用人类预备下的美食，有时候比较珍贵的黄雀和朱顶雀也会来。

学校里的生物角

我国的任何学校里都有一个生物角。生物角里放置着很多箱子、罐子和笼子，里面养了各种各样的动物。这些动物都是孩子们夏天去郊外捉来的。一到这个季节，孩子们就忙得不可开交了：得让所有动物吃饱喝足，得给每一个动物安排一个合适的住处，还得看管好它们，不要让它们逃跑。这里的动物有鸟儿、兽儿、蛇、青蛙，还有各种昆虫。

我们在某一个学校里看到一本孩子们在夏天写的日记。看起来，他们收集动物这项工作是非常有意义的，而且做得像模像样的。

6月7日的日记本上这样写着："今天我们贴了一张告示，号召大家把各自收集到的动物，统统交给值日生。"

6月10日，值日生是这样写的："图拉斯交上来一只啄木鸟。米勒诺夫交上来一只甲虫。加甫里诺夫交上来一条蚯蚓。雅克甫列夫交上来一只瓢虫和一只常在荨麻上活动的小甲虫。博尔切甚至把一只篱雀的幼鸟装进笼子里带了来……"

差不多每天的日记都是这样的："6月25日，我们去池塘边郊游。在这里捉到很多蜻蜓的幼虫和其他虫子。此外，我们还抓到一只蝾螈，这正是我们一直想要的东西。"

有的孩子甚至还详细地描述了他们抓到的动物："我们收集了很多水蝎子、松藻虫，还有几只青蛙。青蛙有4只脚，每只脚上长着4个脚趾头，它的眼睛是乌黑色的，它的鼻子是两个小孔，它的耳朵非常大。众所周知，青蛙是一种对人类有很大的益处的小动物。"

冬天的时候，孩子们还合伙去商店里买了一些我们这儿没有的动物：乌龟、金鱼、豚鼠、各种羽毛鲜艳的鸟儿什么的。你一走进孩子们的生物角，就能看见各种各样的动物，有的毛茸茸的，有的光溜溜的，有的翅膀上有羽毛，有的翅膀上没羽毛。还能听到动物们的喧闹的叫声，有的尖叫，有的吱吱，有的哼唧，此呼彼应，简直像一个真正的动物园。

孩子们还想到一个办法：校与校交换彼此的动物。比如在夏天时，有一个学校的孩子们捉到许多鲫鱼，另一所学校的孩子们养殖了很多家兔——多得都没有地方养了。于是两个学校的孩子们就做了交换：4条鲫鱼换1只家兔。

只有初年级的孩子们才会做这样的事。高年级的孩子们，另有自己的组织，几乎每所学校里都有少年自然科学家小组。

在列宁格勒的少年宫里（现称"青少年创造研究院"），也有一个研究小组。这里云集了各学校选派的最棒的少年自然科学家。小动物学家们和小植物学家们在那里学习怎么观察和捕捉动物，怎么照料自己饲养的动物，怎么采集动物标本，怎么采集、晾晒和制作植物标本。

整个学年从开始到结束，小组成员们常常去郊外各地熟悉情况。夏天一到，全体成员就会一起出发，去离列宁格勒市很远的地方旅行。他们在那儿一住就是一个月，每个人都按照分工做自己的工作：研究植物学的组员们采集各种植物标本；研究哺乳动物的组员们到处捉老鼠、刺猬、土拨鼠、小兔子和其他小动物；研究鸟类的组员们四处寻找鸟窠、观察鸟类的生活；研究爬虫类的组员们捕捉青蛙、蛇、蜥蜴、蝾螈等；研究水族学的组员们捕捉各种水族动物；研究昆虫学的组员们捕捉蝴蝶、甲虫等，潜心研究蜜蜂、黄蜂、蚂蚁等。

这些少年从小就研究米其林的学说，并亲自实践，在学校的实验园地上种植果木和常见的林木等。原地虽然不大，但常获丰收。

与此同时，他们也有一本详细的记录自己的观察和工作的日记。

无论刮风、下雨，无论寒露、酷暑，他们始终坚持在田野、牧场、江河、湖泊和森林里观察、研究，甚至集体农庄的庄员们的农事也逃不过这些少年自然科学家们的注意。他们在努力研究着我们祖国的各种生物资源。

我国无数未来的科学家、勘探家、猎人等正在成长起来。改造大自然的新一代是能干的一代。

与树同龄的人

我今年 12 岁。我们市的大街上长着一些和我同龄的槭树，它们是少年自然科学家们在我出生那天栽的。

你们看啊：此时槭树的身高已经是我身高的两倍了！

谢廖沙

祝您钓到大鱼！

你相信吗？真是神奇！冬天也照样有人钓鱼！

千真万确！冬天钓鱼的人多着呢！并非所有鱼类都像鲫鱼、冬穴鱼、鲤鱼似的要冬眠；山鲶鱼整个冬天都不睡，甚至冬天还产卵，直到1月和2月还产卵。法国人常说："睡觉睡觉，不吃也饱。"可那些不睡觉的，可不能不吃饭。

用金属制的小鱼形鱼钩钓冰下的淡水鲈鱼，往往会有很多收获。但最难的事，就是寻找鲈鱼冬天时的栖息地。在自己不熟悉的江河或是湖泊里钓鱼的时候，只好根据某些标记来断定，确定之后，先在那儿的冰上凿几个小洞，试一试鱼是否吃饵食。

下面让我们说说怎么来识别那些标记：

如果这条河是弯的，那么它可能会在悬崖峭壁下急急地拐个弯儿，此处可能会有一个深深的漩涡，天冷的时候，鲈鱼就会成群结队地聚集到此处。如果有一条清澈的林间小溪流进湖泊或是江河中，那么在比湖泊入口或河流入口稍低的地方，肯定有一个深坑。芦苇只能在水浅的地方生长，所以无论在湖泊里还是江河里，芦苇丛的后面一定有凹陷下去的深坑。在这里很容易找到鱼儿的聚集地。

钓鱼人用木柄铁杵在冰上凿一个直径20~25厘米宽的小洞，然后把拴在细丝上的鱼钩放进冰窟窿。先把鱼钩垂到水底，再探探那里的水到底有多深。接下来把鱼钩不断地上下移动，只是每次移动时无须垂到水底。鱼钩漂动在水上，忽闪忽闪的，就像条活生生的游动的鱼似的。鲈鱼生怕这到嘴边的美食逃走，一个纵身就扑了上去，把鱼饵连带着鱼钩一起吞进肚，于是它

就上钩了。如果没有鱼上钩的话，钓鱼人就会换一个地方重新凿洞。

要捕捉喜欢在夜间行动的山鲶鱼，需要用冰下捕鱼工具。这种冰下捕鱼工具的制法很简单，就是用一根大绳子，大绳子上面系着 3~5 根小绳，小绳子可以用丝线或是马鬃编成，每根小绳之间的距离约为 70 厘米。小绳子上拴着鱼钩，鱼钩上有饵食——小块的鱼肉或蚯蚓。大绳子的末端拴上一块重物，将绳子固定在水底。水流将带有鱼饵的鱼钩一个一个地冲到冰下。绳子的上端拴上一根棍儿，架在冰窟窿上，一直架到第二天早晨。

钓山鲶鱼的好处，就在于钓鱼人用不着像钓鲈鱼那样，站在河上挨冻。只须第二天早晨到冰窟窿前把绳子拉上来就行了。这时你会发现绳子上至少吊着一条很长的大鱼——皮肤黏乎乎的，身上有一条条像老虎一样的斑纹，身子两侧是扁平的，下巴上长着一根长须。这就是山鲶鱼。

冬天正是捕捉狼、熊这种大型猛兽的好时节。

冬末是林间居民最饥饿的时候。饿急了的狼胆子越来越大了，成群搭伙到处乱窜，甚至敢到村庄附近转悠。大多数熊都躲在洞里，但也有在森林里游荡的。这些四处游荡的熊，在晚秋的时候专靠啃动物尸体、拖家畜过日子，当时没来得及做好冬眠的准备，此时只好躺在雪地上了。也有些熊是在洞里受到惊扰而逃出来的，于是也加入了“游荡一族”。

猎捕“游荡一族”的时候，要乘着滑雪板，带着猎犬去追捕。只要猎物不停下来，猎犬就会一直在深雪里追赶它直到猎物停下来。猎人只需要乘着滑雪板，紧随猎犬之后。

捕猎大型猛兽可不是打飞禽，随时可能发生意外——猎人有时可能捕猎不到，反被猛兽给伤害了。

我们州的诸多猎事中，就发生过这样的事儿。

带着小猪去打狼

单枪匹马，深夜前行这种打猎方式很危险。你听说过这样的事，这样的人吗？

但是，我们现在要讲的就是这么一个勇敢的人。他把一匹马套在又宽又矮的雪橇上，将一只小猪装在麻袋里，放在雪橇上，在一个皓月当空的夜晚，赶着雪橇出了村。

最近这些日子，村子周围经常有狼出没，不少村民亲身经历了野狼的凶狠：它们可真是饿急了，竟肆无忌惮地闯到村子里来为非作歹。

猎人出了村子后便离开大道，沿着森林边缘悄悄地赶着雪橇，向荒地走去。

他一手紧握缰绳，一手不时地揪几下小猪的耳朵。

小猪的四条腿被捆着，身子被装在麻袋里，只露出头在外面。

小猪的任务就是尖声怪叫，把狼引来。它当然用力嚎叫，因为小猪的耳朵很软，被人一揪，可疼呢！

野狼没有让人等很长时间。过了不一会儿，猎人很快就发现，林子里好像有一盏盏绿光亮起。绿光在黑黝黝的树干间不停地移动着，一会儿在这儿，一会儿在那儿。这就是狼的眼睛在放绿光。

马儿仰起脖子嘶叫起来，拼命向前狂奔。猎人费了好大劲才用一只手拽住它。另一只手还得用来不时地揪小猪的耳朵。看来狼还不敢向坐着人的雪橇发起攻击。只有小猪的叫声才能使狼暂时忘掉恐惧。

小猪是多么难得的美味啊！当一头小猪在狼的耳边叫起来时，狼就顾不了那危险的感觉了！

这群狼看清楚了，有一个麻袋，被一根长绳拴着，被雪橇拖在后面，由于道路坑坑洼洼，这个麻袋颠簸着。

被雪橇拖在后面的麻袋里装的是干草和猪粪，但是狼还以为麻袋里装的是小猪呢，因为它们听到了小猪的尖叫声，也闻到了小猪的气味。

最后那群狼打定了主意。

它们突然从林子里蹿出来，全体直扑雪橇——共有 6 只，7 只，啊，8 只身强体壮的大狼呢！

这群狼蹿到空旷的田野里，猎人从近处看它们，觉得它们个头很大。其实月光是会骗人的，月光照在狼毛上，会让人产生错觉，看到的野兽比实际上要大。

猎人不再揪小猪的耳朵，而是抓起猎枪。

最前面那只狼，已经追上了那个装着干草的麻袋了。猎人瞄准这头狼的肩胛骨，扳了扳机。

这只狼一头栽在雪地上，像陀螺一样在雪地里转了一会儿。猎人又朝第二只狼开枪，但这时受惊的马儿向前一冲，这一枪打了个空。

猎人双手抓着缰绳，好不容易才将马儿勒住。

可是此时那群狼已经钻进了树林，跑得无影无踪了。只剩下那只被打中的狼躺在那儿，临死前还在挣扎着，用后脚在雪地里乱刨着。

猎人此时就把马完全稳住了。他将猎枪和被捆着的小猪留在了雪橇上，自己下去捡死狼了。

就在半夜里，村子里发生了一件令人震惊的事儿：猎人的马拉着雪橇跑回来了，猎人却没跟着回来。宽大的雪橇上丢着一把没装弹药的双筒猎枪，还有一头被捆着的小猪在可怜巴巴地尖叫着。

天亮之后，村民到林间空地里去察看了雪地上杂乱的脚印，才明白昨天夜里发生了什么事。

事情的经过是这样的：

猎人将那头死狼扛在肩上，朝自己的雪橇走了过去。快走到雪橇跟前的时候，马闻到一股狼的气味儿，吓得浑身哆嗦，就不顾一切地向前飞奔了。

猎人身边除了那头死狼，就什么都没有了。他甚至连把刀都没带，猎枪也留在雪橇上被马拉走了。

见到这样的情景，群狼惊魂已定。它们又奔出林子，把猎人团团包围。

后来村民们在雪地上发现一堆骨头，有人骨头也有狼骨头——这群狼居然把死了的同伴也吃了。

上述不幸事件发生在60年前。从那之后，我们再也没听说有狼袭击人的事发生。如果狼没有发疯也没受伤的话，即便见了没带枪的人也是会害怕的。

深入熊洞

还有一件不幸的事，是在猎熊的时候发生的。

一个守林人发现了一个熊洞。于是当地人就去城里请来一位猎人。猎人带了两只北极犬，悄悄地走近一个雪堆，有一头熊就在这个雪堆底下冬眠。

猎人对熊的习惯非常熟悉，于是站在熊洞的一边。熊洞的出口通常都朝着日出的方向。熊从雪下蹿出来的时候，一般都会向南奔去。猎人站的位置，应该可以恰好举枪射穿熊的肋部的心脏。

守林人也躲到熊洞后面，并解开了两只猎犬。猎犬闻到野兽的气味，就疯狂地向熊洞猛扑过去。

猎犬的叫声那么大，洞里的熊不可能不被吵醒。可是过了好半天都没动静。

突然雪下有一只长着爪的大黑脚掌伸了出来。差一点抓住一只猎犬。猎犬惊叫了一声，慌忙退了回来。

说时迟，那时快，巨大的熊猛地从熊洞里冲了出来，活像一块乌黑的大土块。它一反常态，并没有向一旁跑，而是径直朝猎人这边扑过来了。

熊低着脑袋往前跑，这样就护住了自己的胸脯。

无奈之下，猎人放了一枪。

子弹擦过大熊结实的前额，滑到一旁。这头熊的脑门上挨了重重一击，可气疯了，它一下子将猎人撞了个两脚朝天，然后把他踩在了脚下。

两只猎犬蹿到熊身后，死死咬住熊的屁股，但都是白费力气。

守林人吓坏了，一边大喊，一边挥动着手里的枪，可都没什么用。他这时不敢开枪，因为可能会打在猎人身上。

这时熊用它那可怕的大爪一挥，就将猎人的帽子，连带着头发和部分头皮一起抓下来了。

紧接着，它向旁边一歪，在沾满血迹的雪地上打起滚来，毕竟猎人经验丰富，没有慌神，趁机拔出身上的短刀，戳进了熊的肚皮。

猎人总算保住了性命。那张熊皮现在就挂在他的床上。只是猎人的头上再也不能离开一条暖和的头巾了。

围猎巨熊

1 月 27 日，塞苏伊奇从森林里出来，却没回家，直接去邻近的集体农庄的邮局去拍电报了。是拍给列宁格勒的一个熟人的，这人是一位医生，也是一位猎熊专家。电报上是这么说的：“发现熊洞。速来。”

第二天，他就收到回电：“2 月 1 日，我们 3 人准能到。”

在此期间，塞苏伊奇每天早晨都去察看熊洞。熊在洞里睡得正香。熊洞前的小灌木枝上每天都能结出一层新鲜的霜花，都是由于熊呼出来的热气而结成的。

1 月 30 日，塞苏伊奇察看完熊洞之后，就在路上遇见本村的安德烈和西尔盖。这两位年轻猎人去森林里猎灰鼠。塞苏伊奇想提醒他们，不要去有熊洞的那块地方打猎。但他转念一想，就临时改变了主意：年轻气盛的小伙子们好奇心强，如果让他们知道了，保不准更想去看看熊洞，把熊惊醒呢！于是他没吱声。

1 月 31 日早晨，他又去察看熊洞，却大吃一惊：熊洞被捣毁了，熊也跑了！在离熊洞约 50 步远的地方，一棵松树被放倒了，也许是西尔盖和安德烈把灰鼠打死在树枝间，死灰鼠掉不下来，于是他们就把松树放倒了。熊被吵醒后，当然就逃走了。

他仔细察看了两个猎人所乘的滑雪板的滑道和熊逃跑的脚印，发现他们的方向是相反的。幸亏两位猎人在茂密的小云杉林中没有发现这只熊，所以也就没去追它。

塞苏伊奇没敢耽搁时间，立刻顺着熊逃跑的脚印追了过去。

第二天晚上，有 3 个列宁格勒人来到此地。医生和上校是塞苏伊奇的熟人。还有一位举止庄重的公民跟着这两位一起来了，他身材魁伟，表情傲慢，长着两撇乌黑油亮的胡须和一把修剪得很整齐的美髯。塞苏伊奇第一眼见到他时，就有点不喜欢他。

“瞧那个油光粉面的模样，”小个子猎人一面盯着那人，一面暗暗想着，“看样子他不年轻啦，可还是这么红光满面的，胸脯也挺得像一只公鸡。头上连根白头发丝儿都没有，叫人瞅着怪不舒服的！”

更让塞苏伊奇感到难堪的，是他必须要当着这位不苟言笑的城里人的面，承认自己的疏忽——没看住那只熊，让它跑了，错过了堵洞捉熊的好机会。塞苏伊奇还是为自己辩解了一下：“熊现在的活动范围还在我们掌握之中，没有发现它走出树林的脚印。当然，此时它一定是躺在某处的雪地上了。现在我们只有用围猎的方法来抓它了。”

那个傲慢的陌生人听完后，不屑地皱了皱眉头。什么都没说，只问了声“那只熊的个子大不大？”

“脚印可不小，”塞苏伊奇说，“我敢担保那家伙不会少于 200 千克。”

那傲慢的家伙听后，耸起他那像十字架一样平的肩膀，瞧都没瞧塞苏伊奇，开口说道：“说是请我们来掏熊洞，现在又说是围猎。你们能保证围猎的时候把熊撵到我们开枪人的枪口吗？”

这个怀疑令人感到屈辱，小个子猎人被刺痛了。但他没吱声，只暗暗想道：“当然是有把握的，我看你可得留点神了，别让熊把你这一脸傲气赶跑了！”

大家开始讨论围猎方案。塞苏伊奇建议他们：打大型野兽，最好在每位猎人后头，安排一个后备射手。

可那个自大的人并不赞成，他说：“谁要是对自己的枪法没信心，那就不要去猎熊。猎人背后还跟个保镖，这像话吗！”

“好勇敢的汉子！”塞苏伊奇心里有点佩服这人了。

可此时上校却语气坚定、直截了当地说：“小心总是不会有错的，准备后备射手是对的。”医生也表示赞成。

那傲慢的人不满地瞅了他的两个同伴一眼，耸了耸肩，说道：“你们胆子太小，那就听你们的吧！”

第二天一早，天还没亮呢，塞苏伊奇就把 3 个猎人叫醒，然后赶紧去村里召集在围猎时帮忙赶熊的人。

等塞苏伊奇回到家里时，那个傲慢的人正从一个绿丝绒面的精致小提箱里，取出两管猎枪。这小提箱灵巧轻便，倒像用来装小提琴的匣子。塞苏伊奇看得眼睛都亮了，他从来没见过这么好的枪呢！

那个傲慢的人收拾好枪，又从提箱里掏出亮晶晶的子弹筒，里面装着各式各样的钝头的和尖头的子弹。他一面忙乎着，一面跟医生和上校炫耀他的枪有多么棒，子弹有多厉害，还说他曾经在高加索是怎样打死野猪的，在远东是怎样打死老虎的。

塞苏伊奇虽然脸上没有什么表情，心里却觉得自己又比人家矮了一头。他实在很想仔细瞧瞧这两管好猎枪，可到底也没敢张嘴提出想看看这两把枪的要求。

天刚蒙蒙亮，有好多载重雪橇从集体农庄出来，列成一队向树林进发。塞苏伊奇坐在最前面的雪橇上，紧随其后的是 40 个负责驱赶的村民，那 3 位猎人在最后面。

队伍在离熊的栖息地还有一公里的地方停了下来。猎人们钻进了林子里的一个小土房中生火取暖。

塞苏伊奇乘着滑雪板去侦察了一下熊的大致方位，然后又给那些负责驱赶的人们布置任务。

一切都安排得妥妥当当的，熊也没有跑出围猎圈。

塞苏伊奇安排一些人围成半圆形，先站到小树林的一头负责呐喊，还有一些人静静站在围猎圈的左右两侧，伺时出动。

围猎熊可不是围猎兔子。负责呐喊的人用不着边喊边走，他们只要在围猎的全过程中一直站在那里喊就行了。站在林子两侧不呐喊的人，要从呐喊的那群人站的地方起，一直站到狙击线，如果熊不往前跑，而是折向一边朝他们跑过来，他们只要脱下帽子向熊挥舞，就足以把熊撵到狙击线处了。

塞苏伊奇布置好这群人后，又去叫猎人们，把他们领到各自的枪位上。

枪位有 3 个，互相之间的距离是 25~30 步。塞苏伊奇负责把熊撵到这条窄窄的、只有 100 多步的通道上来。

塞苏伊奇让医生站到第一枪位上，让上校站到第三枪位上，让那个傲慢的城里人站到最中间，也就是第二枪位上。这个地方有熊进入树林的足迹。一般情况下，熊从躲藏的地方出来时，都会沿着自己原来的足迹走的。

年轻的猎人安德烈充当的是摆大架子的城里人的后备射手。之所以选中了他，是因为他比西尔盖更有经验，而且更有耐心。后备射手只有在野兽突破狙击线，向猎人身上扑去的时候，才有权开枪。

所有的猎人都穿着白罩衫。塞苏伊奇最后一次小声地嘱咐他们应该注意的事项：不要出声，不要吸烟，当负责驱赶的人们开始呐喊的时候，不要动也不要响，要尽量离那只熊近一些再开枪。塞苏伊奇吩咐完以后，就去负责驱赶的人们那儿做最后的布置了。

半个小时溜走了，每个猎人都等得好心焦。

终于有猎人的号角声响起——这两声拖得时间很长的、低沉的声音，一下子响彻满是积雪的树林。号角声停下来之后，余音好像还飘荡在寒冷的空气中，久久不散。

大概过了寂静的一分钟后，突然间负责呐喊的人们一齐呐喊起来，“八仙过海，各显神通”。有的叫；有的嚷；有的发出像拉汽笛似的低音；有的汪汪

学狗叫;有的发出枯瘦女人常发出的尖叫声。

塞苏伊奇吹过号角之后,就和西尔盖一起乘滑雪板,飞一般滑向树林去撵熊了。

围猎熊与围猎兔子的另一个不同之处就是:除了负责驱赶的人之外,还需要有把熊从它的栖息地里撵出来的人。

塞苏伊奇通过脚印就可以判断:这头熊个头很大。但是,真等到一个黑糊糊、毛茸茸的大熊脊背出现在云杉树丛上面的时候,小个子猎人还是哆嗦了一下,然后就稀里糊涂地朝天开了一枪,与西尔盖两人异口同声地齐声喊道:"来啦!熊来啦!"

围猎熊真的与围猎兔子不一样,再一个不同之处在于:围猎熊准备的时间比较长,真正打猎的时间却非常短。但是由于长时间不安地等待,加之时刻有危险即将来临的感觉,射手们往往觉得一分钟和一小时一样长。你在枪位上耐心等了那么久,忽然听到旁边的人放了一枪,于是发现一切都结束了,你什么都没做,那才叫郁闷呢!

塞苏伊奇紧紧跟在熊后面,拼命想撵它去狙击线,但是他的努力都白费了——根本不可能追上熊。那些地方雪很深,人们要是不穿滑雪板,走一步就得陷一步,陷进齐腰深的大雪里,想拔出脚可不容易。可是熊走起来像一辆坦克似的,一路上把身旁的灌木和小树撞得东倒西歪的。它很像汽艇,只见雪尘从它的两旁高高扬起,就像两扇巨大的白翅膀。

熊不一会儿就从小个子猎人的视线里消失了。但没过两分钟,塞苏伊奇就听到了枪声。

围猎就这样结束了吗?熊被打死了吗?

此时又传来第二声枪响,接下来就是一阵凄惨的叫声,叫声里夹杂着痛苦与恐怖。

塞苏伊奇拼命向射手们所在的方向跑。

当他跑到第二个枪位的时候,上校、安德烈和脸色像雪一样苍白的医生,正抓着熊皮,想要把压在第三个猎人身上的熊抬起来。

事情的经过是这样的:大熊沿着自己进树林时的脚印往外走,直奔第二个枪位。本来应该等熊跑到离枪位 10~15 步远的时候开枪才能准确打中它的头或心脏,可这个猎人沉不住气了,在熊离他还有 60 步远的时候就开了枪。看起来动作很笨拙的大熊，实际上奔跑的速度非常快。

从这位猎人的好枪里打出去的好子弹，没有击中熊的要害部位，只是打中了熊的左后腿。熊因为痛而变得疯狂起来，于是向开枪的人猛扑过去。

这位猎人慌了神儿，竟忘记猎枪里还有一粒子弹，也忘了自己身边还有一杆备用枪，他把枪一扔，不顾一切转身就跑。

熊哪肯罢休，使出浑身气力，对准这个欺负它的人的脊背，一巴掌就把他压在雪里。

那个后备射手安德烈可没袖手旁观，他将自己的双筒枪直接插进大熊张开的嘴巴里，连扳两下扳机。

哪知祸不单行，双筒枪卡壳了，没响。

站在旁边的第三枪位上的上校目睹了这一切。他感到自己的同伴们随时都可能有生命危险，所以必须开枪。可是他也知道，如果没有瞄准，就有可能把自己的同伴打死。上校单腿跪地，瞄准熊的头就是一枪。

那只巨熊，挺着整个上半身在空中僵了一小会儿，然后扑通一下倒在它脚下那个人的身上。

上校一枪打穿了熊的太阳穴，立刻送了它的命。

医生也赶快跑过来了。他跟安德烈与上校一起，想把这只死熊从人身上挪开，救出猎人——此时还不知道猎人是不是还活着！

塞苏伊奇来得正是时候，急忙去帮忙挪开沉重的熊尸，大家把猎人扶了出来。这个人还活着，没受伤，只是脸色像死人一样惨白。此时这个城里人已不敢正视其他人了。

大家用雪橇把他拉回集体农庄。没过多久这人就恢复常态了，竟要将熊皮据为已有，大家答应他后，他拿了熊皮就去车站了，无论医生怎样劝他多住一宿，休息休息再上路，他也不听。

“唉！”塞苏伊奇后来对别人说起这个故事的时候，还会耿耿于怀，“我们可真是失算啊，不该让他把熊皮拿走的。说不定他现在还拿着那张熊皮四处炫耀，说那只大熊是他打死的呢。说起那只大熊，差不多有300多千克吧……真是个大得吓人的家伙！”

《森林报》特约通讯员

残冬煎熬月(冬季第三个月)
一年——分为12个章节的太阳诗篇

2月时严冬将尽,但狂风暴雪依旧,风在雪地上奔驰,却不留足迹。

尽管这是冬季最后一个月,却也是最可怕的一个月。对各种野兽来说,这个月是饥寒交迫达到顶点的月份,狼要在这个月里婚配,需要营养,所以常会偷袭村庄和小城镇,为了填饱肚子,它们经常深夜里钻进羊圈抢劫,有时甚至连狗都吃。所有的野兽都明显消瘦了。它们在秋天前积蓄在体内的脂肪,已消耗殆尽,不能再给它们提供热量和营养了。有些小型野兽的洞里和“地下仓库”的存粮,也快吃完了。

白雪本来是使鸟兽保温的朋友,但是在这个月里,雪却越来越变成敌人了。很多树枝因经不起厚雪的重负而折断了。只有一些野生禽类,比如,山鹑、松鸡、琴鸡什么的喜欢深雪,它们可以连头带尾钻进深雪里安全舒服地过夜!

但有时也会有不幸发生。白天时积雪的表层被晒化了,夜晚时寒风袭来,融化的表层上就会冻成一层冰壳。在太阳晒化这层冰壳之前,你把脑袋撞扁了,也很难从下面撞开这层冰壳!

2月将道路都毁了,2月的风沿着地面吹,积雪乱飞,道路阻塞,雪橇难以在路上行驶……

如何熬过残冬

森林历上的最后一个月来临了。这个月是最艰难的一个月——残冬煎熬月。

林中居民们的存粮都所剩无几了。所有的鸟兽都消瘦了，因为能为它们提供热量的那层皮下脂肪已经没有了。长期半饥半饱的生活，让它们的体力大不如前。

此时，大自然也好像在故意作难，风雪依旧肆虐，天气越来越冷。可能是冬老人想抓住这最后一个月寻欢作乐，所以更加肆无忌惮，绝不放过这最后的施威机会。一切鸟兽只有再坚持一下，保存体内最后一点力量，熬过残冬，迎接春天的到来。

我们的通讯员走遍了整个森林。有一件事让他们很担心：这些鸟兽熬得到天气转暖吗？

他们在森林里目睹了很多悲剧。有些林中居民已经忍受不了饥饿与寒冷，死去了。剩下的这些林中居民还能再挺上一个月吗？不错，你根本用不着担心它们：剩下的这些林中居民是死不了的。

被严寒夺走的生命

伴有狂风的严寒天气才真叫一个可怕呢！每逢这种天气，如果你走在森

林里，就可以在雪地上找到不少冻死的鸟兽和昆虫的尸体。

小树桩下面和成片的被风雪吹倒在地的树干下面的积雪，又被风刮了出来，可有许多小野兽、甲虫、蜘蛛、蜗牛、蚯蚓还藏在那下面呢！若是风将盖在它们身上的那层暖和的雪被掀开了，它们也就冻死了。

狂风甚至能让飞鸟丧命。乌鸦是耐寒力多么强的鸟呀，可是在长时间的暴风雪之后，在雪地上发现它们冻死的尸体也绝非偶然。

暴风雪过后，森林清洁工——猛禽和猛兽马上开始工作，满林子搜寻：在暴风雪中冻死的鸟兽尸体全都成了它们的美食。

光溜溜的雪上冰壳

有一种情况非常可怕，在部分冰雪融化后，突然降临一个严寒天气，将上面一层融化的积雪冻成冰壳。雪上的这层冰壳又硬又滑，野兽的脚爪刨不开它，鸟类的尖嘴也啄不破它。狍子的蹄子也许能击碎这层冰壳，可是这冰壳被击碎后，会形成一些像刀一样锋利的小冰碴儿，能将狍子腿上的毛以及它的皮肉划破。

鸟儿如何能吃到冰壳下诸如细草和谷粒这种食物呢？

要是谁无力啄破那些玻璃似的冰壳，谁就只能挨饿了。

经常有这样的事发生：融雪天里，地面上的积雪变得潮湿又松软。傍晚时有一群灰山鹑落在雪地上，它们轻而易举地便在雪地里给自己刨出几个小洞，洞里还冒着热气腾腾的蒸汽，它们就钻进洞里睡着了。

可是，在半夜时，严寒降临了。

灰山鹑在暖和的雪下洞穴里睡得正香，一点没觉出冷来。

第二天一早，灰山鹑一觉醒来，雪底下仍然挺暖和的，但有点喘不上气来！

该去外面喘口气，抖抖翅膀，再找点东西吃。

它们想要起飞，可一头撞到那层像玻璃盖一样结实的冰壳上。

灰山鹑意识到这是光溜溜的雪上冰壳。冰壳下面仍是松软的雪，它看不见冰壳上面有什么。

灰山鹑用小脑袋拼命向冰壳撞呀撞，撞得头破血流。无论如何，它也得冲出这个大冰罩子啊！

谁要是能逃脱这个该死的囚牢，哪怕饿着肚子，也算幸运了。

玻璃似的小青蛙

有一次，我们的通讯员将一个池塘的冰面敲碎了，并从冰下捞出一些淤泥，淤泥里藏着许多小青蛙，它们是躲在那里面冬眠的。

当我从淤泥中将它们取出来的时候，就发现它们的身体都变得像玻璃那么脆。只要轻轻一碰，就能把它们细细的小腿儿咔吧一声折断了。

我们的通讯员带了几只冻硬的青蛙回家去。小心翼翼地把它们放进一个暖和的屋子里，让它们全身一点一点暖和过来。青蛙渐渐苏醒了，开始在地板上活泼地跳来跳去。

由此可以预料，到春天的时候，太阳晒化水池里的冰，把水也晒暖了的时候，冬眠的青蛙就会苏醒，变得既活泼又健壮。

看你睡到什么时候

在托斯拉河沿岸，离“十月铁路”上的萨德林诺车站不远的地方，有一个巨大的岩洞。从前的时候，人们去那里挖沙子，可是如今，那里已经很多年无人问津了。

我们的通讯员进了那个洞，发现岩洞的顶上倒挂着许多蝙蝠，有普通的蝙蝠，也有一种被称为“兔蝠”的大耳朵蝙蝠。它们在那里倒挂着睡觉，已经睡了整整 5 个月了，用两个脚爪牢牢地抓住凹凸不平的洞顶。“兔蝠”将大耳朵藏在叠起的两个翅膀下，用紧抱着的翅膀将身体裹得严严实实的，像盖被子似的，就这么倒挂着睡着了。

蝙蝠睡得这样久，让我们的通讯员感到很担心，他们就摸了摸蝙蝠的脉搏，测量了它们的体温。

夏天的时候，蝙蝠的体温跟人类一样，约为 37 摄氏度左右，脉搏是每分钟 200 次左右。

而如今，根据我们的通讯员的测量，蝙蝠的体温只有 5 摄氏度，脉搏每分钟只有 50 次。

尽管如此，你还是不要担心，这些小瞌睡虫一个个都非常健康。

它们还可以这样自由自在地再睡上一两个月，等温暖的夜晚降临时，它们就会苏醒过来了。

单薄的衣衫

我今天在一个隐秘的角落里找到一株款冬。它居然不怕冷，正在开花呢！它的细茎上长着些鳞片状的小叶子，还蒙着蜘蛛丝似的细细茸毛。此时人们穿大衣还冷呢，可是它穿着这么“单薄的衣衫”竟不觉得冷！

你可能不太相信我的话：四周到处是雪，哪儿来的一株款冬呢？

我可是在一个“隐秘的角落里”找到它的！让我来告诉你那个地方在哪吧！就在一座大楼房南面的墙根底下，旁边有一排暖气管子。在那个“隐秘的角落”里，雪已经融化了，黑土已经露出来了，那里散发着春天的气息。

不过，周边的空气可还是冰冷的啊！

尼娜•巴甫洛娃

苦中作乐

只要天气稍稍暖和一点，积雪也融化一点，森林里的雪底下各种各样没有耐性的虫子就会爬出来：有蚯蚓、海蛆、蜘蛛、瓢虫，还有叶蜂的幼虫。

大风常常把倒在地上的粗大枯木下的积雪全都刮走，于是地上就会出现一些没有积雪的角落。虫子们就在那些角落散步透气。

昆虫们纷纷出来舒展自己麻木的腿脚，蜘蛛则忙着四处打食。那些没有翅膀的小蚊子，光脚在雪地上跑，而那些有翅膀的长脚舞蚊，就在空中乱飞。

只要严寒再次袭来，它们的欢乐时光就不得不突然结束了，这群虫子躲的躲，藏的藏，有的钻进败叶下；有的钻进枯草里；有的钻进苔藓里；有的钻进土里。

冰洞里探出来的脑袋

有一位渔人，在涅瓦河注入芬兰湾的河口处的冰面上走着。当他从一个冰洞旁边走过的时候，看到冰洞下探出个光光的脑袋来，嘴边还稀稀拉拉的长着几根硬硬的胡子。

渔人还以为这是落水者从冰洞里探出头来呢！可是他突然间发现这个脑袋朝着他的方向转过来了，渔人这才看清，这是一个动物的头，尖尖的嘴边长着胡子，脸皮绷得紧紧的，满脸长着闪着亮光的短毛。

这只动物那两只亮晶晶的眼睛直愣愣地盯着渔人瞅了一会儿。接着，只听见扑通一声，它就钻到冰下不见了。

渔人此刻才恍然大悟，原来自己看到的是海豹。

海豹平常都在冰下捉鱼。它只是偶尔把脑袋探出来一小会儿，为的是呼吸新鲜空气。

冬天的时候，渔人们常能在芬兰湾上捕获那些把头从冰洞里探出来的海豹。

有时海豹为了追捕鱼儿，会一直追到涅瓦河。拉多加湖里有的是海豹，那儿是真正的海豹乐园。

扔掉武器

“林中壮汉”雄麋鹿和矮矮的雄狍子头上的犄角都脱落了。雄麋鹿是自己把头上的笨重武器弄掉的——它们在树干上蹭呀蹭的，终于把犄角给蹭下来了。

有两只狼发现了一个自动扔掉武器的“林中壮汉”雄麋鹿，决定向它发起进攻。在它们看来，战胜这个家伙是一件很容易的事，于是这两只狼一前一后扑向麋鹿。

这场战斗迅速结束了，结果十分出人意料。麋鹿用两只结实有力的前蹄，击碎了前面那只狼的脑壳，然后立刻转过身，把后面那只狼踢倒在雪地上。侥幸活下来的狼遍体鳞伤，好不容易才从强大的敌人身旁逃走了。

最近这段日子，老雄麋鹿和老雄狍子已经长出了新犄角。但还只是没有变硬的肉瘤，肉瘤外面绷着一层皮，皮上长着软软的绒毛。

喜欢冬泳的鸟儿

在波罗的海铁路上的加特钦站附近一条小河的冰洞旁，我们的通讯员发现了一只黑肚皮的小鸟。

那是个天寒地冻的早上。尽管明晃晃的太阳悬挂在高空中，可还是奇冷无比。我们的通讯员的鼻子都要冻掉了。他不得不几次三番捧起一把雪来，搓一搓他那冻得发白的鼻子，直到搓红为止。

因此，当他发现黑肚皮小鸟在这么冷的天气里，还能兴高采烈地在冰上唱歌时，心中非常诧异。

他走上前去看那只小鸟时，小鸟似乎感觉到将要发生危险，于是一个猛子扎进冰洞里去了。

“糟了，这回要淹死了！”通讯员闪过这个念头。他急急忙忙奔到冰洞旁去，想把那只发了疯的小鸟捞上来。

哪知他看到冰洞下的情景后目瞪口呆：小鸟正在冰冷的河水里用翅膀游泳呢，就像人们用胳膊游泳一样。

小鸟的暗黑色脊背在透明的水里闪着光，像条小银鱼似的。

小鸟一个猛子扎进河底，用两只利爪抓着河底的沙子，跑了起来。跑到一个地方，它停下来，用尖尖的嘴把河底的一块小石子翻了过来，从石子下面拖出一条乌黑的水甲虫。

一分钟后，它又从另外一个冰洞里钻出来，跳到冰面上，抖了抖身子，像什么事儿都没发生似的，又唱起了欢乐的歌儿。

我们的通讯员感到非常诧异：“也许这里是温泉，河水是热乎乎的吧？”就把手伸进冰洞里试了试。

可是，他马上抽出手来：水冰凉冰凉的，冷得刺骨。

他这时恍然大悟：他面前的小鸟就是河乌。

这种鸟跟交喙鸟一样，是不必服从森林法则的。

这种鸟的羽毛上蒙着一层薄薄的油脂。它潜水以后，那油乎乎的翅膀上会出现很多泡沫，银光闪闪的，就像一件充气的潜水衣。因此，即便它在冰水里也不会觉得冷。

在我们列宁格勒州，河乌可是稀客，只有冬天时它们才会出现。

冰屋顶下的朋友

不要忘了我们那些生活在冰屋顶下面的鱼儿朋友！

它们整个冬天都在河底的深坑里睡觉，它们头上盖着一层结实的冰屋顶。通常在冬末2月的池塘和森林中的湖沼里，空气就会变得稀薄。那时，鱼儿几乎就要闷死了，它们会张大嘴拼命喘气，甚至直接游到冰屋顶下面，张开嘴接取冰面下的小气泡。

水下的鱼儿也可能都被闷死。那等到春天来的时候，你若去这种水池边钓鱼，根本就没有什么鱼可钓了。

所以我们千万不要把鱼儿忘了，要适时地在池塘或湖泊的水面上凿几个冰洞。还要注意别让冰洞再冻上，让鱼儿能够自由地呼吸空气。

雪底下的蓬勃生命

在漫长的冬季里，当你站在田野之上，望着被积雪覆盖的大地时，也许你会不由自主地想：在这冰冷的雪原下面究竟有些什么东西呢？有没有生命存在？

我们的通讯员为了解决心中的疑惑，便在林间空地和田野里的积雪上，挖了一些深坑，一直挖到雪下的地面露出来。

出乎意料的是，原来雪下竟有许多绿色的小植物，还有一些尖尖的小嫩芽从枯草根下钻了出来。它们居然在冻土中活了下来！你想想看，居然是活的！

原来在看似毫无生机的雪原底下生活的，有草莓、蒲公英、白三叶、触须草、酸模，还有许多植物，还绿油油的呢！在那翠绿欲滴的繁缕上，甚至还长出很小的花蕾。

在我们的通讯员挖的那些深坑的四壁上，总有一些圆圆的小洞。这是小动物们的地下通道，被我们的铁锹给切断了，就在四壁形成了圆形断面。那些小动物巧妙地运用这些地下通道来获取食物。普通老鼠和田鼠在雪下四处啃食各种植物的根，对他们来说，这些植物的根美味而富于营养；而那些小型食肉动物，如土拨鼠、伶鼬、白鼬什么的，则捕食这些啮齿类动物和在雪下过冬的飞禽。

过去人们以为只有熊在冬天时生孩子。俗语说有福气的小孩是“从娘胎里带来衣服”的。小熊刚一出生的时候，体型只有一个大老鼠那么大，可它不仅是穿着衣服出生的，而且索性还是穿着皮大衣出生的。

现在，科学家们通过研究，发现有一些老鼠和田鼠一到冬季就会迁到它们的冬季别墅里，离开它们夏季的地下洞穴，搬到地面上，在树根附近或是低矮的树的枝丫上筑窠。奇怪的是，它们冬天也生孩子！刚生下来的小老鼠，浑身光溜溜，一根毛都没有，但是窠里暖和，它们不会被冻死。年轻的老鼠妈妈给它们喂奶。

春天的征兆

虽然这个月依旧非常寒冷，但已经不像在隆冬时节那样了。虽然地上的积雪还是很深，但已经不是那样白皑皑、亮晶晶的了。此时，积雪的颜色灰暗无光，表层出现了蜂窝般的小洞。挂在屋檐上的那些小冰柱，嘀嗒嘀嗒地往下淌水。如果你仔细观察，会发现地上出现了一些小水洼！

日照的时间越来越长，站在太阳下感觉到的暖意也越来越浓。天空已不是死灰色，蓝色一天比一天加深，云儿错落有致，逐渐分层，若是你留点神观察一下，有时能发现层层叠叠的积云飘过呢！

太阳刚一出来，窗下就传来山雀欢快的歌声：“斯德恩，舒巴克！斯德恩，舒巴克！”好像在告诉人们，快脱棉袄吧，该脱棉袄了！

一到夜晚，猫儿在屋顶上开音乐会，还会有猫儿打架的声音传来。

森林里有时会突然传出一阵啄木鸟欢天喜地的敲打树干的声音。尽管它们仅仅是用嘴巴敲树干，但听起来像一首有板有眼的歌儿呢！

在密林里，不知是谁在云杉和松树的雪地下面画了一些神秘的符号，都是一些莫名其妙的图案。猎人们看到这些印迹的时候，先是一愣，紧跟着心就狂跳起来了：要知道，这是松鸡留下的痕迹呀，它们的脖子上长着很长的羽毛，很像人的大胡子，它的样子就像一只傲慢的雄鸡。我们看到的痕迹是它用自己强有力的翅膀在雪地上划出来的印儿！如此看来，松鸡快要开始交配了，神秘的森林音乐即将开始了。

户外斗殴

城里的居民们已经可以感到春天的脚步声越来越近了，一个明显的特征就是户外常常发生斗殴事件。

街头的麻雀们，一点都不理会来来往往的行人，只管相互打斗，把羽毛啄得满天飞。雌麻雀从不参与斗殴，但也不出面阻止这种争斗。

每天入夜后，猫儿都会在屋顶上打架，这是公猫之间的战争，战争的结果常常是：一只公猫将另一只公猫从好几层楼的屋顶上推下去。不过，即便如此，你也不用担心，腿脚利索的猫儿并不会摔死的，它跌下去时常常四只脚先着地，只是有时可能要一瘸一拐地跛好几天。

修理和新建

城里的鸟儿到处忙着修房子，或是盖新宅。

那些有窝的乌鸦、寒鸦、麻雀和鸽子等，都在张罗着修理旧窠。而那些去年夏天才出生的年轻一代，在为自己建造新窠。它们所用的建筑材料是粗一点的干树枝、细一点的嫩树枝、稻草、马鬃、绒毛和羽毛等，它们常常把窠筑在高处。

鸟的食堂

我和我的同学舒拉都非常喜欢鸟。一到冬天，我们这儿的很多鸟类，比如山雀和啄木鸟常挨饿。我们很心疼它们，决定给它们做个食槽。

我家附近长了很多树，常会有鸟儿落到那些树上找食吃。

我们用薄木板做了一些浅浅的小木槽，然后挂在树上，每天早上撒各种谷粒进去。现在鸟儿已经习惯来这儿进食了，不再害怕了。据我们看来，这样对鸟儿是有好处的。

所以我们建议，让所有的孩子都动手做这件事。

《森林报》通讯员

爱鸟标志——城市交通的新方案

在街道拐角处的一座房子上，我们常会看到这样一个标志：一个圆圈中间有一个黑色的三角形，三角形里画着两只雪白的鸽子。

这个标志的意思是："当心——鸽子！"

汽车司机该拐弯的时候，会小心地绕过一大群聚集在马路中间的鸽子，有青灰色的，有白色的，有黑色的，也有咖啡色的。孩子们和大人们站在人行道上，把米粒和面包屑扔给那些鸽子。

最初建议在城市的街道上设立"当心——鸽子！"这个爱鸟标志的人，是莫斯科的女学生托莉·格尔基娜。如今在全国各大城市里的那些交通繁忙的街道上都挂出了这样的牌子。这样一来，我们的市民们就能经常喂这些鸽子，尽情欣赏这些象征和平的鸟儿了。

光荣属于那些爱护鸟类的人们！

返回故乡

《森林报》编辑部收到很多令人振奋的消息，来自埃及、地中海沿岸、伊朗、印度、法国、英国、德国等地。所有的消息其实都在说：我们的候鸟已经从世界各地动身返回故乡了。

候鸟们不慌不忙地飞着，一寸又一寸地从大地和水面的上空掠过。估计它们返回故乡的时候，我们这儿也应该冰雪消融、江河解冻、春意盎然了。

在雪下度过童年时光

外面的雪已经在融化了。我要去挖一些栽花用的泥土回来，顺便看一下我专门为鸟儿种的小菜园子。我给金丝雀种了繁缕。金丝雀很爱吃繁缕那娇嫩多汁的茎叶。

你们应该认识繁缕吧？这种植物长着小小的淡绿色叶子，开着小得几乎看不清的白花，脆嫩的细茎总是彼此缠在一起。这种植物是紧贴着地面生长的。只要你对菜园的管理稍有疏忽，繁缕就会爬得满园子都是。

我是今年秋天在园子里播下繁缕的种子的，只是种得太晚了。种子刚刚发芽，可还没来得及生长成幼苗。它们只长出一小段细茎和两片子叶，就被雪埋起来了。

我已经不指望它们能够活下来了。

结果如何呢？我发现，它们不仅安全度过了冬天，而且现在长势良好。现在它们已经不是幼苗，而是长成了一株小小的成形的植物了。有几株上还有小小的花蕾呢！

真是件不可思议的事儿啊：这是冬天呀，这么深的雪，它们居然能存活下来，而且还活得很好！

尼娜·巴甫洛娃

新月初升

今天我有一个偶然发现，这让我特别开心：我起得特别早，太阳也刚刚出来，此时我看到了新月初升的全过程。

新月通常是在日落之后出现在天空之上。人们很少在清晨太阳升起的时候看见它。它比太阳还早，已经在空中高悬了，就像一弯细细的珍珠色的镰刀，悬在金黄色的朝晖之上闪闪发光——那么亲切，那么温馨。

摘自少年自然科学家的日记

维立卡

神奇的小白桦树

昨天夜里下了一场暖洋洋、湿乎乎的小雪，天气不算冷。我家台阶前的小园子里种着一棵我心爱的小白桦树，它的树干和树枝都被雪染成白色的了。清晨的时候，天气又突然转冷了。

太阳升起来了，就悬在明净的天空上。这时我发现我的小白桦变得非常迷人，简直美得令人心醉：从它的树根到它的树顶，直至每一根细小的树枝，都好像涂了一层白釉似的，原来这是湿雪被清晨的寒气一冻，便在树的表层形成了一层薄冰。我的小白桦浑身上下都闪着银光。

这时有几只长尾巴山雀飞过来了。它们长着厚厚的、蓬松的羽毛，好像一团团上面插着几根织针的小白毛线球。它们落在小白桦身上，在树枝上东张西望——它们是在找食物呢！

山雀的小脚爪正在树枝上打滑，用它们尖尖的小嘴也啄不透枝条上的冰壳。这棵小白桦树像玻璃树似的，鸟嘴啄在它冰冷的身上，只有沉重的回响。

山雀抱怨着飞走了。

太阳越升越高，天气越来越暖，终于把小白桦树的那层冰壳晒化了。

这棵神奇的小白桦全身各处都流下了一股股冰水，它看上去就像一个冰冻的喷泉。闪烁着的水珠变幻着颜色，就像一条条小银蛇似的，顺着枝条滴了下来。

那些山雀又飞回来了。它们落在白桦树的树枝上，一点也不怕融化的冰水沾湿小脚爪。这回它们高兴极了：不但小脚爪不再打滑了，还在这棵脱下冰衣的白桦树上享用了一顿可口的早餐。

《森林报》通讯员　维立卡

报春的歌声

尽管天气依然寒冷，但今天的确是阳光灿烂的一天。此时，城市里大大小小的花园里，都响起了报春的歌声。

是荏雀在唱歌。它的歌喉嘹亮，音节也不复杂：“叽——叽——喳儿！

叽——叽——喳儿！”

就是这么简单的调子，可是听起来却是那么欢快。仿佛这种胸脯上长着金色羽毛的小鸟，想用鸟类的语言告诉人家：“脱掉厚厚的大衣吧！春天来了！”

绿棒接力赛跑

1947年，我们举办了第一届全苏优秀少年园艺家选拔赛，此后我们每年都举办一次。这就像是一场长长的绿棒接力赛，少先队员们从1947年的春天手中接过美妙的绿色接力棒，向着下一个春天奔去，再把绿棒交到1948年的春天手中。从1947年的春天到1948年的春天的这一段路，对我国500万个少年园艺家来说，并不是一段好走的路。还好他们总算护住了前人栽种的一切，而且一直在精心培育每一棵树，年年如此。

每跑完一棒，我们都会召开一次少年园艺家大会。

去年参加绿棒接力赛的孩子们有好几百万呢，大家栽的果树和浆果灌木也有好几百万棵，造的森林、公园和林荫路有好几百公顷。今年这届参加的孩子一定会更多。参加接力赛的条件依旧跟去年一样，但这次要做的事情却比以前多得多。今年的参赛要求是：每所学校都必须开辟一个新的果木苗圃。此举可以促成明年出现更多的果园；要绿化道路，使公路变成美丽的林荫路；需要用乔木、灌木巩固峡谷中的泥土。为了实现这些计划，我们一定要好好向有丰富经验的老园艺家们学习。

巧设圈套

实话说，猎人们使用各种妙招抓到的野兽，比用枪打到的野兽要多得多。要想巧设圈套，除了要足智多谋之外，还得非常熟悉各种野兽的习性。不仅要学会设陷阱、做捕兽器，还得善于安置它们的位置。笨笨的猎人尽管也设了陷阱，用了捕兽器，但总也抓不到野兽；而那些经验丰富的猎人所设的机关总能抓到野兽。

那种钢制的捕兽器用不着自己动手去做，只要买现成的就行。但要学会合理摆放它的位置，可就不是个简单的事儿了。

首先，我们应该知道把它摆在哪儿。按照常规，人们通常把捕兽器放在野兽的洞穴旁边、野兽经常来往的小径上，以及会聚和交叉着许多野兽足迹的地方。

其次，我们应该学会怎样根据不同的情况来安置捕兽器。如果想抓非常机警的兽类，比如黑貂、猞猁等，要先将捕兽器与松针放在一起煮过，放的时候，先用小木锨铲掉一层地上的积雪，然后戴手套把捕兽器放在地面上，放好后，再用雪把它盖上，用木锨把表面弄平。如果不这样处理，即便隔着一层雪，嗅觉灵敏的野兽也能闻出人的气味和钢铁的气味；如果想抓身强力壮的大型兽类，就要将捕兽器拴在大树墩子上，免得它被抓到的野兽拖得太远。

往捕兽器里放诱饵时，应该全面地考虑到野兽们不同的口味，有的放老鼠；有的放肉；有的则需要放干鱼。

生擒小野兽

像白鼬、伶鼬、鸡貂、水貂等小野兽，是需要生擒的。猎人为了生擒它们，想出了很多好办法，设计了不少巧妙的机关。其实这些设备挺简单的，每一个人都能自己动手制作。

这些设备都基于一个原理：进得去，出不来。

用一个不大的长匣子，或是一段木筒，在一头开个入口，在入口上拴一扇由粗金属丝做成的小门儿，金属丝的长度要比入口稍长些。这扇小门儿要斜着立在入口处，这样就做成了。

把诱饵放在木匣子（或木筒）里。小野兽不仅闻得到诱饵的香味儿，而且能隔着那金属丝做成的小门儿看见诱饵。于是它会用嘴把小门儿拱开，然后爬进去。等它钻进去后，小门儿就自动关上了。想从门里面往外拱是拱不开的，因此这只小野兽只好老老实实蹲在里面，等你去抓它了。

我们还可以在这种木箱里，再装一块“翻板”，把诱饵挂在木箱没有入口的那一头的上方。要把入口再开得窄一点，在入口上边装一个活闩。

“翻板”底下装着一个横轴，当小野兽爬进去并走到“翻板”中心的时候，横轴就会自动转动，小野兽身子底下这一半的“翻板”就往下落，而靠近入口那一半的“翻板”却向上翘并触动活闩，捕兽箱的入口处的小门就这样被严严堵死了。

还有更简单的办法：找一个高一点或是大一点的桶，在桶壁的半腰上钻两个相对着的小洞，穿上一条长铁轴。露在外面的铁轴两端固定在两根立在地上的柱子上（我们得预先在两根柱子之间挖个坑，坑的深度约等于半个桶的高度），这个桶就是悬空的了。

固定好铁轴的两头之后，我们要让桶的两边保持平衡，把桶斜过来，入口的那一侧搁在坑边儿上，桶底那一侧在坑上吊着。

诱饵要放在桶底。

当小野兽爬进桶直奔诱饵时，刚爬到桶的中间位置，桶就翻过来了，正好把野兽扣在那个坑里，小野兽怎么也爬不上来了。

在寒冷的冬季，乌拉尔的猎人们想出了一个更简单的方法，就是做“冰桶”。

先装满一大桶水，放在寒冷的户外。桶面上的水、靠近桶壁和桶底的水，比桶中的水冻结得快。等这些部位的冰冻结得有两手指头厚的时候，在桶顶的冰面凿个小圆洞，洞的大小以让一个白鼬能钻进去为准。然后把桶里没冻成冰的水都从这个小洞里倒出去，把桶搬回暖和的屋子里。进屋后，贴近桶壁和桶底的冰就融化了一小层。那时我们不费力气，就能从铁桶里拔出一个“冰桶”来，这只冰桶是个名副其实的“桶”，上上下下都严严实实的，只在顶部有个小洞。

我们往“冰桶”里扔一点干草，再往里面放一只活老鼠。然后把这个“冰桶”放在白鼬或伶鼬的足迹集中的地方，把这个“冰桶”埋在雪里，使其冰面与积雪的雪面一般高。

小野兽闻到老鼠的气味后，马上就从那个小洞钻进“冰洞”里。只要它钻进去，就别想再出来了，冰壁那么滑，爬是爬不上来，冰壁也很厚，啃都啃不透。

我们只要把“冰桶”打碎，就能取出小野兽了。反正做这样的捕兽器也不用花钱，想做几个就可以做几个。

给狼挖陷阱

猎人们会给狼挖个陷阱。先在狼常出没的小路上挖一个长圆形的深坑，坑壁一定要陡峭。这个坑要正好能装得下一只狼，又使它不至于跑几步就能跳出来。猎人在陷阱上铺上细枝条，再在细树条上撒一点细枝、苔藓和稻草，最后盖上一层雪。一点也露不出陷阱的痕迹。

狼群夜里从小路上走过时，走在最前面的那只狼就会掉到陷阱里。

第二天一早，猎人就能活捉它了。

狼　圈

我们还可以做狼圈。先把许多木桩削尖，然后一根紧挨着一根插在地上，围成一圈。在这一圈木桩外再围一圈木桩。小圈和大圈之间的空隙正好能容得了一只狼。

外圈安一扇只能往里开的篱笆门。里圈里放一头小猪或是一只山羊、绵羊等动物。

当狼闻到家畜的气味后，就会一只紧跟一只从篱笆门走进外圈，在两圈木桩之间的空隙里团团转，绕了一整圈之后，进来的第一只狼就走到了那扇往里开的门前。现在那扇门使它不能再往前走了，而它又没法向后转，因此它只好用头去顶门，这扇门就关上了，于是这些狼都被圈在里面了！

在猎人来抓它们之前，它们就没完没了地绕着里圈转。家畜没伤到一根毫毛，狼却饿着肚子当了俘虏。

设在地面上的机关

在严寒的冬天，地面冻得就像石头那么硬，想挖陷阱抓狼是很困难的。于是人们冬天抓狼时不挖陷阱，而是在地面上设机关。我们先把四根柱子立在一块地的四角上，然后用木桩围出一道栅栏。在这块"地上陷阱"的中央，再立一根比栅栏高的柱子。柱子上吊着一块肉作诱饵。我们把一块木板搁在栅栏的木桩上。木板的一头挨着围栏外的地面，另一头悬空，靠近诱饵。狼一闻到肉味，就会顺着木板往上爬。狼的身子重，当狼爬到一定高度的时候，就会把木板悬空的一头压得往下落，狼一个倒栽葱就会跌到围栏里了。

熊洞旁又出事儿了

塞苏伊奇踏上滑雪板，在一个长满了苔藓的沼泽地上滑行。此时正是2月底，沼泽地上积雪很厚，这些积雪都是从高处吹来的。

在这片沼泽地之上，有一片片"高地"。塞苏伊奇的北极犬小卡忽然奔向一片丛林，钻到树木深处后就不见了。过了一会儿，它的叫声从那片丛林里传了出来，叫声是那么凶，那么急。塞苏伊奇马上明白了：小卡遇到了熊。

这小个子猎人不由地兴奋起来，他身上恰好带着一管来福枪，里面有5发子弹，于是他急忙朝着狗叫的方向赶去。

只见小卡正对着地上一片被风雪刮倒了的枯木堆咆哮。塞苏伊奇挑了一个合适的位置，摘下脚底的滑雪板，躲在一堆积雪后准备开枪。

过了一小会儿，雪下伸出一个宽额角的黑乎乎的大脑袋，两只睡眼惺忪的小眼睛正闪着暗绿色的光，按照猎人的说法，这是熊在跟人打招呼呢！

塞苏伊奇知道，熊在瞅过敌人一眼之后会马上把头缩回洞中。在洞里躲一会儿，然后突然蹿出来逃跑。因此，猎人在熊还没把头缩回去之前，就开枪了。但是由于太匆忙，瞄得不够准，后来才知道，那粒子弹仅仅擦破了熊的脸颊而已。那疯狂的野兽跳了出来，直扑塞苏伊奇。幸亏第二枪击中了要害，把那只大家伙打倒了。

小卡迫不及待地冲过去狂咬了熊的尸体一顿。

当熊直冲塞苏伊奇扑过来的时候，他倒没顾得上害怕。可是，等危险过后，不知为什么，这个一向坚定的小个子猎人却觉得浑身瘫软，眼前一片模糊，耳朵里嗡嗡直响。他深深地吸了一口冷气，想赶走内心深处的恐惧感。此时此刻，他才真正意识到刚才那一幕有多么可怕。

任何人，哪怕是世界上最勇敢的人，经历了面对面碰上一个硕大而凶猛的野兽的惊险，都会感觉到后怕的。

突然间，小卡从那头熊的尸体旁一跃而起，又朝着另一堆枯木狂吠，并扑了过去。

塞苏伊奇朝着那个方向一看，不由得惊呆了：那里又探出了另外一个熊脑袋。

小个子猎人果断举起猎枪，迅速瞄准，也格外留神。

这一枪真准，那只熊应声而倒。但几乎与此同时，第三个宽额角的褐色熊脑袋从第一只熊跳出的那个熊洞里探了出来；接着，第四只熊也出现了。

塞苏伊奇惊慌失措。好像这片树林里所有的熊，都聚集在这个枯木堆下面，一块爬出来向他发起进攻了。

他来不及瞄准就连放了两枪，子弹打光了，他把枪扔在雪地里。匆忙之间，他看清楚了，第一枪射出去后，那个褐色的熊脑袋就不见了；可是不幸的是，第二枪打中的是小卡，那时恰好它跑了过去，一枪毙命，倒在雪里。

塞苏伊奇双腿发软，不由自主地向前迈了三四步，不小心绊倒在被他打死的第一只熊的尸体上，摔了一下，然后就失去了知觉。

也不知道他在这儿躺了多久。总之，他被一种疼痛的感觉惊醒了：他觉得好像有什么东西在钳他的鼻子，而且钳得很疼。他赶紧抬起手去捂鼻子，却摸到一个热乎乎、毛蓬蓬的东西。他睁开眼睛，看到的居然是一对暗绿色的熊眼睛。

塞苏伊奇失声大叫起来，忙不迭地把鼻子从熊的嘴巴里挣脱出来。

他整个人都傻了，急忙跳起身来就跑，但立刻陷在齐腰深的雪里了。

他回头看了看，又想了想，才弄明白：刚刚咬他鼻子的是一只小熊崽子。

过了好半天，塞苏伊奇才平静下来，仔细回忆了这场惊险，总算弄清了事情的来龙去脉：

原来他前两枪，打死了熊妈妈。接着打死的，是从枯木堆的另一头跳出来的一只两岁大的小熊——那头熊妈妈的大儿子。

这只两岁大的小熊是公熊。它在夏天的时候帮助妈妈照料弟弟、妹妹；它在冬天的时候就睡在离妈妈、弟弟、妹妹不远的另外一个洞里。

在那一堆被风雪刮倒了的枯木堆下有两个熊洞。一个洞里睡着两岁大的熊大哥；另一个洞里睡着熊妈妈和它的两个刚满周岁的熊娃娃。

被吓得六神无主的猎人，误把熊大哥当成大熊了。

跟着哥哥爬出洞来的两个刚满周岁的熊娃娃，只不过跟12岁的小孩一样重，但它们的脑门已经长得很大了，难怪猎人在惊慌中也把它们当成是大熊了。

猎人处于昏迷状态的时候，这个家庭中唯一存活下来的熊娃娃，就去找妈妈了。它把头伸向死去的熊妈妈怀里，想吃奶，过了一会就失望地离开了。后来它碰到了塞苏伊奇热乎乎的鼻子，它把塞苏伊奇的鼻子当成妈妈的奶头了，于是含在嘴里吸吮了起来。

塞苏伊奇把小卡埋在那片树林里，带着熊娃娃回了家。

那只熊娃娃很好玩、很可爱，猎人失去小卡后，正感到很孤独呢！后来小个子猎人就和熊娃娃相依为命了。

《森林报》特约通讯员